KB219860

새 물리교육학 총론 I

New General Introduction of
Physics Education

박종원 · 김영민 공저

물리교육학 총론이 [새 물리교육학 총론]으로 새롭게 구성되었습니다. 이번 총론은 3권으로 기획하고 있으며, 본 저서는 그중 첫 번째입니다.

현대 물리교육학 총론 I은 다음과 같은 측면에서 이전과 다르게 새롭게 구성하고자 하였습니다. 먼저, 가능하면 학생들의 실제적인 실행 능력을 위해 내용 중간 중간에 [활동]을 넣었습니다. 최근 물리교사에게 물리와 교육학 등에 대한 지식뿐 아니라, 알고 있는 것을 학생 지도에 실제로 활용할 수 있는 실제적 역량을 강조하고 있다는 측면을 고려하여 [활동]을 추가하였습니다.

둘째, 이해를 한다는 것에는 여러 가지 측면을 포함합니다. 예를 들어, 자신의 말로 다시 표현할 수 있어야 한다거나, 다른 사람에게 설명할 수 있어야 한다는 것들이 그것입니다. 또 이해를 위한 여러 가지 전략 중에 하나는 "예를 들 수 있다"는 것입니다. 이러한 측면에서 본문 중에 가능하면 많은 예를 넣도록 하였습니다.

셋째, 주요 내용이 끝나면 간단하게나마 [정리]를 제시하였습니다. 이는 [새 물리교육학 총론]이 학술도서의 성격보다는 학생들의 교재 성격이 더 강하다는 점을 고려하여 학생의 학습을 돕기 위한 것입니다.

마지막으로 참고문헌을 제시하여, 추가 학습에 도움이 되도록 하였습니다.

1장에서는 포괄적인 문제인지만 간략하게 물리학이 무엇인지, 물리를 중등학생들에게 왜 가르쳐야 하는지에 대해서 다양한 측면에서 생각해 보고자 하였습니다. 이 문제는 예비교사들이 주어진 내용을 수용적으로 받아들이고 가르치기보다는, 왜 물리를 지도해야 하는지를 적극적으로 질문하면서 중요하게 생각해 볼 문제라고 생각합니다.

2장과 3장, 그리고 4장은 각각 물리학습의 주요 목표인 개념, 탐구, 그리고 상황의 세 가지 영역으로 나누어 내용을 정리하였습니다.

2장에서는 물리개념학습과 지도에 대해서 다루었습니다. 먼저 물리개념의 정의가 무엇인지, 그리고 물리개념은 어떻게 형성되는지를 다루었습니다. 그리고 영역별로 학생의 물리 오개념을 비교적 많이 다루었습니다. 그리고 학생의 물리 오개념들이 가지고 있는 주요 특징을 다루고, 그 개념들이 변화되고 발달되기 위한 조건들을 예와 함께 구체적으로 다루었습니다. 그리고 학생의 오개념을 변화시키기 위한 수업모형을 소개하고, 실제 예를 제시하였습니다. 마지막으로 개념의 이해는 개념간의 관계에 대한 이해를 포함한다는 측면에서 개념도를 소개하고, 개념도를 물리수업에 활용하기 위한 방안을 제시하였습니다.

3장에서는 물리탐구학습과 지도에 대해서 다루었습니다. 먼저 물리탐구의 정의와 물리탐구가 도입되는 과정에 대해서 간략하게 다루었습니다. 그리고 물리탐구의 주요 기능별(예를 들어, 관찰, 측정, 추리, 변인설정과 변인통제 등)로 기본 특징을 소개하면서 학생 지도를 위한 내용을 다루었습니다. 그리고 귀납, 귀추, 연역의 세 가지 과학적 사고가 과학탐구활동에서 어떻게 사용되는지를 탐구기능(예를 들어, 설명/예측하기, 가설제안하기, 가설검증하기 등)과 연관 지어 비교적 상세하게 다루었습니다. 그리고 물리학자를 대상으로 한 연구를 바탕으로 전체적인 물리탐구의 과정을 제시하였습니다. 마지막으로 최근에 강조되고 있는 물리자유탐구의 지도를 위해, 탐구문제의 발견에서부터 탐구의 설계와 보고서 작성까지 구체적인 예들을 통해 지도하는 방법들을 제시하였습니다.

4장에서는 물리학습에서 왜 상황이 중요한지를 생각해 보고, 물리학습에 상황을 도입할 때 고려해야 할 점들이 무엇인지 소개하였습니다. 그리고 여러 가지 상황물리의 실제 활동자료들을 예시로 제시하였습니다. 그리고 STS의 의미와 도입과정, 목표와 지도방법을 소개하고, 구체적인 STS 활동 자료들을 예시로 제시하였습니다. 마지막으로 미국과 영국 및 우리나라에서 활발하게 실행되고 있는 STEM 또는 STEAM 교육을 다루고, STEAM 교육을 도입하기 위한 구체적인 방안을 제시하였습니다.

현재 물리교사 양성과정에서는 [물리 교육론]과 [물리 교재 연구 및 지도법]이 주요 과목명으로 되어 있습니다. 그러나 물리 교육에서도 [물리개념학습과 지도], [물리탐구학습과 지도], [상황물리와 융합과학 지도] 등과 같이 세부적인 교과목명이 필요하다고 생각합니다. 이러한 관점에서 앞으로 본 책의 각 단원이 각각의 단행본으로 나올 수 있기를 바랍니다.

2018. 8월 저자

목 차

CHAPTER 04 상황물리와 융합과학 지도

CHAPTER 01

물리교육의 목적과 지향

학생들에게 물리학을 왜 지도하는가? 학교교육에서 물리교육이 도입되게 된 이유는 무엇인가? 어떠한 목적으로 학교에서 물리를 지도해야 하는가? 이러한 질문에 답하기란 쉬운 일이 아니다. 여기에서는 간단히 물리학이 무엇인지, 물리교육이 어떠한 목적으로 학교교육에 도입되게 되었는지, 현재 물리교육의 목표는 어떤 방향으로 설정되어 있는지에 대해 간단하게 살펴보고자 한다.

1.1 물리학과 물리교육

물리교육은 기본적으로 물리학을 학생들에게 가르치는 것이다. 그러므로 물리교육에 있어서는 물리학이 무엇인가를 먼저 생각할 필요가 있다. 그러나, '물리학이 무엇인가'라는 질문에 한 마디로 답하기는 어렵다. PSSC(Physical Science Study Committee)에서는 물리학이 무엇인가라는 질문에 대해 직접적인 답을 피하고, '물리학이 무엇인지 알려면, 물리학자가 무엇을 하는지 자세히 관찰하여 보아라. 그들이 하고 있는 것이 바로 물리학이다.'라고 하였다. 물리학이 무엇인가를 정의하기가 그만큼 어렵다는 의미도 되고, 물리학을 무엇이라고 한 마디로 정의할 수 없다는 의미도 된다.

그러나 물리학자들은 나름대로 물리학에 대해 정의하고 있다. 매리온(Marion, 1980)은 그의 저서 "Physics and the Physical Universe"에서 물리학을 "자연이 움직이는 방식에 관해 설명하고자 하는 지식의 체계적인 집합"이라고 정의하고 있으며, 알롱소와 핀(Alonso & Finn, 1992)은 그의 저서 "Physics"에서 "물리학은 물질의 구성 요소와 그들의 상호작용을 연구하는 것이 그 목적"이라고 하였다. 이 두 사람의 정의는 각각 물리학의 다른 두 측면을 강조하고 있다고 볼 수 있다. 매리온은 물리학의 지식체계를 강조하고 있고, 알롱소와 핀은 물리학의 탐구 측면을 강조하고 있다.

활동
1. 뉴턴이 했던 물리학자적 일에 대해 조사하여 발표해 보자.
2. 패러데이가 했던 물리학자적 일에 대해 조사하여 발표해 보자.
3. 오늘날의 물리학자들이 하고 있는 일에 대해 조사하여 발표해 보자.

그러면 물리학의 목적은 무엇인가? 물리학의 목적은 과학의 목적에서 찾아볼 수 있다. 흔히 과학의 목적은 자연 현상을 서술, 설명, 이해, 예측, 그리고 통제하는 데 있다고 한다. 그리고 이들 과학의 목적들은 서로 배타적인 관계에 있는 것이 아니라 상보적인 관계에 있다고 볼 수 있다. 즉, 과학에 대한 이해를 잘 하고 있으면 예측과 통제가 수월해지며 예측과 통제를 통해서 설명과 이해가 증진된다는 것이다(박승재와 조희형, 1995).

물리학은 과학의 중요한 영역에 속하는 것이므로 물리학의 목적도 물리 현상을 서술, 설명, 이해, 예측 및 통제하는 데 있다고 볼 수 있다. 이들 각각에 대해 좀 더 자세히 설명하면 다음과 같다.

물리 현상의 서술은 관찰과 측정을 통하여 물리 현상을 사실대로 기록하는 행위를 말한다. 물리 현상의 관찰이나 측정은 물리 현상에 대한 물리 지식의 일차적 자료로 볼 수 있으며 대개 서술적 정보이며 이것은 서술적 개념과 지식의 바탕이 된다. 그러므로 이것은 직관이나 형식적 사고에 의해 얻어지는 개념이나 지식과 구분된다.

일반적으로 관찰에 의해서는 정성적 자료가 얻어지고, 도구를 사용한 측정에 의해서는 정량적 자료가 얻어진다. 이렇게 관찰과 측정에 의해 얻어진 자료들은 모두 물리 현상이나 사건에 관한 체계적인 정보로 조직되어 자연에서의 물리 현상이 어떻게 일어나는지를 상세하게 기술함으로써 자연에 대한 인간의 호기심을 충족시키게 된다. 여기서 체계적인 정보라고 하는 것은 관찰이나 측정을 통해 자연 현상과 사물에 대하여 본 그대로 혹은 경험한 그대로 진술한 언명이 아니라, 정확도, 타당도, 신뢰도 등의 기준에 부합되도록 조직화된 정보의 체계를 의미한다. 이것은 곧 관찰과 측정이 과학적 방법 또는 과학적 탐구의 중요한 구성 요소로서 이에는 전문적인 조작적 기술과 아울러 사고 방법도 요구됨을 시사한다.

1. 다음은 과학적 관찰의 예이다.

> **튀코 브라헤의 신성 관찰**
>
> 1572년 11월 어느 날, 튀코 브라헤는 밤하늘의 카시오페이아 별자리를 관찰하고 있었다. 평소에는 다섯 개의 별로 이루어져 있었지만 그 날에는 다섯 개의 별보다 더 밝은 별 하나가 빛나고 있음을 발견하였다. 튀코는 한 번의 관측으로 이를 별이라 결론짓기 어렵다고 판단하여 도구를 이용하여 관측을 계속하였다. 그 별은 18개월 동안 시야에서 사라지지 않고 움직임도 보이지 않았으나 그 이후부터 점점 희미해져갔다. 튀코는 이 관측을 토대로 '새로운 별'이라는 책을 출판했으며 새로운 용어인 '신성'(nova)도 만들어지게 되었다.

이 밖에 과학사에서 볼 때 중요한 관찰의 예에는 어떤 것들이 있는지 조사하여 발표해 보아라.

현대의 과학과 과학 지식은 자연 현상을 일어난 그대로 서술하는 관찰이나 일련의 목적을 달성하기 위한 과학적 조사에만 국한되어 있지 않다. 특히 진보되고 이론적인 과학지식일수록 조직적인 실험에 더 의존한다. 과학적 실험은 체계적으로 계획된 절차에 따라 자연을 통제하고 간섭한 상황에서 그 반응을 관찰하는 과학적 활동으로서 대부분의 경우 정밀한 실험 기구와 장치를 필요로 한다. 과학 실험을 통해서 얻어진 자료는 대개 자연 현상이나 사건이 일어난 원인을 제시하는 데 이용되며, 관찰에 의한 자료와 마찬가지로 자연 현상을 일어난 그대로 서술하는 바탕이 될 수도 있다.

설명이란 무엇인가? 일반적으로 어떤 현상의 원인이 밝혀지면 그 현상이 설명되었다고 말한다. 그러나 일상생활과 과학의 실제에서는 이와 같이 정의되는 설명이라는 말이 여러 가지 의미로 해석된다. 즉, 단어나 문구의 뜻을 명백히 기술하는 것, 자신의 신념이나 행동을 정당화하는 것, 사건, 상태, 과정 등의 원인을 제시하는 것, 이론으로부터 법칙을 논리적으로 도출하는 것, 기관 혹은 개체의 기능적 해석을 제시하는 것 등은 모두 설명이라고 볼 수 있다(박승재, 조희형, 1995). 과학적 현상에 대한 설명 형식이 취하게 되는 모형을 헴펠(Hempel, 1966)은 연역-규범적(Deductive-Nomological, D-N) 모형과 통계-확률적(Statistica-Probabilistic, S-P) 모형으로 나누고, 마틴(Martin, 1972)은 여기에 기능적 설명 모형을 더하였으며, 네겔(Nagel, 1961)은 이 세 가지의 설명 모형 외에 발생적 설명 모형을 제시하였다.

활동
1. 다음의 설명 모형에 대해 조사하여 발표해 보아라.
   - 헴펠의 연역-규범적 설명 모형(D-N 모형)과 통계-확률적 모형(S-P 모형)
   - 마틴의 기능적 설명 모형
   - 네겔의 발생적 설명 모형

과학적 이해란 주어진 정보와 자료의 의미를 파악하거나, 적용하거나, 분석하거나 다른 의미와 관련짓는 것을 말한다. 기존의 과학 지식과 통합하여 체계화하는 과정이며, 설명이 논리적인 측면이라면 이해는 심리적 측면도 포함한다. 그리고 이해하는 정도와 깊이는 알고 있는 범위와 수준, 관련 지식의 양과 관계가 있다.

예측이란 자연현상의 원인으로 작용하는 몇몇의 변인을 바탕으로 새 사건이나 아직 관측 또는 관찰되지 않은 언명을 추리하는 과정이다. 설명형식의 결론은 이미 일어난 사건을 진술하는 것이고, 예측형식의 결론은 미래에 일어날 예정이거나 이미 일어났지만 알려져 있지 않은 사건을 기술하는 것이다.

활동
1. 다음은 행성의 예측과 관찰에 대한 과학사 이야기이다.

> 해왕성은 직접 관측되기 전에 수학적으로 먼저 그 존재가 예측된 행성이다.
> 1781년에 천왕성이 발견되면서 1846년까지 그 궤도가 계산되어 왔으나, 천문학자들은 천왕성의 궤도에서 뉴턴의 중력 법칙으로 설명할 수 없는 불규칙성이 있음을 발견하였다. 이 불규칙성은 천왕성 너머에 또 다른 행성의 중력이 영향을 미친다고 예측되었다. 1845년에 파리의 르베리에는 새로운 행성의 위치 계산에 성공했고, 1846년 천문학자 갈레와 다레스트는 베를린 천문대에서 해왕성을 발견하는 데 성공했다.

이 밖에 과학적으로 볼 때 중요한 예측의 예에는 어떤 것들이 있는지 조사하여 발표해 보아라.

과학적 통제는 순수 자연과학에서는 변인을 통제하는 수준이지만, 공학, 농학, 의학 등 응용과학과 과학적 기술 분야에서 특히 중요시된다. 과학기술이 발달하면 할수록 과학적 통제의 역할은 더욱 커지게 된다. 핵물리학과 핵기술의 발달에 따른 핵실험의 통제, 유전자 공학의 발달에 따른 특정 유전자 복제의 통제 등은 이 예에 속한다.

• • • •
정리 1. 물리학은 자연이 움직이는 방식에 관해 설명하고자 하는 지식의 체계적인 집합 그리고 자연이 움직이는 방식에 관한 새로운 탐구이다.
   2. 물리학의 목적은 기본적으로 물리 현상을 서술, 설명, 이해, 예측 및 통제하는 데 있다.

1.2 유용성과 물리교육

과학교육이 처음 학교 교육에 도입되었을 때에는 실용주의적 관점에 기초하고 있었다. 예를 들어, 19세기 학교 교육에 과학 교과목이 처음 도입되었던 시기에는 학생들이 앞으로 노동의 현장에서 필요한 활동을 준비하는데 결정적인 역할을 수행할 수 있을 것이라는 근거에서 시작되었다. 케르첸슈타이너(Kerchensteiner)도 과학의 교육적 가치는 19세기 후반부터 인정되었는데, 그 이유는 '유용성' 때문이라고 주장하였다. 초기 영국에서도 이러한 실용적 접근이 널리 받아들여졌었다. 예를 들어, 퍼거슨(James Ferguson)이 발간했던 당시 유명한 교재인 자연철학(Natural Philosophy, 1750)을 보면, 1806년 브루스터 경(Sir David Brewster)이 이를 개정하여 계속 사용되었는데, 교재 중 62쪽은 기계에 관한 것, 40쪽은 펌프에 관한 것과 같이 응용적 기술적 그리고 일상적인 내용이 매우 강조되어 있었다(박종원 외, 2001).

유용성으로서의 물리교육은 단지 산업혁명과 맞물려서 그리고 국가의 발전을 위해서만 생긴 것은 아니다. 기본적으로 학술적이고 이론적인 내용으로 가득 찬, 마치 고전학과도 같은 교과에 대한 반론에 의해서도 야기되었다. 예를 들어, 만(Mann, 1912)은 다음과 같이 지적하였다: 학생들이 일상생활에서 5,000 다인(dyne)의 힘이 무엇을 의미하는지도 모르는데, '5,000 다인의 힘이 250그램(g)의 질량에 10초 동안 작용한다. 이 물체에 주어지는 운동량은 얼마인가?'와 같은 질문이 학생들에게 무슨 의미가 있겠는가? 만일 그와 같은 힘이 가해지면 성인 한 사람은 넘어뜨릴 수 있을까?

사실, 우리의 많은 교과서 속에는 이와 같이 이론적이고 추상적인 내용들이 많다. 특정 물리 개념을 이해한다고 하는 것이 학생의 삶에 무슨 영향을 줄 수 있으며, 그것이 어떠한 용도로 앞으로 사용될 수 있는지에 대한 질문을 하지 않을 수 없다. 그러한 배경에서 1950년대 미국에서는 실용적, 직업적, 사회적, 그리고 인간적 측면을 강조한 과학교육이 주요 특징으로 나타났다. 생물 교육의 예를 들면, 1909년 한 교사가 학교의 생물 교재가 지나치게 백과사전적이고 이론적이어서 박사과정 시험에나 어울릴 것 같다고 한 불평이 종종 인용되곤 한다. 따라서 20세기 전반부부터 생물학은 직업 및 산업적 요구, 환경문제, 인구변화, 건강 등과 같은 내용을 다루면서 전통적인 생물학의 모양으로부터 이탈하기 시작하였다. 그리고 1926년 핀레이(Finley)는 다음과 같이 주장하였다.

"생물학을 가르치는 것의 목표가 바뀌었다. … 일반적으로 생물학 자체를 위한 생물학에서 인류복지에 연관된 생물학으로 바뀌었다."(Finley, 1926)

이러한 경향은 물리교육에서도 나타났다. 1950년대 새로운 물리 교과서에는 응용적 문제에 관심을 가지기 시작하였고 물리적 원리와 관련된 일상 생활적 예시를 제공하였다. 그래서 전기 단원을 보면, 전화, 전기다리미, 가정의 배선과 퓨즈, 일상 전기용품 등의 작동 원리를 다루었고, 액체 단원에서는 수로체계나 수압 제동기 등과 같은 내용을 다루었다(Roberts, 1972).

활동 1. 물리교육의 목적이 유용성(실용성)을 위한 것이라는 주장에 대해 지지하는 입장과 반대하는 입장에서 각각 토론하여 보아라.

정리 1. 과학교육이 처음 학교 교육에 도입되었을 때에는 실용주의적 관점에 기초하였다.
2. 유용성으로서의 물리교육은 산업혁명과 맞물려서 그리고 국가의 발전을 위한 것에 의해서뿐만 아니라 고전학과도 같은 과학교과에 대한 반론에서 야기되었다.

1.3 교양교육과 물리교육

유용성만으로는 학교에서 과학을 지도하는 근거의 전부가 될 수는 없을 것이다. 오히려 유용성의 근거만으로는 과학교과가 학교교육에서 계속 유지되기도 힘들었을 것이다. 예를 들어, 19세기 독일의 김나지움 학교에서 강조되었던 '교양교육'에 의한다면, 고전어와 고전문학과 같이 청소년들에게 정신적 교육을 위한 고귀한 영양분을 제공해 줄 수 있는 교과목만이 학교 교육에서 가르쳐야 할 중요한 과목이었다. 그리고 실용적 지식이란 학생들의 사고력 훈련에는 거의 쓸모가 없으며 학생들을 부담스럽게 할 뿐이라는 입장이었다. 그러한 입장에서 과학과목은 비판의 대상이 될 수밖에 없었으며, 따라서 과학 과목 역시 인문주의적 교육 영역에 속한다는 점을 입증해야 할 위치에 처하게 되었다.

결국, 실물지식의 요구에 의해 도입된 과학교육은 19세기 후반에 이르러 미국을 비롯한 대부분의 서양 국가에서 초·중등학교에서의 하나의 교과목으로 자리를 잡게 되었지만, 과학 기술이 경제적 생산에 커다란 기여를 하게 되었고 따라서 자연과학의 발전이 인류의 역사적 진보를 이룩하게 되었다는 믿음이 확고하던 시기(과학혁명과 산업혁명이 완성되어 가던 시기)에서조차 과학과목은 학교 수업에서 다른 교과목과 동일한 교육적 지위를 차지하고 있었던 것은 아니었다(정병훈, 1993). 예컨대 대학교로의 진학이 전제되었던 상급학교에서는 계속 과학과목을 가르치기를 거부하였다. 대학의 실험실도 1865년부터 개설되기 시작하여 그 수가 계속 증대되어 갔지만 정작 대학교 입학을 위한 상급학교 졸업시험에서는 과학과목이 제외되어 있었다.

그러나 1800년대 말 신인문주의적 관점에서는, 인간의 자유로움과 자유로운 개발을 교육 목표로 삼는다는 것이 곧 고대로 회귀해야 한다는 것을 의미하는 것이 아니며, 자연을 잘 안다는 것도 인간의 미래의 삶을 준비하는 것과 의미 있게 연결될 수 있고 따라서, 교양교육의 범위에 들어갈 수 있다는 입장을 취하게 되었다. 이러한 입장은 인문주의 운동의 시대착오적인 고전적 경향에 반발하여 1820–1840년대 학교 현장에서 받아들여졌다. 즉, 자연과학도 전인적 교양교육의 수단으로 인정받을 수 있게 된 것이다. 따라서 마거(Mager)는 1844년 학교 교육에서 일정기간 동안 일정한 수준의 자연 지식을 배워야 한다는 주장은 더 이상 증명할 필요가 없는 말이라고 강조하였다. 또한 정병훈(1993)도 과학교육의 교육적 정당성을 확보하게 된 과정에 대한 논의를 다음과 같이 하였다.

"10세기 후반, 특히 1890년에서 1900년까지 마지막 10년간에는 이러한 문제들이 주로 영국과 미국, 그리고 독일을 중심으로 해소되기 시작하였다. 이 과정은 특히 1)과학 교수론의 발달, 2) 학생 실험실습의 정착, 3) 대학교의 개혁 또는 자연계 상급학교 졸업자들의 대학교 진학 자격 취득 등의 방향으로 전개되어서 적어도 1910년대까지는 과학 과목은 초·중등학교에서 하나의 교과목으로서 확고한 지위를 차지하게 되었다. 이러한 발전을 뒷받침하였던 배경을 든다면 다음과 같이 들 수 있다: (1) 개인의 헌신적 노력에 의존하던 과학교육 운동이 1890년대부터는 학회나 관련단체에 의한 집단적 운동으로 확산되기 시작하였다는 점, (2) 18세기부터 시작되었던 과학의 교육적 가치에 대한 논쟁이 종식되면서 '과학적 지식이 주는 산업적 효용성, 즉 직업교육, 기술교육을 위한 가치'에서 뿐 아니라 과학지식을 습득하는 방법에 대한 교육적 의미(즉, 일반교육으로서의 가치)가 인정받게 되었다는 점, (3) 시민의식의 발전에도 불구하고 상공업자들에게 개방을 거부하던 대학교들이 자연 및 실업계 학교 졸업자들에게도 개방되기 시작하는 한편 대학교 자체에서도 실험과학이 받아들여지게 되었고, 또한 기술대학(technical colleges, polytechnics)들이 University로 전환하거나 이와 동등한 자격을 얻게 되었다는 점, (4) 세기 말에 있었던 유럽국가들 사이의 산업경쟁과 군비경쟁이 과학교육, - 특히 실험과 실습 -의 국가적 중요성을 부각시켰다는 점 등을 지적할 수 있다."

프라흐(Praagh, 1973)도 1890년대 영국협회(The British Association)에서 물상과학의 가치에 대해 다음과 같이 말하였다고 지적하였다.

"영국협회의 위원회는 과학교육이 갖는 훈육적 가치(disciplinary value)를 들어 이를 정당화하였다. 위원회는 잘 배열된 물상과학은 다른 그 어떤 과목보다도 '논리적 능력을 훈련시키는 데 효과적이고 매력적인 방법'을 제공한다는 것을 수많은 경험으로부터 알 수 있다고 주장하였다. 이들은 물상과학이 사실을 정확하게 확인하고 올바른 추론으로 이끄는 능력을 개발한다고 주장하였다. 또한 과학은 단순히 유용한 지식으로서가 아니라 정신교육의 한 분야로서 가르쳐져야 한다고 역설하였다. 이렇게 함으로써 과학교육은 '언어, 역사, 수학만을 배타적으로 공부함으로써 흔히 무감각해지는' 그러한 정신적 능력을 향상시킬 것이라고 주장하였다. 위원회는 자연을 탐구하는 과학적 방법은 관찰, 실험, 측정, 가설형성으로 구성된다고 지적하였다. 그리고 과학교육이 가치를 지니기 위해서는 이러한 모든 활동들을 포함해야 한다고 주장하였다."

유럽의 경우와 마찬가지로 1950년대 미국의 실용주의 과학교육 배경 하에서도 비슷한 상황이 전개되었다. 예를 들어, 1945년 하버드 위원회는 교양 과학 교육을 위한 선언에서 다음과 같은 내용을 발표하였다.

"교양교육에서의 과학교육은 - 과학적 사고와 다른 종류의 사고를 비교하고, 개별과학들을 서로 비교하고 대비시켜 보며, 과학과 과학의 역사 그리고 일반 인류사와의 관계를 살펴보고, 과학과 인류 사회의 문제점들 간의 관련성을 살펴보는 것과 같은 - 주로 광범위한 통합적 요소들을 통해 특징지어져야 한다." (Conant, 1945, p.155-156)

또, 1944년 미국의 전국교육자 협의회에서도 '미국의 모든 젊은이를 위한 교육'이라는 보고서에서 교양 교육적 과학교육의 접근을 주장하였다. 또, 예일 대학에서 열린 과학단체장 협의회의 연례회의에서 파우스트(Clarence Faust)도 다음과 같이 강조하였다(Elbers & Duncan, 1959, p.178).

"미국인의 삶에 가장 필요한 것은 지성, 지적 성취, 심성의 삶, 책, 학습, 기초 과학, 철학적 지혜를 새롭게 존중하는 것이다. … 교육을 단순히 개인의 발전과 사회적 성취, 그리고 국가의 힘의 수단으로만 본다면, 교육은 그것의 약속을 실현하지 못할 것이다. … 우리는 단순한 힘이 아닌 … 교육의 기본적 기능에 대해 몰두하는 지혜가 필요하다."

이와 같이 물리교육의 도입에 관한 간단한 고찰을 통해 우리는 유럽에서는 학교교육에서의 과학교육의 가치가 기능적 효과뿐 아니라 교육적 가치 면에서도 비교적 일찍부터 인정받게 되었으며, 미국에서도 1950년대 교양교육으로서의 과학교육의 가치를 주장하게 되었음을 알 수 있다.

활동
1. 물리를 배운다는 것이 어떠한 측면에서 교육적인 가치가 있다고 생각하는가? 또, 자연과 인간과 사회를 이해하는데 어떠한 영향을 줄 수 있다고 생각하는지 토의해 보아라.
2. 물리를 배우는 것은 문학을 배우는 것과 완전히 다른 것인가? 두 가지 경우에 기본적으로 공유하고 있는 측면이 있다고 생각하는가? 이들에 대해 서로의 생각을 토의해 보아라.

정리
1. 1820-1840년대에 자연과학은 학교 현장에서 전인적 교양교육의 수단으로 인정받을 수 있게 된다.
2. 유럽에서는 1910년대에 과학 과목은 초·중등학교에서 하나의 교과목으로서 확고한 지위를 차지하게 된다.
3. 미국에서는 1950년대에 교양교육으로서의 과학교육의 가치를 주장하게 된다.

1.4 실험과 물리교육

물리교육이 교육적 위치를 자리 잡아 가는 과정에서 한 가지 중요한 특징은 그 과정에서 실험 교육의 정착이 함께 있었다는 것이다.

예를 들면, 18–19세기 초등학교에 과학교육의 보급에 헌신적인 노력을 아끼지 않았던, 영국의 도즈 (Dawes)나 모슬리(Mosely)에 의한 '일상적 사물(common things)'이나 '사물 교육론(object lessons)', 그리고 아동의 심성 개발에 노력을 하였던 페스탈로치 (Pestalozzi)의 '직관적 교수론' 등은 모두 공통적으로 아동의 정신적 발달을 위해 '관찰을 통한 개념의 형성'을 중요한 교육적 요소로 인식하였다는 점이었다. 즉, 이들은 과학교육에서 아동에게 '추상적인 언어 대신에 구체적 사물'을 제시할 것을 강조하였다. 또한 19세기 말 중등학교 과학교육이 두 가지 방향으로 이루어졌다고 할 수 있는데, 그중의 하나는 기술혁신을 위해 좀 더 학술적인 배경을 지닌 과학지식의 요구와 이 지식의 실천에 관한 문제였으며, 다른 하나가 바로 실험 실습의 강조였다. 즉, 당시의 과학수업에서는 강의를 보완하기 위해 교사들이 시범 실험을 널리 사용했는데, 이러한 시범 실험의 한계를 극복하기 위해 학생들에 의한 직접적인 실험과 실습을 확대하고 있었다(정병훈, 1993).

여기에서 학교 과학 교육에서 실험 실습의 도입을 위해 열정적으로 힘을 써왔던 사람 중의 하나가 영국의 암스트롱(H.E. Amstrong) 교수였다. 1889년 시험적 과학교육의 문제에 대한 보고서가 영국협회 위원회에서 조사되어 발표되었는데, 바로 이 위원회의 정신적 지도자가 암스트롱 교수였다.

암스트롱은 학생들이 스스로 사물을 발견해야 하는 교수방법을 도입하였는데, 이것이 발견적 방법(heuristic method)으로 알려진 것이다. 암스트롱은 학교 교육에서 과학 교육이 필수적임을 강조하면서 과학지도에서 학생들은 독창적인 관찰자의 위치에 놓여야 한다고 주장하였다(Praagh, 1973).

"초년생들이 독창적인 발견자의 위치에 놓일 수 있고 또 놓여야 한다는 사실은 결코 나 자신의 단순한 견해가 아니라 과거 여러 해 동안의 실제적인 시도와 관찰을 통해 점차 확신하게 된 생각이다."

"교사가 아동의 탐구 경로를 단순히 추적하는 것은 아무 쓸모없는 일이다. 목표는 항상 아동들이 그들 스스로 문제를 해결하고 또 이렇게 하는 최대한의 능력을 갖게 하는 것에 주어져야 한다. … 아동에게 무엇을 찾아보아야 하는지 어떻게 찾아보아야 하는지를 명확하게 일러주는 식으로 그들을 망쳐서는 안 된다. 이러한 행위는 하나의 죄일 뿐이다." (Amstrong, 1903, p.253-255)

"우리의 일차적 목표는 학생들이 스스로 생각하고 문제를 해결하도록 – 질문을 던지고 확고한 해답을 추구하는 – 훈련시키고 가르치는, 그래서 실제적으로 그들 스스로가 자신을 도울 수 있도록 하는 것이다. … 이러한 일은 교사에게 있어 커다란 부담이 아닐 수 없다." (Richmond & Quraishi, 1964, p.519)

사실 암스트롱의 이러한 발견법적 방법의 근본은 오늘날의 탐구 학습에 많은 시사점을 준다. 예를 들면, 1960년대 AAAS의 프로젝트 2061의 책임자였던 러더퍼드(Rutherford, 1964, p.80)의 말이나 다른 과학교육학자들의 말에서도 많은 유사점을 볼 수 있다.

"과학을 가르치는 것에 대해 말하게 될 때 과학교사, 과학교육자, 과학자인 우리가 각각 어디에 있는가는 아주 분명하다. 우리는 단순한 사실들과 과학의 세세한 점들을 단순히 암기하는 것에 대해 분명히 반대한다. 반대로, 우리는 과학적 방법, 비판적 사고, 과학적 태도, 문제해결 접근법, 발견법, 그리고 특별히 탐구적 방법을 철저하게 지지한다." (Rutherford, 1964, p.80)

"(발견은) 학생들에게 생각하고 또 비판적으로 생각하는 방법을 학습할 더 많은 기회를 제공한다. 탐구자로서 학생들은 독립적이 되고, 지식을 비교하고 분석하며 종합하고 또한 자신의 정신적이고 창조적인 능력을 학습하게 된다." (Sund & Trowbridge, 1967, p.22)

그러나 탐구 중심의 교육이 학교 현장에서 효과적으로 적용된 것만은 아니었다. 암스트롱의 발견법도 마찬가지였다. 예를 들면, 학교에서의 과학 교육이 실험 교육 자체가 되어야 한다고까지 생각한 암스트롱의 제자들은 관찰의 정확성을 강조한 건조한 실험을 정당화하였다. 그리고 학생들이 스스로 발견해야 한다는 전제 조건만을 내세워 학생들에게 무언가를 말해주는 것을 두려워하기까지 하였고, 그 결과 학생들은 실험실 활동에 대한 혐오감을 갖게 되는 경우도 있었다. 또 방법만을 중요시하고 내용의 중요성은 무시하게 됨으로써 발견적 교수법에 대한 나쁜 평판까지 생기기도 하였다. 그리고 학생들이 스스로 발견할 수 있도록 도와야 한다는 암스트롱의 의도는 학생들이 새로운 것을 발견해야 한다는 것으로 확대 해석되면서 현장에서 잘 활용되지 못했다. 결국, 다시 발견학습이라는 말이 나오고 과학교육에서 관심을 끌기까지는 60년의 세월이 더 필요했던 것이었다. 여기에서 다시 한 번 암스트롱의 말을 상기할 필요가 있을 것이다.

> "나이 어린 학자들이 그들 스스로 모든 것을 발견하기를 기대할 수 없다는 것은 언급할 필요도 없다. 하지만, 학생들에게는 과학적 사실에 기초한 결론이 이끌어지는 방법과 함께 그 결과가 얻어지는 과정이 항상 충분히 분명하게 드러날 수 있도록 제시되어야 한다." (Amstrong, 1903, p.255)

또, 60년이 지난 후에 발견학습이 널리 퍼지면서도 그 효과에 대한 반론도 있었다. 예를 들면, 1960년대 미국의 탐구 중심 과학 교육과정에 대한 연구 보고서는 다음과 같이 지적하였다.

> "새로운 교육과정, 보다 잘 훈련된 교사, 향상된 시설과 기자재에도 불구하고, 학생들이 탐구자가 될 것이라는 희망적 기대는 좀처럼 충족되지 못하였다." (Welch et al., 1981, p.33)

그리고 그렇게 된 원인에 대해 다음과 같은 지적은 교사 양성에 있어서 의미 있는 시사점을 주는 것이었다.

> "교사들은 대학에서 과학을 배우지만, 탐구의 과정으로 이를 경험하지는 않는다. … 추론적이고 비판적인 사고와 관련된 가치들은 흔히 무시되고, 또 때때로 조롱받기조차 한다." (Welch et al., 1981, p.38-39)

활동
1. 어느 학교에서 실험을 강조하여 1년 동안 열심히 실험을 지도한 물리교사가 있었다. 그런데 입시에서 오히려 좋지 않은 결과를 보게 된 경우가 있다고 하자. 그렇다면, 물리 실험 교육은 어떻게 되어야 하는지 토의해 보자.
2. 학교 현장에서 실험 교육이 의미 있게 수행되기 위한 조건이라고 한다면 어떠한 것을 들 수 있겠는지 토의해 보자.

정리

1. 19세기 말 중등학교 과학교육의 두 가지 방향 중 하나는 실험 실습의 강조였다.
2. 1890년대에 영국의 암스트롱은 학생들이 스스로 사물을 발견해야 하는 교수방법을 도입하였다.
3. 암스트롱의 발견법과 탐구 중심의 교육이 학교 현장에서 효과적으로 적용된 것만은 아니었다.
4. 탐구 중심 교육의 효과적인 적용을 위해서는 탐구 중심의 교사 교육이 같이 뒤따라야 한다.

1.5 전문교육으로서 물리교육

전문교육으로서의 물리교육은 물리학자를 양성하기 위한, 또는 물리와 관련된 전공을 선택할 학생들을 위한 교육과정을 의미한다. 이러한 과정의 강조는 소련의 스푸트니크호 발사 이후 미국에서 일어났다. 예를 들면 1950년대 후반 NSF에 의한 교육과정 개정은 대학수준의 과학자들에 의해 이끌어졌으며, 지원금도 고등교육 기관이나 전문적인 과학자 사회에 주어졌다. 그리고 개발된 교육과정은 교수법보다는 교과내용에 강조점이 주어진 것들이었다(Kolpfer & Champagne, 1990, p.139). 이러한 측면에 대한 과학교사의 한 언급은 시사하는 바가 크다고 하겠다.

"그 과정에 대한 본인의 경험에 따르면 학교 현장에서의 시범실시의 결과가 주어지는 후속 과정에 거의 영향을 미치지 못하였다는 것이다. 매우 납득할만한 실증적 자료가 주어지지 않는 한, 과학자들은 언제나 학교 교사들로부터 제기되는 그들의 과학에 대한 비판을 수용하는 데 소극적이었다."(Welch, 1979, p.288)

사실 이러한 지식 중심의 내용중심의 엘리트주의적 교육과정은 전문가 양성을 위한 교육에서는 오히려 더 강조될 필요도 있었다. 즉, 물리학자를 양성하는 과정이거나, 특별히 과학 영재를 키워내기 위한 과정에서라면 내용 중심의 교육과정은 중요한 역할을 하게 된다. 진정한 물리학적 창의성은 얼마나 내용에 대한 폭넓고 깊은 이해가 있었는가와 매우 깊은 연관성을 가진다는 주장과도 일맥상통하는 입장이다.

이상화된 상태에서의 순수한 이론적 관점에서만 사고하는 사고 실험이라든가, 관찰된 사실들이나 직접 경험들로부터 얻어진 정보를 형식화시키고 수식화시켜서 추상화시키는 과정은 전문 물리학자를 양성하는 과정에서는 분명히 중요한 과정들일 것이다.

••• 활동   1. 내용 중심의 교육과정에 대해 지지하는 입장과 반대하는 입장을 각각 제기하여 보아라.

••• 정리   1. 전문교육으로서의 물리교육은 물리학자를 양성하기 위한, 또는 물리와 관련된 전공을 선택할 학생들을 위한 교육과정을 의미한다.

1.6 물리학에 대한 교육과 물리교육

마지막으로 생각해 볼 것은 물리학을 교육하는 것과 달리 물리학에 대해서 교육하는 것에 관한 것이다. 즉, 물리학을 교육받은 학생은 물리학 내용뿐 아니라, 과학적 방법, 과학 이론의 변화 발달과정, 이론의 다양성, 과학의 한계를 인식하는 것까지 포함되어야 한다는 것이 그것이다. 그러한 관점에 따르면, 학생들은 과학 이론이 어떻게 평가되는지, 경쟁 이론으로부터 옳은 이론은 어떻게 판정될 수 있는 것인지, 과학의 발전에서 실험과 수학, 종교, 철학적 논의와의 관련은 어떠한지 등을 인식하는 것이 필요하다고 본다. 예를 들면, 과학에서 법칙이 무엇을 의미하는지에 대한 고찰 없이, 과학적 법칙에 대한 증거에 무엇이 포함되어야 하는지에 대한 생각 없이, 그리고 보일이 누구인지, 즉, 그가 언제 살았으며 그가 무엇을 하는지 등을 다루지 않으면서 보일의 법칙을 가르친다는 것은 끝이 잘려진 길을 보여주는 것과도 같다는 것이다. 즉, 학생들은 단순히 압력과 부피를 곱하면 일정하다는 관계를 아는 것 이상으로, 실험하거나 실험을 해석하는 데 있어서 데이터가 이론에 어떻게 의존하는지, 증거가 가설을 반증 혹은 지지하는데 어떻게 관계하는지, 과학에서 설정한 이상적 상황은 실제 상황과 어떻게 다르고 어떻게 관계되는지, 그리고 철학적 방법론적 문제에 관련된 모든 문제들을 다룰 필요가 있다.

"교과 내용의 지식에 관해 올바르게 생각하기 위해서 어떤 영역의 사실이나 개념에 관한 지식을 넘어서야 한다. 그것은 학문의 구조에 대한 이해를 요구하는 것이다. … 교사들은 학생들에게 어떤 영역에서 받아들여진 진리를 단지 정의만 해서는 안

된다. 그들은 왜 어떤 특정한 가정이 인정을 받게 되었는지, 왜 그것이 알 가치가 있는지, 또한 그것이 다른 가정과 어떤 관련이 있는지를 학문 내외에서 이론과 실제에서 모두 설명할 수 있어야 한다."(Shulman, 1986, p.9)

• • •
활동 1. 뉴턴 제2 법칙(가속도 법칙)을 학생에게 가르친다고 하자. 어떤 내용을 지도하는 것이, 어떤 내용을 학생이 이해하는 것이 왜 중요하다고 생각하는가?

여기에서 도입되는 것이 과학사와 과학철학이다. 과학사와 과학철학이 과학교육에 도입되게 된 계기에는 현재의 과학교육이 어떤 의미에서 실패하고 있다는 지적과 함께이다. 즉, 미국의 70% 이상의 학생들이 과학을 포기한다는 지적과 함께, 최근에 교양적 전통도 아니고 전문적 또는 내용 중심의 과학교육이 아닌 과학의 본질을 위한 교육과정이 주장되면서라고 할 수 있다. 실제로 미국과학발전 협회(AAAS: American Association for the Advancement of Science)에서는 다음과 같이 주장하였다.

"과학수업에서 과학을 역사적 관점에서 취급해야 한다. 교양교육과정의 학생들은 – 과학전공이건 비전공이건 똑같이 – 과학을 지적, 사회적, 문화적 전통의 일부로 받아들일 수 있도록 과학수업을 받아야 한다. … 과학수업은 과학의 윤리적, 사회적, 경제적, 정치적 차원을 강조함으로써 과학의 이러한 관점을 다루어야 한다."(AAAS, 1989, p.24)

영국의 영국과학교육협회(ASE: Association for Science Education, 1981)에서도 '과학을 통한 교육'(Education through science)이라는 보고서에서 다음과 같이 말하였다.

"보다 일반화된 과학 지식의 추구와 과학활동의 역사, 철학, 사회적 함의를 설명할 수 있는 문화를 포함시킴으로써 과학과 기술이 사회와 이념의 세계에 기여하는 바를 이해하게 한다."

사실 이러한 측면은 물리교사에게 일차적으로 필요한 측면이라고 할 수도 있다. 이에 대한 러더퍼드의 언급을 보자.

"과학 교사들은 과학이 실제로 무엇이 어떻게 수행되고 있는지를 알아야만 한다. 과학 교사들은 자신들이 가르치는 과학의 역사와 철학적 기반을 철저하게 습득한 후에야 비로소 이러한 종류의 이해를 통해서 과학을 탐구로서 가르치는 것에서 진보 없이 사건만 일어나게 되는 그런 상황을 벗어나게 될 것이다."(Rutherford, 1964, p.84)

활동 1. 물리 교사가 학생에게 물리학사 또는 과학철학 자체를 지도하지 않음에도 불구하고, 물리학사 또는 과학철학에 대한 이해가 필요하다고 생각하는가? 그렇다고 생각한다면 그 이유는 무엇인가? 나름대로 의견을 발표해 보자.

정리 1. 물리학에 대한 교육은 물리학 내용뿐 아니라, 과학적 방법, 과학 이론의 변화와 발달과정, 이론의 다양성, 과학의 한계를 인식하는 것까지 포함되어야 한다.
2. 과학의 본질을 위한 교육과정이 주장되면서 과학사와 과학철학이 과학교육에 도입되게 된다.

1.7 물리교육의 지향과 가치

이상의 설명들을 종합해 볼 때 초등학교와 중등학교에서의 물리교육이 지행해야 할 방향은 다음과 같이 요약해 볼 수 있다.

첫째는 자연 현상에 대한 인간의 지적 호기심을 충족해 줄 수 있어야 한다. 어린 아이로부터 어른에 이르기까지 자연 현상에 대해 이해하고 싶어 하는 기본적인 지적 호기심을 가지고 있으며 물리교육에서는 어느 정도 이에 대해 충족시켜 줄 수 있어야 한다.

둘째는 과학적 소양을 갖출 수 있도록 해야 한다. 19세기까지만 해도 유럽에서는 과학 지식은 교양인이라면 갖추어야 할 기본적인 소양이었다. 과학 지식의 심도가 깊어지면서 어느 사이엔가 과학은 기본적인 소양에서 멀어지고 있다. 미신적인 태도를 갖지 않도록 기본적인 과학적 소양을 갖추는 것은 현대인들에게 꼭 필요한 일이다. 과학적 자연관을 갖도록 하는 데 있어 물리학은 크게 기여할 수 있다. 기본적인 과학적 소양을 갖춤으로써 시사 과학을 이해할 수 있고 과학 윤리의 문제도 이해하고 판단할 수 있게 된다.

셋째는 물리학은 장차 과학과 공학, 그리고 기술 분야에 진출하고자 하는 학생들을 위해 기본적으로 필요한 내용이다. 물리학을 공부하면서 물리학에 대한 적성 정도를 파악

할 수 있고, 물리학 관련 영역으로 진출하는 토대를 마련할 수 있다. 그리고 장래 직업을 택할 때에도 물리학이 응용되는 분야가 많으므로 관련 분야의 직업 생활을 위한 토대가 될 수 있다.

활동 1. 물리교육의 지향과 관련하여, 지적 호기심 충족, 과학적 소양인 양성, 미래 직업을 위한 기초 학습 외에 더 생각해 볼 수 있는 것은 무엇인지 말해 보아라.

정리 1. 물리교육은 자연 현상에 대한 인간의 지적 호기심을 충족해 줄 수 있어야 한다.
2. 물리교육은 과학적 소양을 갖추도록 하는 데 기여해야 한다.
3. 물리교육은 장차 과학과 공학, 그리고 기술 분야에 진출하고자 하는 학생들을 위해 기본적으로 필요한 내용이다.

CHAPTER 02

물리개념 학습과 지도

2.1 물리 개념의 형성과 발달

2.1.1 개념의 정의

개념은 학자에 따라 [표 2.1]과 같이 다양하게 정의되어 왔다.

[표 2.1] 개념에 대한 정의

출처	정의
Ausubel (1986), Novak & Gowin (1984)	공통적 속성을 지니며 주어진 문화에서 승인된 부호 혹은 기호로 명명된 물체, 상황, 사건, 혹은 특성이다.
Klausmeier, Ghatala, Frayer (1974)	어느 특수한 사물 혹은 사물들을 다른 사물 혹은 사물들과 다르게 하고 또한 관계를 맺게 할 수 있는 것들(사물, 사건, 혹은 과정)의 특성에 대한 정돈된 정보이다.
Tennyson (1980)	공통적 특성을 분담하며 특별한 이름 혹은 기호에 의해서 인용될 수 있는 일련의 특수한 물체, 기호, 혹은 사건이다.
Pella (1966)	대단히 많은 관념들로부터 중요한 공통적 특성 혹은 요소를 요약하는 일군의 관념들 혹은 사실들의 본질적 특성의 요약이다.
Markle & Tiemann (1969)	개념이란 자체로서는 다르나 함께 분류되어 동일한 이름을 가질 수 있는 일단의 사물, 사건, 관계이다.
Bourne (1966)	개념은 어떤 공통된 특징, 형태, 또는 성질에 기초하여 둘 또는 그 이상의 구분 가능한 물체들, 사건들, 또는 상태들을 묶거나 함께 분류하고 다른 물체, 사건, 상태들로부터 따로 떼어내어 형성된 것이다.

[표 2.1]의 개념에 대한 다양한 정의에서도 부분적으로는 표현을 달리하고 있으나 함께 모아 다시 정의해 보면 다음과 같이 요약할 수 있다: "개념이란 물체, 사건, 사물, 상황이 가지고 있는 공통적인 속성을 문자, 언어, 기호 혹은 부호로 나타낸 것."

이러한 정의는 개념의 일반적 정의라 할 수 있다. 그러나 개념이 갖는 복잡성과 다양성으로 인해 개념을 여러 가지 유형으로 분류하기도 한다. 예를 들면, 펠라(Pella, 1966)는 개념을 분류적 개념과 상관적 개념, 그리고 자연현상을 축어적, 기계적, 혹은 수학적으로 설명하는 이론적 개념으로 분류하였다. 또 Lawson(1995, pp.71-72)은 [표 2.2]와 같이 감지에 의한 개념, 서술적 개념, 그리고 이론적 개념으로 분류하였다.

[표 2.2] Lawson에 의한 개념의 분류

유형	설명
감지에 의한 개념 (concepts by apprehension)	초록색, 차다, 덥다, 배고픔, 목마름 등 내적 또는 외적 환경으로부터 직접 유도된 개념들. 즉, 직접적인 감지로부터 얻어지는 개념을 의미한다(Northrop, 1947).
서술적 개념 (descriptive concept)	책상, 걸상 등의 물체, 달리기, 먹기 등의 사건 그리고 위에, 아래에, 다음에 등과 같은 상태(situation) 등은 직접적으로 감지될 수 없다. 이러한 개념은 정신적으로 구성된 실체이다. 이러한 서술적 개념에는 물체와 사건들 간의 관계에 대한 의미도 가질 수 있다 (예, 더 크다, 더 무겁다, 위에, 아래에, 전에). 이러한 개념들은 일상적인 상황 속에서 직접 경험에 의해 증명되고 반증될 수 있다.
이론적 개념 (theoretical concepts)	이론적 개념이 정의하는 특성들(defining attributes)은 직접 인지 가능하지 않다. 그러나 이러한 개념이 필요한 이유는 사건의 원인으로 작용할 수 있기 때문이다. 예를 들어, 원자, 분자, 유전자, 자연도태 등과 같은 개념이 그것이다.

활동 1. 다음과 같은 개념에 대한 다양한 정의를 번역해 보아라.

Caroll (1964): Abstraction of a series of experiences that defines a class of objects or events.

Bourne (1966): A concept is that which exists whenever two or more distinguishable objects or events have been grouped or classified together and set apart from other objects on the basis of some common feature of property characteristic of each.

Novak (1984): Regularity in events or objects designated by some label.

event — anything that happens or can be made to be happened (lightning, writing)

object — anything that exists and can be observed (dog, house)

Howard (1987): A concepts is a mental representation of a category, which allows a person to sort stimuli into instances and non-instances.

2. 개념에 대한 다양한 정의들에서 공통되는 특징을 추출해 보아라.

···
정리

1. 개념은 다른 사물이나 사건과는 구별되는, 어떤 사물이나 사건의 공통된 속성을 나타내는 기호나 명칭을 의미한다.
2. 개념은 감지에 의한 개념, 서술적 개념, 이론적 개념 등 여러 가지 유형으로 나눌 수 있다.

2.1.2 개념의 형성

물리 개념은 다음과 같은 여러 가지 방식으로 형성될 수 있다.

① 귀납 과정을 통한 개념 형성

공통적인 속성이 반복적으로 일어나게 되면, 이러한 반복적인 공통 속성을 일반화시켜 귀납적으로 개념을 형성할 수 있다. 귀납을 통한 개념 형성에는 다시 [표 2.3]과 같이 4가지 유형이 있다.

② 한 개 사례를 통한 개념 형성

개념은 반드시 공통된 속성이 반복되어야만 형성되는 것은 아니다. 공통된 자극 없이 한 개의 사례만으로도 개념이 형성될 수도 있다. 예를 들어, 뜨거운 난로에 데어본 경험의 경우에는 한 번의 사례만으로 "뜨거운 난로는 위험하다"라는 개념이 형성될 수 있다. 또 불도저는 한 번 보는 것만으로도 불도저라는 개념을 쉽게 형성할 수 있다. 물론, 이를 위해서는 적어도 자동차에 대한 개념이 이미 형성되어 있어야 한다는 조건이 필요하다.

[표 2.3] 귀납에 의한 개념형성 유형

유형	예
분류에 의한 개념 형성	ABUgdoVIHbh를 대문자와 소문자로 분류한 경우, 리트머스 종이를 이용하여 산성과 알칼리성 물질로 분류한 경우.
계열화에 의한 개념 형성	역학적 에너지는 위치에너지와 운동에너지의 상위 개념이다.
보존값에 의한 개념 형성	일정한 온도에서 물이 끓는 현상으로부터 물의 끓는점을 100℃로 정의하는 경우.
상관관계에 대한 개념 형성	전압의 변화에 따른 전류 측정 결과로부터 항상 전류가 전압에 비례한다고 정의하는 경우.

③ 귀추(abduction)나 비유에 의한 개념 형성

어떤 현상을 관찰하였을 때, 그러한 현상이 일어나게 한 보이지 않는 원인을 추론하기 위해 귀추나 비유를 사용하게 된다. 예를 들면, 과학자는 원자의 구조를 직접 볼 수 없지만, 태양계를 비유적으로 사용하여 중심에 핵이 있고 그 주변에서 전자가 돌고 있다는 원자 개념을 제안하게 된다. 다윈도 맬더스의 인구론을 읽고 "가축과 작물의 인공 도태가 자연에서 일어나는 것과 유사하고, 종의 진화 또는 변화로 설명할 수 있다."는 자연도태의 생각을 하게 되었다고 한다. 핸슨(Hanson, 1961)은 이와 같이 다른 현상에 대한 설명 방식을 빌려와서 새로운 상황에서 새로운 설명을 하는 과정을 귀추(abduction)라고 하였다. 이렇게 귀추적 과정을 통해 제안된 설명을 설명 가설이라고 한다.

④ 가설 검증을 통한 개념 형성

귀추나 비유를 이용하여 제안된 가설은 하나의 제안이므로 검증을 필요로 한다. 이러한 검증 과정을 거치면서 가설이 개념이나 이론으로 형성된다. 예(豫)를 들어, 처음에 공통적으로 면역체계에 이상이 생기는 환자들이 생겼을 때, 의사들은 가상적으로 AIDS라 명명하고 그 병이 바이러스에 의해 면역체계에 이상이 생기는 병이라는 가설을 세운다. 그 가설은 바이러스를 추출하는 실험에 의해 검증받게 되고, 지지되는 실험결과가 얻어지면, AIDS라는 개념으로 형성되게 된다. 또한 가설의 검증과정을 거치면서 초기의 가설이 세련화되고 정교화되는 변화과정을 겪기도 한다. 예를 들어, 보어가 보어의 원자 모형을 가설적 형태로 제안한 후, 계속적인 정교화(예를 들면, 전자 질량을 상대론적 질량으로 수정, 전자의 궤도를 타원 궤도로 수정, 핵이 질량 중심으로 회전한다고 수정, 전자의 안정된 궤도를 드브로이의 이론으로 설명하는 등) 과정을 거치면서 원자 개념이 점차로 세련화되고 정교화하게 된다.

⑤ 언어에 의한 개념 형성

직접 감지될 수 없는 개념은 언어를 통해서도 형성된다. 특히 '삼촌'과 같은 관계적 정의는 언어적으로 형성될 수밖에 없다. 과학에서도 언어적 정의가 사용된다. 예를 들면, '전기장이란 전기력이 미치는 공간이다.'와 같은 전기장에 대한 정의가 그렇다. 이때 개념 형성을 돕기 위해 모형이나 모델, 그림 등이 사용될 수 있다.

활동　1. 중등 물리교과서에서 위의 5가지 개념 형성 사례를 각각 찾아보아라.

정리　1. 개념이 형성될 때, (1) 귀납에 의한 형성, (2) 한 개 사례에 의한 형성, (3) 귀추나 비유에 의한 형성, (4) 가설 검증을 통한 형성, (5) 언어에 의한 형성 등의 다양한 방법들이 있다.
　　　2. 귀납에 의한 개념 형성에는 다시 (1) 분류에 의한 형성, (2) 계열화에 의한 형성, (3) 보존값에 의한 형성, (4) 상관관계에 의한 형성이 있다.

2.1.3 학생의 물리 선개념 연구

수직 위로 던진 물체가 위로 올라가는 중, 물체에 작용하는 힘의 방향을 물었을 때, 윗방향의 힘이 있다고 응답하는 학생들이 매우 많다. 예를 들어, 송진웅 등(2005)의 연구에 의하면, 286명의 중학교 1학년들 중 약 75%가 그런 생각을 하고 있었다.

이와 같은 학생의 선개념과 관련해서, 1960년대 오수벨(Ausubel)은 학생이 수업 전에 가지고 있는 정보가 학습에 있어서 중요하다고 강조한 바 있다(Ausubel, 1968). 그리고 1970년대 드라이버(Driver, 1973)가 과학 현상에 대해 아동이 가지고 있는 선개념에 대한 내용으로 학위 논문을 쓰고, 누스바움과 노박(Nussbaum & Novak, 1976) 등이 학생의 선개념에 대한 연구를 학회지에 싣기 시작하면서 학생의 선개념 연구가 활발하게 시작되었다.

1980년대 학생의 선개념 연구가 국제적인 관심을 끌게 되면서, 세계 각지에서는 [표 2.4]와 같이 국제적인 학회와 세미나 등이 개최되었다.

[표 2.4] 학생의 선개념 관련 국제 학술회의

년도 및 지역	학술회의 명
1979년 영국의 Leeds 대학	Cognitive Development Research in Science and Mathematics
1983년 프랑스 CNRS	Research on Physics Education
1983년 미국 Cornell 대학	Misconceptions in Science and Mathematics
1984년 네덜란드 Utrecht 대학	The Many Faces of Teaching and Learning Mechanics
1986년 일본 Sophia 대학	Trends in Physics Education
1987년 네덜란드 Free대학	Learning Difficulties and Teaching Strategies in Secondary School Science and Mathematics
1987년, 1995년 미국 Cornel 대학	Misconceptions and educational Strategies in Science and Mathematics
1988년, 1995년 서울대학교	Research for Student's Conceptual Structures Changes in Learning Physics

Pfundt & Duit(1991)는 [표 2.5]와 같이 그 동안 수행되었던 선개념 관련 연구를 9개 영역으로 나누었다.

[표 2.5] 선개념 연구의 영역

영역	주제
1	이 영역에 관련된 일반적 논의
2	일상적 개념과 과학적 개념
3	학생 개인의 개념발달과 과학사에서의 개념발달과의 비교
4	언어와 개념
5	개념 조사 방법
6	학생 개념의 조사: 물리 영역(전기, 열, 역학, 광학, 원자/입자, 천체, 에너지, 기타), 화학 영역, 생물 영역, 기타 영역
7	학생 개념을 고려한 지도: 물리 영역(전기, 열, 역학, 광학, 원자/입자, 천체, 에너지, 기타), 화학 영역, 생물 영역, 기타 영역
8	교사 개념의 조사
9	개념과 교사 연수

그리고 Pfundt & Duit(1985)는 그 동안에 수행되었던 학생의 과학 선개념에 대한 약 700여 편의 논문을 범주화하여 참고 서목(bibliography)을 발행하였는데, 1988년에는 1,400여 편의 논문을 범주화한 2판을, 1991년에는 2,000여 편의 논문을 범주화한 3판을 발행하였다. 1991년 제 3판의 논문들을 주제별(물리, 화학, 생물, 천문)로 나누어 보면 [표 2.6]과 같다.

[**표 2.6**] Pfundt & Duit의 주제별 논문 분류(1991년)

주제	내용
물리	
역학(281편)	force and motion/work, power, energy/speed, acceleration/gravity /pressure/ density/floating, sinking
전기(146편)	simple, branched circuits/topological & geometrical structure /model of current flow/current, voltage, resistance/electrostatics /electromagnetism/danger of electricity
열(68편)	heat and temperature/heat transfer/expansion by heating/change of state, boiling, freezing/explanation of heat phenomena in the particle model
광학(69편)	light/light propagation/vision/color
입자(60편)	structure of matter/explanation of phenomena (e.g. heat, state of matter)/ conceptions of the atom radioactivity
에너지(69편)	energy transformation/energy conservation/energy degradation
현대물리(11편)	quantum physics/special relativity
화학(132편)	
생물(208편)	
천문(36편)	shape of the earth/characteristics of gravitational attraction /stellites

학생의 물리 선개념에 관한 연구가 활성화되면서 자연 현상에 대해 학생들이 나름대로 가지고 있는 개념들은 [표 2.7]과 같이 여러 가지 용어로 불리게 되었다.

[표 2.7] 학생의 과학 선개념을 지칭하는 다양한 용어들

학자	학생의 선개념 관련 용어
Driver (1981)	대안적 개념 체계(Alternative Framework)
Wheeler & Kass (1978), Strike (1983)	오개념 또는 오인(Misconception)
McClosky (1983)	직관적 신념(Intuitive Belief)
Gilbert & Fensham (1982)	아동 과학(Children's Science)
Viennot (1979)	자발적 추론(Spontaneous reasoning)
기타	선개념(Preconception), 대안적 개념(Alternative conceptions), 초보 이론(Naive Theories)

2.2 학생의 물리 오개념

2.2.1 역학 영역에서의 학생의 물리 오개념

본 절에서는 다양한 물리 영역(역학, 전기와 자기, 빛과 파동, 열과 에너지, 현대물리 등)에서 밝혀진 학생들의 오개념을 정리하고자 한다. 이때 중요한 것은 ① 학생의 오개념을 조사하기 위한 문항, ② 그러한 문항에 대한 학생의 응답과 특징, ③ 물리적으로 옳은 개념, ④ 학생의 오개념 변화를 위한 갈등 전략, 그리고 ⑤ 갈등 전략을 이용한 개념 변화 수업 설계이다. 여기에서는 먼저 ①~③을 중심으로 다루고(송진웅 등, 2005), ④와 ⑤는 다음 절에서 다룰 것이다.

① 등속 직선운동하는 물체에 작용하는 힘

등속 직선운동하는 물체에 작용하는 힘에 대한 오개념 문항과 학생의 응답으로는 [그림 2.1]이 있다.

[문항]

그림과 같이 마찰을 무시할 수 있는 미끄러운 마루 위에서 일정한 속력으로 물체가 운동하고 있다. 이 물체에 작용하는 모든 힘을 화살표로 나타내면?

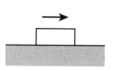

[응답] (*는 옳은 응답)

응답	중	고	대	교사	응답	중	고	대	교사
→(→)	39	17	36	6	↕(→)	1	24	45	5
→(↓)	22	36	11	23	힘 = 0*	2	5	4	13
(↓)	2	3	2	20	기타	1	0	5	1
(↕) *	4	7	29	26					

[그림 2.1] 등속 직선운동하는 물체에 작용하는 힘 (박종원 등, 2001)

[그림 2.1]에서 알 수 있듯이, 일단 물체가 운동하면 그 물체에 힘이 작용하고 있다고 생각하는 학생들이 많다. 또한 물체가 운동할 때 물체에 작용하는 힘의 방향이 물체의 운동 방향과 같다는 생각도 가지고 있다. 그러나 물체에 작용하는 힘은 물체의 운동 자체와 관계있는 것이 아니라는 사실을 깨닫는데 아리스토텔레스로부터 갈릴레오까지 약 1,800여 년이 걸렸다. 즉 물체에 힘이 작용하고 있는가는 물체가 운동하고 있는가 아닌가에 달린 것이 아니라, 물체의 운동 상태가 변하고 있는가 아닌가에 달려 있다. 따라서 물체의 운동 상태가 변화하지 않는 등속 직선운동의 경우에는 물체가 운동하고 있더라도 물체에 작용하는 힘이 없다.

② 연직 위로 던진 물체에 작용하는 힘

[그림 2.2]와 [그림 2.3]은 연직 위로 던진 물체가 위로 올라가는 중, 그리고 최고점에 정지한 순간에 물체에 작용하는 힘에 대해 알아보는 문항과 학생의 응답결과이다.

[문항]

연직 위로 던져 올린 공이 위로 올라가는 중, 물체에 작용하는 힘을 화살표로 나타내면?

[응답 %] (*는 옳은 응답)

대상	아래*	위	없다	위 > 아래	기타
중 1 (286명)	12	50	3	26	9
중 3 (285명)	8	40	3	42	7
고 2 (223명)	15	16	0	60	9

[그림 2.2] 연직 위로 던진 물체가 위로 올라가는 중 물체에 작용하는 힘 (송진웅 등, 2005)

[그림 2.2]와 같이 위로 올라가는 물체에 윗방향의 힘이 작용한다는 응답(위, 위>아래)이 중 1은 76%, 중 3은 82%, 고 2는 76%로 매우 많은 것을 볼 수 있다. 사실 이러한 생각은 아리스토텔레스의 생각과 유사하다. 즉, 아리스토텔레스는 운동을 자연적인 운동과 강제적인 운동으로 나누어, 자연 운동은 운동을 일으키게 하는 기동자(mover)가 내부에 있고, 강제운동은 기동자가 외부에서 작용한다고 보았다.

예를 들면, 자연의 모든 물질은 4가지로 되어 있는데, 불은 가장 위에, 다음에 공기, 다음에 물, 그리고 흙은 가장 아래에 위치한다고 하여, 무거운 물체를 떨어뜨리면 아래로 떨어지고, 불꽃이 위로 올라가는 현상은 물체들이 제자리로 가려는 자연적인 운동일 뿐이라고 하였다. 반면에 강제운동은 외부에서 어떤 기동자가 직접 작용하여 일어나는데, 예를 들면, 물체를 던졌을 때 물체가 날아가는 운동을 하는 것은 손으로 직접 힘을 가했기 때문이라는 것이다. 또 손을 떠난 후에 물체가 날아가는 운동을 하기 위해서도 기동자가 계속 외부에서 작용한다고 보았다. 즉 물체가 날아갈 때 물체가 있던 자리가 진공이 되면 이곳으로 공기가 들어오면서 물체를 계속 밀어 날아가는 운동을 하는 것이라고 하였다.

따라서 물체가 움직일 때 물체가 움직이는 방향으로 물체에 힘이 작용하고 있다고 직관적으로 생각하는 것은 아리스토텔레스의 생각과 매우 유사하다. [그림 2.3]과 같이 최고점에 정지한 순간에 힘이 없다(또는 위=아래)고 응답하는 것도 '정지한 물체에는 힘이 작용하지 않는다.'는 아리스토텔레스의 생각과 유사하다.

[문항]

연직 위로 던져 올린 공이 최고점에 도달한 순간, 최고점에서 물체에 작용하는 힘을 화살표로 나타내면?

[응답 %] (*는 옳은 응답)

대상	아래*	위	없다	위 = 아래	기타
중 1 (283명)	67	3	13	12	5
중 3 (283명)	69	1	7	17	4
고 2 (222명)	66	2	1	30	1

[그림 2.3] 연직 위로 던진 물체가 최고점에 도달한 순간, 물체에 작용하는 힘 (송진웅 등, 2005)

아리스토텔레스의 생각에 반박을 했던 사람으로 1327년 파리 대학의 학장이었던 뷔리당(Jean Buridan, 1295-1358)이 있다. 뷔리당은 아리스토텔레스가 말한 기동자가 잘못된 것임을 반증하기 위해, 제자리에서 회전하는 팽이를 예로 들었다. 즉, 회전하는 팽이는 제자리에서 회전하므로 날아가는 물체처럼 물체 뒷부분에 진공을 만들지 않으므로, 공기가 밀어서 회전시킬 수 없다는 것이다. 그래서 뷔리당은 물체가 운동할 때에는 물체를 운동하게 하는 기동력(임페투스)을 가지고 있다고 하였다.

이러한 기동력은 필로포누스(Joan Philoponus, 630)가 말한 기동력(임페투스, impetus)과 같은 개념이다. 필로포누스는 천체의 운동을 설명하기 위해 신은 천체에 영원히 없어지지 않는 기동력을 주어 그것에 의해 천체가 계속 운동하는 것이라고 하였다. 위로 던진 물체의 경우(중력이 작용한다고 언급하면서도) 윗방향의 힘을 언급하고, 그것이 손으로 던진 힘이라고 답한 학생들은 바로 이러한 뷔리당 관점과 유사하다. 즉, 손으로 던졌을 때의 힘을 물체가 계속 가지고 있다는 것이다. 비록 중력이 작용한다고 해도, 중력보다 이 힘이 더 커서 위로 움직인다는 것이다. 또한 이 힘은 점점 작아져서, 최고점에서는 중력과 임페투스가 서로 같아서 순간 정지한다고 설명하는데 이러한 생각도 같은 맥락이다.

사실 임페투스란 오늘날 운동량 개념과 비슷한 것으로서, 물체 운동의 원인을 나타내는 양이라기보다는 물체의 운동을 기술(describe)하는 양이라고 할 수 있다.

이와 같이 학생들은 물체가 운동할 때에는 항상 물체에 힘이 작용한다고 생각하는 경우가 많다. 그러나 물체에 작용하는 힘이 없어도 물체가 운동할 수 있다는 것을 처음으로 정확하

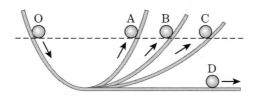

[**그림 2.4**] 갈릴레오의 사고실험

게 기술한 사람은 갈릴레오이다. 그는 사고실험(그림 2.4)을 이용하여 비탈면에서 내려와 수평으로 운동하는 물체와 같이 물체에 아무런 힘이 작용하지 않아도 물체가 끝없이 계속해서 일정한 운동을 할 수 있다고 하였다.

이에 뉴턴은 물체가 왜 운동하는가에 대한 질문을 하지 않고, 왜 물체의 운동이 변화하는가를 질문하고 그에 대한 답을 찾고자 하였다. 그 결과, 뉴턴이 찾은 답은 "물체의 운동이 변화하는 이유는 물체에 힘이 작용하기 때문이다"이었다. 즉 뉴턴 이론에 의하면 [표 2.8]과 같이 물체의 운동이 아니라, 물체의 운동이 어떻게 변화하는지를 관찰하면, 물체에 힘이 어떻게 작용하고 있는지를 알 수 있다.

[**표 2.8**] 물체의 운동변화로부터 알 수 있는 힘의 작용

운동의 변화	물체에 작용하는 힘의 방향
물체의 속력이 증가하고 있다.	물체에는 운동방향과 같은 방향으로 힘(합력)이 작용하고 있다.
물체의 속력이 감소하고 있다.	물체에는 운동방향과 반대 방향으로 힘(합력)이 작용하고 있다.
물체의 운동방향이 변하고 있다.	물체에는 운동방향과 수직 방향으로 힘(합력)이 작용하고 있다.
물체가 전환점에서 되돌아가고 있다.	전환점에서도 물체에는 되돌아가는 방향으로 힘(합력)이 작용하고 있다.

[표 2.8]에 의하면, 전환점에서는 물체가 순간 정지해 있지만, 물체의 운동이 계속 변화하고 있는 중이라는 것을 의미한다. 따라서 전환점에서도 힘이 작용하고 있다.

③ 등속 원운동하는 물체에 작용하는 힘

물체의 운동방향이 변화하는 등속 원운동에 대한 오개념을 조사한 문항과 그에 대한

[문항]

물체가 일정한 속력으로 반시계 방향으로 원운동하고 있다. 이 물체에
작용하는 힘을 화살표로 나타내면?

[응답 %] (*는 옳은 응답)

대상	중심방향*	중심 = 바깥	중심 = 바깥, 접선운동방향	접선운동 방향	없다	기타
중 1 (244명)	11	21	31	17	5	15
중 3 (256명)	10	12	38	18	6	16
고 2 (209명)	6	15	53	12	6	8

[그림 2.5] 등속 원운동하는 물체에 작용하는 힘 (송진웅 등, 2005)

응답은 [그림 2.5]와 같다.

등속 원운동(그림 2.5)의 경우에도 아리스토텔레스적 생각과 같이 운동방향과 같은
접선방향으로 작용하는 힘이 있다는 응답이 중 1은 47%, 중 3은 56%, 고 2는 65%임을
알 수 있다. 그러나 [표 2.8]에서 제시하였듯이, 속력의 변화가 없다면 운동방향이나 운동
반대방향으로 작용하는 힘은 없다. 즉 속력의 변화가 없이 운동방향만 변하는 경우에는
운동방향과 수직인 방향으로 작용하는 힘만 있다.

이때 구심력(중심방향)을 언급하지 않고, 원심력(바깥방향)을 언급하는 경우가 많은데,
원심력에 대한 오개념에 대해서는 뒤에서 다시 설명할 것이다.

④ 진자에 작용하는 힘

이제까지 물체의 속력만 변하거나(연직 위로 던진 물체가 올라가거나 내려오는 중),
운동방향만 변하는 경우(등속 원운동), 또는 전환점(연직 위로 던진 물체가 최고점에 도달
한 순간)에서 되돌아가는 경우를 살펴보았다.

그렇다면 속력과 운동방향이 함께 변화하는 경우에 물체에 작용하는 힘은 어떻게 설명할
수 있을까? 이와 관련한 문항과 응답 예가 [그림 2.6]과 같이 진자가 내려오는 중에 진자에
작용하는 힘을 묻는 문항이다.

[문항]

진자가 내려오는 중, 진자에 작용하는 힘을 화살표로
표시하면?

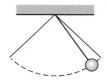

[응답 (명)] (*는 옳은 응답)

응답	중	고	대	교사	응답	중	고	대	교사
①	2	14	16	13	⑦	1	0	0	0
②	2	8	16	39	⑧*	2	4	2	3
③	29	8	6	8	⑨	9	42	46	13
④	11	1	0	3	⑩	13	11	4	13
⑤	12	0	0	1	기타	8	3	11	8
⑥	9	1	0	0					

[그림 2.6] 진자가 내려오는 중, 진자에 작용하는 힘 (박종원 등, 2001)

진자가 내려오는 중, 학생과 교사의 응답을 보면, 접선방향의 힘을 언급한 응답(①,
③, ④, ⑤, ⑨, ⑩)이 많은 것을 알 수 있다. 앞서 언급한 바와 같이 바깥방향으로 작용하는
힘(원심력)을 언급한 경우(①, ⑥, ⑩)도 많이 있다.

연직 아래로 작용하는 중력을 언급한 경우도 많은데(①, ②, ③, ⑧, ⑨), 이 응답이
물리적으로 옳기 위해서는 장력도 함께 표시해야 한다. 이때 중요한 것은 중력과 장력의
합력이 [그림 2.7]과 같이 접선 안쪽 방향이어야 한다는 것이다(⑧). 그러나 중력과 장력을
표시한 응답을 보면, 중력과 장력의 합력이 접선방향이라고 생각하고 있고(②), 중력과
장력 외에 접선 방향의 힘을 추가로 표시한 경우도(①, ⑨) 많다.

진자가 내려오는 중에는 운동방향과 속력이 함께 변한다. 따라서 [그림 2.7]과 같이
운동방향의 힘과 수직방향(구심방향)의 힘이 각각 작용하고 있다고 해야 한다. 물론 [그림
2.7]에서 수직방향의 힘과 운동방향의 힘은 각각 실제 힘이 아니다. 운동방향의 힘은

중력의 접선 성분이고, 수직방향의 힘은 장력과 중력의 원심성분의 합에 의한 것이다. 그래서 각각의 힘이 속력을 변하게 하면서, 운동방향을 변하게 작용하는 것이다.

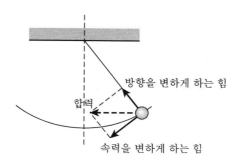

[그림 2.7] 내려오는 진자에 작용하는 힘

활동

1. 진자가 내려오는 중, 중력과 장력을 표시하고, 중력의 원심성분과 장력을 합쳐서 [그림 2.7]의 구심방향의 힘이 되도록 그려보아라.

2. [그림 2.7]에서 접선방향의 힘의 크기와 구심방향의 힘의 크기는 각각 얼마인가?

3. 진자가 최고점에 도달한 순간, 진자에 작용하는 힘을 표시하여라.

4. 진자가 최하점을 지나는 순간, 진자의 운동변화는 어떠한가? 즉 속력이 변화하는가? 운동방향이 변화하는가?

5. 다음은 진자가 최하점을 지나는 순간, 진자에 작용하는 힘에 대한 응답이다. 오개념과 물리적으로 옳은 개념은 각각 무엇인가? (송진웅 등, 2005)

대상	접선운동방향	접선운동방향, 아래	위 〉아래	위 = 아래, 접선운동방향	없다	기타
중 1 (265명)	23	28	13	14	11	11
중 3 (275명)	17	37	9	18	10	9
고 2 (209명)	4	27	15	43	7	4

⑤ 포물선 운동하는 물체에 작용하는 힘

운동방향과 속력이 함께 변하는 대표적인 운동으로 포물선 운동도 있다. 포물선 운동하는 물체에 작용하는 힘에 대한 오개념은 [그림 2.8]과 같다.

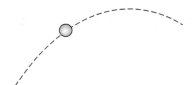

[문항]

비스듬히 던진 물체가 올라가는 중이다. 이 물체에 작용하는 힘의 방향을 옳게 표시한 것은?

[응답 %] (*는 옳은 응답)

대상	아래(중력)*	접선운동방향 (던진 힘)	수평(던진 힘) 과 아래(중력)	접선운동방향 과 아래(중력)	없다	기타
중 1 (270명)	4	21	17	51	1	6
중 3 (271명)	4	9	15	67	1	4
고 2 (222명)	5	5	11	76	0	3

[그림 2.8] 포물선 운동에 대한 학생의 오개념 (송진웅 등, 2005)

포물선 운동의 경우에도 학생들은 접선방향의 힘을 언급하거나, 중력을 언급하는 경우가 많다. 여기에서 중력을 언급한 것은 옳은 응답이지만, 물체의 운동변화로부터 힘을 찾았다기보다는 지표면 근처에서 운동하는 물체이므로 중력이 작용한다고 응답한 경우가 많다. 포물선 운동의 경우에도 운동의 변화로부터 힘의 방향을 찾는다면 [그림 2.9]와 같이 응답할 수 있어야 한다.

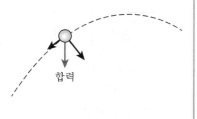

포물선 운동하는 물체가 올라가는 중,
① 속력이 느려지므로, 운동반대 방향의 힘이 있다.
② 운동방향이 변하므로, 운동방향과 수직방향의 힘이 있다.
③ 두 힘이 합력이 수직 아래 방향이다.

합력

[그림 2.9] 포물선 운동에 작용하는 힘과 합력

활동

1. 포물선 운동하는 물체가 최고점을 지나는 순간, 물체의 운동변화로부터 힘의 방향을 찾아라.

2. 포물선 운동하는 물체가 내려오는 중, 물체의 운동변화로부터 힘의 방향을 찾아라.

⑥ 관성계와 관성력

앞에서 원운동과 진자 운동에서 운동 바깥 방향으로 원심력이 작용한다고 생각하는 학생들이 많이 있었다. 그러나 원심력은 관성력으로 가속 좌표계에서만 말할 수 있는 가짜힘이다. 즉, 등속 원운동하는 물체 안에서 보았을 때 작용하는 힘을 물었다면, 원심력을 언급해야 하겠지만, 그러한 특별한 조건이 없이 관성계에서 물었다면 원심력을 언급해서는 안 된다.

먼저 [그림 2.10]의 문항에서 관성계, 즉 정지되어 있거나 등속으로 운동하는 좌표계를 찾아보자.

[문항]

다음은 정지 좌표계인가?

① 지표면에 고정된 좌표계

② 태양에 고정된 좌표계

③ 은하계 중심에 고정된 좌표계

④ 우주의 임의의 위치에 고정된 좌표계

[그림 2.10] 절대 정지 좌표계에 대한 질문

절대 정지 좌표계만 찾을 수 있다면, 그 좌표계에 비해 등속 운동하는 모든 좌표계가 관성계가 될 수 있다. 그러나 [그림 2.10]에서 생각해 보았듯이, 절대 정지 좌표계는 정할

[문항]

버스가 일정하게 속도가 증가하는 가속도 운동을 하고 있다. 이때 천장에 매달린 손잡이가 그림과 같이 기울어진다.

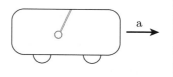

① 버스 안에서 보면, 손잡이는 정지해 보이는가? 운동하는 것으로 보이는가?

② 버스 안에서 보았을 때 손잡이에 작용하는 힘은 중력과 장력이 있다. 중력과 장력을 표시하고, 합력을 표시해 보자. 합력이 0인가?

[그림 2.11] 가속 운동하는 버스에 매달린 손잡이

수 없다. 그렇다면 관성계도 정할 수 없다. 관성계를 찾지 못하면 어떤 문제가 생기는지 [그림 2.11]과 같은 상황을 생각해 보자.

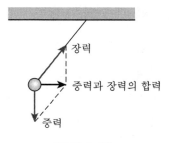

[그림 2.12]

[그림 2.11]에서 손잡이에 작용하는 합력은 [그림 2.12]와 같이 0이 아니다. 그럼에도 불구하고, 버스 안에서 보았을 때 손잡이는 정지해 있다. 그렇다면 버스 안에서는 다음과 같이 뉴턴의 운동법칙이 적용되지 않는다.

$$F \neq 0 이지만 \ a = 0 이다. \ 따라서 \ F \neq ma$$

이와 같이 뉴턴 법칙이 적용되지 않는 또 다른 상황은 [그림 2.13]에서도 일어난다.

[문항]

아무런 외력이 작용하지 않는 우주 공간에 우주선이 떠 있다.

① 우주선이 정지하고 있을 때, 우주선 안에서 들고 있던 공을 가만히 놓고 우주선 안에서 보면 공이 어떤 운동을 하는가?

② 우주선이 등속 운동하고 있을 때, 우주선 안에서 공을 가만히 놓고 우주선 안에서 보면, 공은 어떤 운동을 하는가?

③ 우주선이 가속운동하고 있을 때, 우주선 안에서 공을 가만히 놓고 우주선 안에서 보면, 공은 어떤 운동을 하는가? 그 이유는?

[그림 2.13] 가속 운동하는 우주선 안에서의 물체의 운동

[그림 2.13]에서 정지해 있거나 등속 운동하는 우주선 안에서 보면 손에서 가만히 놓은 공이 그대로 공중에서 제자리에 떠 있지만, 가속 운동하는 우주선 안에서 보면 가만히 놓은 공이 뒤로 가속 운동하는 것으로 보인다. 따라서 이 경우에도 다음과 같이 뉴턴 법칙이 적용되지 못하는 상황이 된다.

$$F = 0 이지만, \ a \neq 0 이다. \ 따라서 \ F \neq ma$$

따라서 관성계에서는 뉴턴의 운동법칙이 적용되지만, 가속 좌표계 즉, 비관성계에서는 뉴턴의 운동법칙이 적용되지 않는다.

이에 뉴턴은 비관성계에서도 운동법칙이 성립되게 하기 위해 가짜 힘인 관성력을 도입하였다. 예를 들어, [그림 2.12]에서 가속운동하는 버스 안에서 장력과 중력의 합력과 같은 크기로 반대방향으로 작용하는 힘이 있다면, 합력이 0이 되고, 따라서 뉴턴의 운동법칙이 성립하게 된다. 이를 식으로 다시 나타내면 다음과 같다.

$$\vec{F} + \vec{f}_{\text{관성력}} = m\vec{a} \text{이다. 이때 } \vec{f}_{\text{관성력}} = -m\vec{a'} \text{이다.}$$

$$\text{단, } \vec{a'} = \text{좌표계의 가속도}$$

[그림 2.14]는 관성력을 도입하여 운동법칙을 세운 상황들이다.

[상황 1]

승강기 바닥에 질량 m인 사람이 서 있다. 승강기는 위로 올라가면서 속도가 증가하는 가속운동$(+a')$을 하고 있다. 승강기 안에서 보았을 때, 사람은 정지해 있으므로,

$m\vec{g} + \vec{N} + (-m\vec{a'}) = m\vec{a}$. 이때 $\vec{a} = 0$이므로, $m\vec{g} + \vec{N} - m\vec{a'} = 0$

성분별로 쓰면, $-mg + N - ma' = 0$. 따라서 $N = mg + ma'$

[상황 2]

승강기 천장에 질량 m인 물체가 실로 매달려 있다. 승강기는 위로 올라가면서 속도가 증가하는 가속운동$(+a')$을 하고 있다. 승강기 안에서 보았을 때,

$m\vec{g} + \vec{T} + (-m\vec{a'}) = m\vec{a}$. 이때 $\vec{a} = 0$이므로, $m\vec{g} + \vec{T} - m\vec{a'} = 0$

성분별로 쓰면, $-mg + T - ma' = 0$. 따라서 $T = mg + ma'$

[상황 3]

버스가 속도가 증가하는 가속운동(a')을 하고 있다. 버스 안에서 수직 위로 물체를 던져 올렸다. 버스 안에서 보았을 때,

$$m\vec{g} + (-m\vec{a'}) = m\vec{a}$$

x 성분: $-ma' = ma_x$, y 성분: $-mg = ma_y$

[그림 2.14] 비관성 좌표계 안에서의 뉴턴의 운동법칙을 적용한 예

활동 1. [그림 2.14]의 세 가지 상황에서 가속 좌표계 밖에서 보았을 때 뉴턴의 운동법칙을 써 보아라.

2. [그림 2.14]의 [상황 3]에서 버스 안에서 보았을 때 공의 궤적을 그려보아라. 마찬가지로 버스 밖에서 보았을 때 공의 궤적을 그려 보아라.

활동 1. 그림과 같은 시범장치를 이용하면 탁구공이 움직이는 방향을 보고 가속도의 방향을 찾을 수 있다. 즉, 이 장치는 물체에 작용하는 알짜힘의 방향을 찾는데 사용될 수 있다. 이 장치를 직접 만들어서 시범해 보고, 작동 원리를 설명해 보자(박종원, 1996).

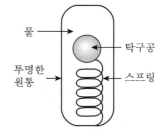

⑦ **무거운 물체와 가벼운 물체가 똑같이 떨어지는 이유**

학생들은 무거운 물체와 가벼운 물체를 동시에 떨어뜨리면 똑같은 가속도로 떨어진다는 것을 잘 알고 있지만, 그러한 학생들이 가지는 대표적인 오개념은 [그림 2.15]와 같다.

[문항]
가벼운 물체와 무거운 물체가 똑같이 떨어지는 이유는?

[오개념 응답]
물체에 작용하는 중력이 같기 때문

[그림 2.15] 낙하운동에 대한 오개념

[그림 2.15]의 문항에서 당연히 무거운 물체에 더 큰 힘이 작용하고 있다. 그렇다면 무거운 물체에 큰 중력이 작용하는데, 왜 무거운 물체와 가벼운 물체는 똑같이 떨어질까? 뉴턴의 운동방정식에서 중요한 것은 운동의 변화와 힘과의 관계 속에 질량 개념이 들어있다는 것이다.

자연의 기본적인 성질 중의 하나는 물체가 운동 상태 변화를 싫어한다는 것이다. 즉, 운동 상태를 그대로 유지하고 싶어 하는 데 운동 상태를 유지하려는 성질을 관성이라고 한다.

이때 질량의 크기가 관성의 정도를 나타내고 따라서 이러한 질량을 관성질량이라고 한다.

그러나 질량에는 중력질량이라는 또 다른 종류의 질량이 있다. 중력질량은 만유인력의 크기를 결정하게 한다. 관성질량과 중력질량을 간단하게 측정하는 방법은 [그림 2.16]과 같다.

[중력질량의 크기 측정방법]

중력장에서 스프링에 물체를 매달면, 스프링의 복원력과 중력의 크기가 같으므로, 중력질량을 알 수 있다: $kx = m_{중력}g$, 따라서 $m_{중력} = \dfrac{kx}{g}$

[관성질량의 크기 측정방법]

물체에 외력 F를 작용하였을 때, 가속도를 측정하면 관성질량을 알 수 있다: $F = m_{관성}a$, 따라서 $m_{관성} = \dfrac{F}{a}$

[그림 2.16] 중력질량과 관성질량의 간단한 측정방법

따라서 낙하하는 물체의 경우에 중력질량과 관성질량을 각각 적용해 보면 다음과 같다.

$$F = m_{중력}g, \text{ 그리고 } F = ma_{관성} \text{ 따라서 } m_{중력}g = m_{관성}a \text{이므로 } a = \frac{m_{중력}}{m_{관성}}g$$

이때 만일 $m_{중력} = m_{관성}$이라면, $a = g$가 되어 낙하 가속도가 질량에 무관하게 된다.

만일 어떤 두 물체가 있는데, 한 물체(A)는 중력질량과 관성질량이 같은데, 다른 물체(B)는 중력질량이 관성질량보다 크다고 하자. 이 경우에 두 물체를 동시에 떨어뜨리면 무엇이 먼저 떨어질까? 이 경우에는 물체 B가 더 빨리 떨어진다. 즉 B 물체는 중력에 의해 운동 상태를 변화시키려는 정도가 운동 상태를 유지하려는 정도보다 크게 작용해서 더 큰 가속도로 운동한다.

관성질량과 중력질량이 같다는 사실은 아인슈타인의 일반상대론의 기초가 되기도 한다. 즉, 중력질량과 관성질량이 같기 때문에 가속 좌표계 안에서 나타나는 관성력의 효과를 다음과 같이 중력의 효과로 바꿀 수 있다.

$$f_{관성력} = -m_{관성}a \text{인데, } m_{관성} = m_{중력} \text{이므로 } f_{관성력} = -m_{관성}a = -m_{중력}a = 중력$$

즉 일반상대성 이론에서 '상대성'이라는 말은 가속도 운동도 상대적으로 보면 (중력을 도입하면) 정지 운동으로 볼 수 있다는 것이다. 따라서 가속도 운동도 상대적인 운동이 되는 셈이다.

⑧ 뉴턴 운동법칙의 적용

뉴턴 운동법칙을 간단하게 적용할 수 있지만, 기본적인 적용방법을 고려하면 적용할 때 실수가 없다. [그림 2.17]은 뉴턴 운동법칙을 적용할 때 몇 가지 주요 방법이다.

[방법 1]

뉴턴의 운동법칙을 벡터 방정식으로 쓰고, 성분별로 다시 쓴다.

(예) 지표면에서 비스듬히 던진 물체인 경우,

$$\vec{F} = m\vec{a}. \text{ 성분별로 다시 쓰면, } mg(-\hat{j}) = ma_x\hat{i} + ma_y\hat{j}$$

[방법 2]

물체에 작용하는 힘이 여러 개인 경우에 $\vec{F}$는 물체에 작용하는 합력이다. 따라서 여러 개의 힘을 벡터적으로 모두 더한다.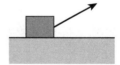

(예) 마찰 있는 평면 위에서 물체를 θ각으로 f의 힘으로 당기는 경우,

$$m\vec{g} + \vec{N} + \vec{f}_{마찰력} + \vec{f} = m\vec{a},$$

$$mg(-\hat{j}) + N(\hat{j}) + f_{마찰}(-\hat{i}) + F\cos\theta(\hat{i}) + F\sin\theta(\hat{j}) = ma_x(\hat{i}) + ma_y(\hat{j})$$

[방법 3]

물체가 여러 개인 경우에는 각각의 물체에 뉴턴 법칙을 각각 적용한다.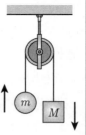

(예) 질량 m, M $(m < M)$인 물체가 도르래로 연결되어 있는 경우,

$$m\text{에 대한 운동방정식: } \vec{T} + m\vec{g} = m\vec{a}_m$$

$$M\text{에 대한 운동방정식: } \vec{T} + M\vec{g} = M\vec{a}_M$$

$$\text{단, } \vec{a}_m = a\hat{j}, \ \vec{a}_M = a(-\hat{j})$$

[그림 2.17] 뉴턴의 운동법칙 적용 방법

[그림 2.17]의 뉴턴 운동법칙 적용방법에서 학생들이 종종 실수하는 경우는 다음과 같다.

(1) [방법 2]에서 벡터적으로 모든 힘을 더해야 하지만, 방향을 고려해서 벡터를 빼는 실수를 한다. 예를 들어, 마찰력을 벡터로 표시하면서 (−)를 하는 실수를 한다(예: $m\vec{g} - \vec{f}_{마찰력} + \cdots$).

(2) [방법 3]에서 각각의 물체에 대한 운동방정식을 각각 적용하지 못하는 경우가 많다. 각각 적용하더라도, 질량 m, M을 혼동하는 경우가 있다(예: $\vec{T} + m\vec{g} = (m+M)\vec{a}$).

활동

1. 다음 그림에서 [그림 2.17]의 뉴턴 운동법칙 적용방법을 적용하여 물체의 가속도를 구하여라.

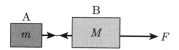

2. 두 물체가 질량을 무시할 수 있는 스프링으로 연결되었다고 하고, 각 물체에 대한 운동 방정식을 써 보아라. 그리고 물체의 운동을 예측하여 보자.

3. 질량 M인 승강기 안에 질량 m인 물체가 천장에 실로 매달려 있다. 승강기의 줄이 끊어져 공기 저항 f를 받으면서 가속도 a로 낙하하고 있다.
   (1) 승강기와 질량 m인 물체에 대한 운동 방정식을 써 보라.
   (2) 공기 저항 f가 있을 때, 가속도 a와 실의 장력을 구하라.

4. 뉴턴 운동법칙을 적용하는 다양한 문항 3개를 설정하여, 뉴턴 운동법칙을 단계별로 적용하여라.

⑨ 작용과 반작용

학생들은 작용과 반작용에 대한 개념을 힘의 평형과 혼동하는 경우가 많다. [그림 2.18]은 이와 관련된 대표적인 오개념 조사 문항이다.

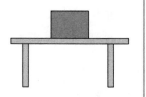

[문항]

책상 위에 놓인 책에 작용하는 힘을 표시하여라. 이때 각 힘의 반작용력은 무엇인가?

[응답] (*는 옳은 응답)

① 중력과 수직항력이 작용한다*.

② 중력과 수직항력은 서로 작용 반작용의 관계이다.

[그림 2.18] 책상 위의 작용하는 힘과 반작용력

작용 반작용 법칙은 힘의 본성에 대한 법칙이다. 즉, 힘은 물체와 물체와의 상호작용으로, A 물체가 B 물체와 상호작용할 때, A가 B에 작용하는 힘은 B가 A에 작용하는 힘과 같다는 것이다. 여기에서 중요한 것은 작용과 반작용은 작용하는 대상이 [표 2.9]와 같이 서로 다르다는 것이다.

작용과 반작용은 힘이 작용하는 물체가 서로 다르지만, 힘의 평형은 두 힘이 작용하는 물체가 같다. 즉 [그림 2.18]에서 수직항력과 중력은 책에 작용하는 두 힘이고, 이 두 힘이 서로 평형 상태인 것이다.

[표 2.9] 작용과 반작용의 관계

책에 작용하는 힘	반작용력
중력 (지구가 책을 당기는 힘)	책이 지구를 당기는 힘
수직항력 (바닥이 책을 미는 힘)	책이 바닥을 누르는 힘

작용 반작용에 대한 또 한 가지 중요한 점은 관성력은 반작용력이 없다는 것이다. 그 이유는 관성력은 물체와 물체와의 상호작용에 의한 힘을 나타내는 것이 아니라, 좌표계의 가속운동에 의해 도입한 가짜힘이기 때문이다. 즉 원심력은 반작용력이 없다.

마지막으로 작용 반작용의 관계는 힘의 본성을 나타내기 때문에 물체에 작용하는 힘을 찾을 때 매우 유용하다. 즉 [표 2.10]과 같이 물체가 무엇과 상호작용하는지를 알면, 그 물체에 작용하는 힘을 쉽게 추론할 수 있다.

[표 2.10] 상호작용에 의해 물체에 작용하는 힘 찾기

상황	물체와의 상호작용	물체에 작용하는 힘
실에 매달린 물체	물체와 실과 상호작용	장력
	물체와 지구와 상호작용	중력
공기 중에서 낙하하는 물체	물체와 공기와 상호작용	부력, 마찰력
	물체와 지구와 상호작용	중력
평면 위의 물체를 스프링으로 당길 때	물체와 스프링과 상호작용	탄성력
	물체와 바닥과 상호작용	수직항력, 마찰력
	물체와 지구와 상호작용	중력

또 작용 반작용에 대한 오개념으로 [그림 2.19]와 같은 줄다리기 문제가 있다.

[문항]

두 사람이 줄다리기를 하고 있다. (가)가 이기고 있을 때, 줄을 통해 서로에게 작용하는 힘을 화살표로 바르게 나타낸 것은?

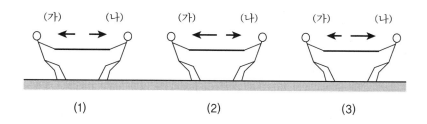

(1)   (2)   (3)

[응답 %] (*는 옳은 응답)

반응	중 1 (N=60)	중 2 (N=60)	중 3 (N=60)
1번*	3	5	5
2번	88	87	90
3번	8	8	5

[그림 2.19] 줄다리기 상황에서의 작용 반작용 (박종원 등, 2001)

[그림 2.19]의 반응에서 알 수 있듯이 대부분의 학생들이 줄다리기 문제에서 (가)가

당기는 힘이 더 크다고 생각한다.

그러나 이 문제에서는 지면과의 마찰까지 고려해야 한다. 예를 들어, (가)에는 마찰력이 작용하지만, (나)는 롤러스케이트를 타고 있어서 마찰력이 없다고 하자. 그러면, (나)에 작용하는 힘에는 (가)가 당기는 힘 외에는 없으므로, 당연히 (가)쪽으로 끌려가게 된다. (가)의 경우에는 (나)가 당기는 힘(오른쪽 방향)과 마찰력이 작용하는 데, 이때 (나)가 당기는 힘보다 마찰력(왼쪽 방향)이 더 크므로, (가)에게는 왼쪽으로 알짜힘이 작용하여 왼쪽으로 가게 된다.

그러므로 만일 두 사람 모두 마찰력이 작용하지 않는 얼음판 위라면, 서로 당기는 힘밖에 없으므로 서로 끌려가게 되는 것이다.

뉴턴 제3 법칙이 발표되고 나서 마부가 말에게 마차를 끌도록 했을 때, 어느 똑똑한 말이 자신이 마차를 끄는 힘과 마차가 자신을 끄는 힘은 서로 같아서 갈 수 없다고 꾀를 내었다고 한다. 물론 이에 당황한 마부는 한참을 생각하고도 도저히 답을 얻을 수 없어서, '어설픈 지식은 위험하다'고 하면서 채찍질을 하였고, 말은 마차를 끌기 시작했다는 우화가 있다.

· · · 정리
1. 물체가 운동할 때, 운동방향으로 힘이 작용한다는 오개념이 있다.
2. 물체를 던졌을 때, 물체에 던진 힘이 있다고 생각하는 오개념이 있다.
3. 정지한 경우라도 전환점이라면 작용하는 힘(합력)이 있다.
4. 원운동하는 물체에 원심력이 작용한다는 오개념이 있다.
5. 진자가 내려가거나 올라갈 때, 또는 최하점을 지날 때, 진자에 작용하는 합력이 접선방향이라는 오개념이 있다.
6. 관성력이 작용할 때, 물체의 가속도와 좌표계의 가속도를 구별하지 못하는 경우가 있다.
7. 물체가 낙하할 때, 무거운 물체와 가벼운 물체에 작용하는 힘이 같아서 동시에 떨어진 다는 오개념이 있다.
8. 뉴턴 운동법칙을 물체마다 각각 적용하지 못하는 경우가 있다.
9. 물체에 작용하는 알짜힘을 구할 때, 벡터로 표시하면서 방향이 반대일 때 빼는 잘못을 하는 경우가 있다.
10. 힘의 평형과 작용 반작용을 구별하지 못하는 경우가 있다.
11. 줄다리기에서 서로에게 작용하는 힘이 다르다고 생각하는 오개념이 있다.

2.2.2 전기와 자기 영역에서의 학생의 오개념

① 정전기

정전기 분야에서 학생의 오개념을 밝힌 연구는 그리 많지 않다. 몇 가지 연구 결과를 살펴보자. 송진웅 등(2005)은 [그림 2.20]과 같이 부도체에서의 정전기 개념을 알아보는 연구를 하였다.

[문항]

전기적으로 중성인 플라스틱 구슬이 있다. 약간의 음전하가 이 구슬 위의 P점에 첨가되었다. 몇 초 후 어떻게 될까?

플라스틱 구슬

① 음전하가 P 주위에 남는다.
② 음전하는 구슬의 바깥 표면에 고르게 분포한다.
③ 음전하는 구슬의 안팎에 고르게 분포한다.
④ 대부분의 음전하는 여전히 점 P에 있지만, 일부는 구슬에 전체적으로 퍼질 것이다.
⑤ 첨가된 음전하는 사라진다.

[응답자 수, ( )안은 %] (*는 옳은 응답)

대상	①*	②	③	④	⑤
7학년 (291명)	67(23)	44(15)	44(15)	47(16)	89(31)
9학년 (285명)	70(25)	53(19)	22(8)	22(8)	118(42)
11학년 (210명)	70(34)	25(12)	14(7)	19(10)	82(40)
전체(786)	207(26)	122(16)	80(10)	88(11)	289(37)

[그림 2.20] 부도체의 정전기

전체적으로 가장 빈번하게 나타난 오개념은 ⑤번으로 첨가된 음전하는 사라진다고 생각하는 학생이 가장 많았다. 반면에 첨가된 음전하가 P 주위에 남는다고 하는 과학자적 개념을 선택한 학생들은 전체 응답자의 26%로 아주 낮게 나타났다.

정전기와 관련된 연구로 유전분극에 대한 학생 개념에 대해 박종원 등(1998)이 연구한 예를 보면 [그림 2.21]과 같다.

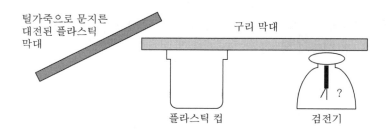

[문항]

다음과 같이 대전된 플라스틱 막대와 검전기 사이에 여러 가지 물질의 막대를 놓아 보았다. 어떤 물질의 막대를 놓은 경우에 검전기가 벌어질까?

털가죽으로 문지른 대전된 플라스틱 막대

구리 막대

플라스틱 컵

검전기

[벌어진다고 옳게 응답한 수, ( )안은 %] (*는 옳은 응답)

응답	선택 빈도			
	중	고	대	교사
구리막대*	66(81)	72(89)	47(76)	72(91)
알루미늄막대*	69(84)	60(74)	47(76)	67(85)
유리막대*	34(42)	25(31)	19(31)	12(15)
나무막대*	9(11)	3(4)	5(8)	5(6)

[그림 2.21] 유전 분극과 대전

이 문제에 대해 학생들이 가지기 쉬운 오개념은 도체의 경우에는 검전기가 벌어지지만, 부도체의 경우에는 검전기가 벌어지지 않을 것이라는 것이다. 그 이유는 부도체는 전기가 통하지 않기 때문이라는 것이다. 그러나 실제로 실험하여 보면, 부도체의 경우에도 검전기가 잘 벌어진다. 이것도 마찬가지로 정전기 유도 현상이고, 특별히 유전분극 현상이라고 한다. 그러나 대부분의 교과서에서 정전기 유도를 설명할 때, 도체의 경우에만 실험하여 보이기 때문에 부도체의 경우에는 정전기 유도가 되지 않는다고 생각할 수 있다.

마찰전기에 대한 또 다른 오개념 중의 하나는 마찰에 의해서만 정전기 현상이 일어난다는 것이다. 그러나 사실 정전기 현상이 생기는 이유는 두 물체 간의 접촉 때문이다. 즉, 전혀 문지르지 않고 접촉만 해서도 대전될 수가 있다. 마찰은 단지 접촉을 더 용이하게 해 줄 뿐이다. 다음 활동을 직접 해 보자.

활동 1. 검전기의 위쪽에 있는 금속판에 스카치테이프를 가만히 붙였다. 이때 검전기는 벌어지지 않은 상태이다. 이 상태에서 스카치테이프를 가만히 떼었다. 검전기의 금속박에는 어떤 현상이 일어날까?

이 경우에 스카치테이프를 떼어내는 과정에서 아무런 마찰이 없으므로 검전기도 아무런 반응을 하지 않는다고 생각할 수 있다. 그러나 테이프를 떼어낸 순간 테이프와 검전기는 대전되고 따라서 검전기의 금속박이 벌어지게 된다. 이때 떼어냈던 테이프를 다시 검전기에 가까이 하면 검전기 금속박이 서로 가까워지는 것을 관찰할 수 있다. 또 검전기에 손을 접촉하여 오므라지게 한 후에 떼어내었던 테이프를 가까이 하면 검전기가 다시 벌어지는 것을 보고, 테이프가 대전되어 있음을 알 수 있다.

활동 1. 구리 봉에 절연체 손잡이를 만들고, 접촉에 의해 구리 봉을 대전시켜 보아라. 대전되었는지 확인하기 위해 검전기를 사용하여 시험해 보여라.

마찰에 의한 정전기의 전압은 얼마나 될까? 이 문제에 대해서도 많은 학생들이 옳은 개념을 가지지 못하고 있다. 즉 많은 학생들은 실제로 정전기의 전압이 그리 높지 않다고 생각한다. 그러나 정전기에 의해서 얻어지는 전압은 수백 V에서 수만 V에 이른다. 이것을 검증하기 위해서 마찰 전기에 전압계를 연결하여 보는 것은 무의미하다. 왜냐하면, 전류가 매우 작기 때문에 전압계로는 거의 측정되지 않기 때문이다. 전압이 높다는 것을 간접적으로 보이는 방법은 네온관을 이용하는 것이다. 네온관은 전압이 수십 V에서 수백 V가 되어야만 네온 방전에 의해서 불이 켜지는 전구이다. 따라서 네온관에 불이 켜지는 것을 관찰함으로써 정전기의 전압이 매우 높다는 것을 시범으로 보일 수 있다.

활동 1. 굵은 PVC 파이프를 털가죽으로 문지른 후에 이 파이프에 네온관을 접촉시켜 보자. 네온관에 불이 켜지는가?

② 전기와 전류

학교에서 정규적으로 전기에 대해 학습하기 전에 이미 학생들은 전기 현상을 경험해 왔고, 관련 용어를 듣거나 사용해 왔기 때문에 그에 대해 어떤 형태로든 생각을 가지고 수업에 들어온다. [그림 2.22]는 솔로몬 등(Solomon, et. al., 1985)이 조사한 전기에 대한 문항과 응답 결과이다.

[문항 1]

다음 그림에서 전기가 있다고 생각되는 부분에 동그라미를 치시오.

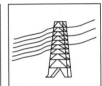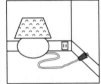

[응답자 수, ( )안은 %]

대상	11-12세 아동(117명)	13-14세 아동(147명)
정답 학생	57(49)	66(45)
불 꺼진 램프에 0표한 학생	57(49)	88(60)

[문항 2]

전기란 무엇인가? 우리 모두는 전기에 대해 무엇인가 알고 있다. 전기에 대해 여러분 각자가 알고 있는 바를 세 문장으로 표현해 보아라.

[응답] 문장 표현에서 사용된 핵심 용어

	응답 수 비율(%)		학생 수 비율(%)	
	11-12세 (응답 수 349)	13-14세 (응답 수 488)	11-12세 (학생 수 117)	13-14세 (학생 수 147)
사용	50	49	80	83
위험	33	17	60	41
공급	10	15	23	41
물리	7	19	19	53

[그림 2.22] 전기에 대한 학생 응답

[그림 2.22]의 [문항 2]에서 '사용'은 전기의 사용에 대한 서술을 의미하고, '위험'은 전기의 위험에 대한 서술, '공급'은 전기의 공급에 대한 서술, 그리고 '물리'는 물리학적인 수식이나 용어를 쓴 서술 등을 의미한다. 주요 특징으로는 전기의 사용을 언급한 학생이 가장 많다는 것과 물리에 대한 언급은 저학년보다 고학년이 더 많다는 것이다.

[그림 2.23]은 티버긴(Tiberghien)과 델라코테(Delacote)가 프랑스의 8-12세 아동들을 대상으로 한 연구에서 사용한 간단한 전기회로에 대한 문항과 응답 예이다(Shipstone, 1985).

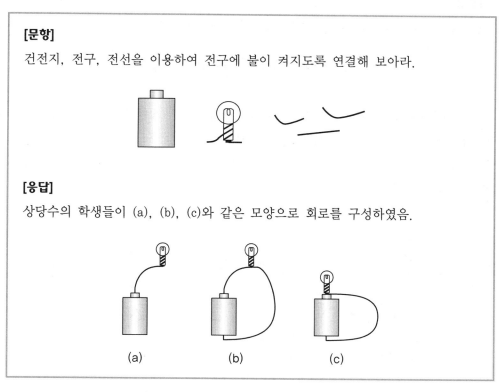

[그림 2.23] 전기회로에 대한 학생의 생각

[그림 2.23]에서 나타난 학생의 오개념은 전기에 대한 단순한 공급-소비 생각(source-consumer model)으로 볼 수 있다. 왜냐하면 a와 b는 전구의 한 개 단자에 전지의 +극만 연결하거나 +극과 -극에 연결했고, c 전구도 한 단자가 전지의 +극에 연결되어 있는 상태에서 -극 쪽으로 또 연결했기 때문이다. 즉 전지 속에 무엇인가가 저장되어 있고, 그 무엇인가가 전지에서 전구로 이동하여 사용됨으로써 전구에 불이 켜진다는 생각이다.

[그림 2.24]는 이와 관련하여 쉽스톤(Shipstone, 1985)이 영국의 4학년 학생들을 대상으로 조사한 문항과 응답 결과이다.

[문항]

([그림 2.23]의 (a), (b), (c) 회로를 제시하고) 이 회로의 전구에는 불이 켜지는가, 켜지지 않는가?

[응답]

(a), (b), (c)에 대해서 '아니오'라는 정답 응답률: 94%, 59%, 44%

[그림 2.24] 전기회로에 대한 학생의 응답

[그림 2.24]의 응답결과에서 주목할 것은 이 학생들이 다른 집단이긴 했지만 모두 전기에 관한 내용을 이미 학습한 학생들이라는 점이다.

쉽스톤(Shipstone, 1985)은 위의 조사를 토대로 하여 전류에 대한 학생들의 생각을 [그림 2.25]와 같이 몇 가지로 구분하였다.

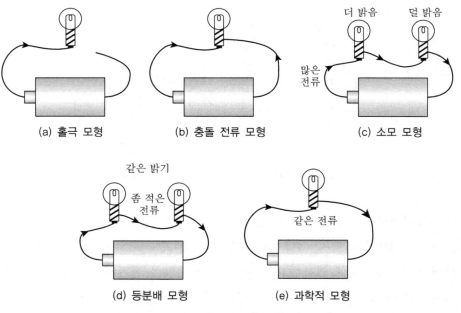

(a) 홀극 모형   (b) 충돌 전류 모형   (c) 소모 모형

(d) 등분배 모형   (e) 과학적 모형

[그림 2.25] 학생들의 전류에 대한 생각 유형

그의 분석에 의하면 일부의 학생들이 홑극 모형(monopole model)을 가지고 있는데, 홑극 전류 생각이란 전지의 한쪽 극에만 전구를 연결해도 전류가 흐른다고 생각하는 것을 말한다. 또, 일부의 학생들은 충돌 모형(clashing current model)을 가지고 있는데 이것은 전지의 양극과 음극으로부터 나오는 전류가 서로 충돌하여 전구에 불이 켜진다는 생각을 의미하고, 일부의 학생들은 분배 전류 생각을 가지고 있는데 이것은 같은 양의 전류가 여러 전구에 분배된다는 생각을 말한다. 그는 또 일부의 학생들이 전류에 대해 일방적 비보존 모형(unidirectional attenuation model)을 가지고 있는데 이러한 생각은 전류가 한쪽 방향으로만 순차적으로 흘러 이미 지나온 방향으로는 영향을 미치지 못하고 흘러가면서 점점 줄어든다는 생각이라고 분류하여 설명하였다.

이러한 오개념들 중에 순차전류 및 소모 전류 생각은 대학생조차도 소유하고 있는 것으로 나타났으며, 일부의 과학교사에게서도 발견되었다(Shipstone, 1985).

[그림 2.26]은 김영민, 박윤희, 박승재(1990)가 우리나라 중학교 2학년 학생 20명을 대상으로 조사한 문항과 응답 결과이다.

[문항]

두 개의 동일한 전구가 전지에 연결되어 있다. 스위치를 닫으면 두 전구의 밝기는 (같다, A전구가 밝다, B전구가 밝다.) 자신이 생각하는 답에 O표 하시오.

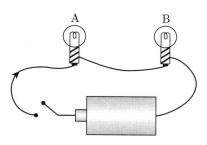

[응답] (*는 옳은 응답)

밝기가 같다*: 17명, A전구가 밝다: 3명

[그림 2.26] 직렬연결한 두 전구의 밝기에 대한 학생 응답

A전구가 밝다고 응답한 학생 중 1명은 "A전구에서 충분한 전류를 쓰고 나머지가 B로

간다."고 설명함으로써 전류 소모 생각을 가짐을 보였다.

[그림 2.27]은 같은 학생들을 대상으로 다른 문항을 써서 조사한 결과이다.

[문항]

두 개의 동일한 전구 사이에 가변 저항이 있다. 이 저항을 증가시키면 두 전구의 밝기는 어떻게 될까?

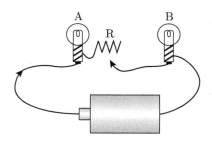

[응답] (*는 옳은 응답)

A전구는 변함없고 B전구는 어두워진다: 6명

B전구는 변함없고 A전구는 어두워진다: 2명

두 전구 밝기는 변함이 없다: 4명

두 전구는 모두 어두워진다*: 4명

모르겠다: 4명

[그림 2.27] 가변 저항을 크게 할 때 두 전구의 밝기에 대한 질문과 응답

이 문항의 응답을 보면 6명의 학생들이 회로 전체의 저항이 전류 세기에 영향을 미친다는 생각을 하지 못하고 순차적으로 전류의 세기가 영향을 받는다고 생각하고 있음을 알 수 있다. 따라서 이 오개념은 순차형 모형으로 불린다.

[그림 2.28]은 김영민과 박승재(1990)가 고등학교를 졸업하고 대학교에 갓 입학한 신입생 12명을 대상으로 조사한 문항과 응답 결과이다.

[문항]

두 개의 동일한 전구 사이에 가변 저항이 있다. 이 저항을 증가시키면 두 전구의 밝기는 어떻게 될까?

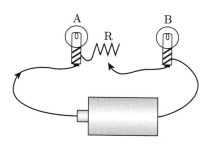

[응답] (*는 옳은 응답)

A전구는 변함없고 B전구는 어두워진다: 5명

B전구는 변함없고 A전구는 어두워진다: 1명

두 전구 밝기는 변함이 없다: 4명

두 전구는 모두 어두워진다*: 2명

[그림 2.28] 가변 저항을 크게 할 때 두 전구의 밝기에 대한 대학생들 응답

위의 조사 결과에 의하면 이 학생들이 가진 오개념도 앞에서 조사한 중학생들과 거의 다르지 않다는 것을 보여준다.

순차형 모형은 전류가 흐르는 회로에서 어떤 변화가 생겼을 때, 그 변화가 전류가 흐르는 뒤쪽에서만 영향을 미친다는 생각이었다. 이 외에도 회로에서 어떤 변화가 일어났을 때, 그 부근에서만 영향을 미친다고 생각하는 국소적인 사고도 있다. [그림 2.29]는 국소형 모형을 알아보기 위한 문항과 그 응답결과이다.

[문항]

다음 회로에서 전압이 일정할 때 저항을 크게 하면, 전구의 밝기는 어떻게 변하겠는가?

(1) 그대로이다.

(2) 더 밝아진다.

(3) 더 어두워진다.

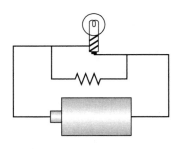

[응답] (*는 옳은 응답)

전구의 밝기가 같다*: 2(6%)

전구가 더 밝아진다: 21(68%)

전구가 더 어두워진다: 8(26%)

[그림 2.29] 국소형 모형을 알아보기 위한 문항과 응답

[그림 2.29]에서 대표적인 오개념은 저항이 커지므로 무조건 전류가 작아져서 전구가 어두워진다는 응답(26%)과 저항이 커지면 저항으로 전류가 못 흐르고 따라서 전구 쪽으로 더 많은 전류가 흘러 전구가 밝아진다는 응답이다(68%). 이때 후자의 응답은 전체 전류의 변화는 생각하지 않고 저항과 전구 부분에서의 전류 관계만 생각하기 때문에 국소적 사고라고 한다. 즉, 저항이 커지면, 전체 저항이 커지므로 전체 전류가 작아지고 작아진 만큼 저항에 전류가 작게 흐를 뿐 전구에는 전에 흐르던 전류와 같은 세기의 전류가 흘러 전구의 밝기에는 변함이 없다. 즉, 건전지의 단자전압이 일정하다면 전구에 걸린 전압은 일정하고 전구의 저항 또한 일정하므로, 전구에 흐르는 전류의 세기도 일정하다.

물론 [그림 2.29]에서 전구의 밝기가 같기 위해서는 전지의 단자전압이 일정하다는 가정이 필요하다. 즉 전지의 내부저항을 고려하면 답은 달라지게 된다. 즉, 저항이 증가하면 전체 저항이 커져서 전체전류가 감소하게 되는데, 그에 따라 전지의 내부저항에 의한 전압강하가 작아져서 전지의 단자 전압이 증가하게 된다. 따라서 전지의 단자전압이 일정하지 않고 증가하였으므로, 전구에 걸리는 전압도 커지고 따라서 전구에 흐르는 전류가 많아지면서 전구는 밝아지게 된다.

위와 같은 두 경우(전지의 내부 저항을 고려하는 경우와 고려하지 않는 경우)를 각각 시범이나 실험으로 보이기 위해서는 전구에 병렬로 연결한 저항의 크기를 달리하면 된다. 즉, 내부저항의 영향을 상대적으로 작게 하여 단자전압을 거의 일정하게 하려면, 전구에 병렬로 연결한 저항의 값을 매우 크게 하여 변화시키면 전구의 밝기가 거의 일정한 것을 보일 수 있다. 반대로 전지의 내부저항의 영향이 크게 하려면, 저항의 값을 작게 하여 변화시키면 전구의 밝기 변화를 쉽게 관찰할 수 있다.

활동 1. [그림 2.29]에서 전지의 단자전압을 V, 전지의 기전력을 ϵ, 전지의 내부저항 크기를 r_0, 꼬마전구의 저항 크기를 r, 전구에 병렬로 연결된 저항의 크기를 R이라고 할 때, R의 변화에 따른 꼬마전구에서의 전력의 변화를 식으로 구하고, 그래프로 나타내어라.

단자전압을 고려하지 않고 유사한 문항으로 [그림 2.30]과 같은 문항이 있다.

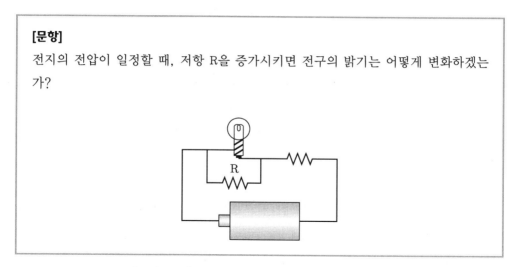

[문항]
전지의 전압이 일정할 때, 저항 R을 증가시키면 전구의 밝기는 어떻게 변화하겠는가?

[그림 2.30] 저항 변화에 따른 전구의 밝기 변화 1

[그림 2.30]에서 저항 R을 증가시키면 전구에 걸린 전압이 증가하게 되고 따라서, 전구의 밝기는 밝아지게 된다. [그림 2.31]은 유사한 다른 문항이다.

[문항]

A 전구에 연결된 저항 R을 증가시키면, A전구와 B전구의 밝기는 각각 어떻게 변하겠는가?

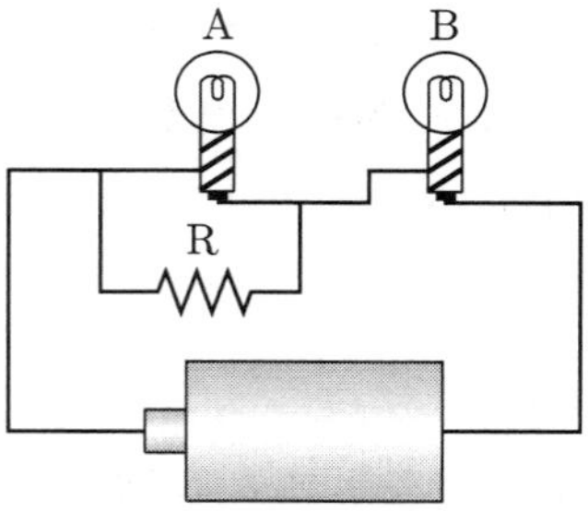

[그림 2.31] 저항 변화에 따른 전구의 밝기 변화 2

[그림 2.31]에서 저항이 증가하면, A전구에 걸린 전압이 증가하여 A전구는 밝아지지만, 전체전압은 일정한데, A전구에 걸린 전압이 증가하였으므로 상대적으로 B전구에 걸린 전압이 감소하여 B전구는 어두워지게 된다.

이러한 여러 가지 조사를 통해서 밝혀진 전압, 전류, 저항에 대한 학생들의 여러 가지 오개념은 다음과 같다.

1) 같은 전압이라도 큰 전지에 연결한 전구가 작은 전지에 연결한 전구보다 밝다.
2) 저항의 크기 또는 저항의 변화에 상관없이 전류의 세기는 일정하다.
3) 직렬연결된 두 전구에는 전류가 반씩 나누어 흐른다.
4) 전지의 +극 또는 −극에 가까이 연결된 전구일수록 밝다.
5) 전류는 전구들을 지나면서 소모된다.
6) 전류는 회로를 흐르면서 저항 변화의 영향을 순차적으로 받는다. 즉, 저항을 증가시키면 저항을 지나기 전의 전류는 변하지 않고, 저항을 지난 전류만 변화된다.
7) 회로에서 저항의 변화에 따른 전류의 변화가 그 부근에서만 일어난다.

특히 전류가 저항에서 소모된다는 생각과 전류의 흐름이 순차적으로 영향을 미친다는 생각, 그리고 저항 변화의 영향을 국소적으로 받는다는 생각은 가장 많이 나타나는 개념 유형들이며, 일부의 학생들은 이 생각들을 동시에 소유하고 있기도 하다.

③ 전압에 대한 학생 개념

학생들은 전압과 전류 개념을 구분하는 데 큰 어려움을 가지고 있다. [그림 2.32]는 독일의 11~13세 학생 약 400명을 대상으로 조사한 문항과 응답 결과이다(von Rhoeneck, 1984).

[문항]

다음 진술문은 옳은가? 틀린가?

(1) 전압은 전류의 발생과는 독립적으로 발생할 수 있다.

(2) 전압은 전류의 일부분이다.

[응답]

(1)은 틀리고 (2)는 옳다: 약 270명

[그림 2.32] 전압과 전류의 관계

이 학생들 중에서 2/3가 (1)은 틀리고, (2)는 옳다는 틀린 응답을 하였다. 전류는 전위차가 형성되어 있을 때 높은 전위로부터 낮은 전위로의 전하 이동을 의미한다. 따라서 전류는 전압이 없이는 형성될 수 없다. 이때 흐르는 전류의 세기는 전압의 크기에 비례하며, 이것을 옴의 법칙이라고 한다. 그러나 전압은 그렇지 않다. 예를 들어, 전해질 수용액 속에 이온화 경향이 다른 두 개의 금속을 넣으면, 두 금속 사이에는 전위차가 형성되게 된다. 이때 전위차(전압)는 두 금속을 연결하지 않아도, 즉 전류가 흐르지 않아도 독립적으로 형성될 수 있다. 마찬가지로 두 개의 금속이나 대전체를 각각 +와 − 전하로 각각 대전시키면 이 두 물체 사이에는 전위차가 형성된다. 두 대전체나 금속 사이에 전하의 이동이 없이도 독립적으로 전압은 형성될 수 있다.

[그림 2.33]은 폰 뢰넥(von Rhoeneck, 1984)이 전압에 대한 학생의 오개념을 알아보기 위해 사용한 문제와 그에 대한 응답이다.

[문항]

EF 사이에 전압계를 연결하여 전압을 측정하였다. 스위치를 열고 측정하면 전압이 얼마이겠는가? 그리고 스위치를 닫고 측정하면 전압이 얼마이겠는가?

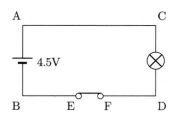

[응답 결과, N = 16] (*는 옳은 응답)

수업 전 예상: 스위치를 열었을 때 0V, 닫았을 때 4.5V → 14명

수업(측정) 후 응답*: 스위치를 열었을 때 4.5V, 닫았을 때 0V → 14명

[그림 2.33] 회로 각 부분의 전압

[그림 2.33] 회로에서 스위치를 열면 4.5V가 유지되지만 스위치를 닫으면 전구에 걸리는 전압이 4.5V가 되고 도선의 한 부분인 EF 사이에는 전위차가 없어진다. 측정 실험을 한 후에 많은 학생들은 옳은 응답을 하였다. 회로 내에 전구와 같은 저항이 있어도 전류가 흐르지 않을 경우에는 저항에 의한 전압 강하가 없음을 지도할 필요가 있다.

우리나라 학생들을 대상으로 조사한 연구(김영민 외, 1990)에 의하면 많은 학생들이 전압이 회로의 어디선가 소모되는 것으로 생각하고 있으며, 전압을 전지의 힘으로 표현하기도 하고 전압과 전류를 구분하지 못하는 것으로 나타났다. 예를 들면 '전압이 흐른다.'고 표현하는 것 등이 그것이다.

④ 저항에 대한 학생 오개념

저항의 크기는 물질의 특성에 따라 결정되는 값이다. 즉, 저항의 크기는 물질의 비저항, 단면적과 길이에 따라 결정되는 값이며, 전압의 크기나 전류의 세기와는 무관하다. 그럼에도 불구하고, 많은 학생들이 R=V/I 라는 공식을 사용하여 같은 저항이라도 저항값이 전압에 비례하고 전류에 반비례하여 변한다고 생각한다.

또한, 병렬연결한 저항들의 전체 크기는 연결한 저항 중 작은 저항의 값보다 작아진다는 것을 배운 후에, 병렬연결한 저항 중 한 저항의 크기를 크게 하면, 전체 저항 크기가 작아진다고 잘못 생각하는 경우도 있다.

이와 관련된 문항은 [그림 2.34]과 같다.

[문항]

다음 회로에서 저항 R_1을 크게 하면 전구의 밝기는 어떻게 변하겠는가?

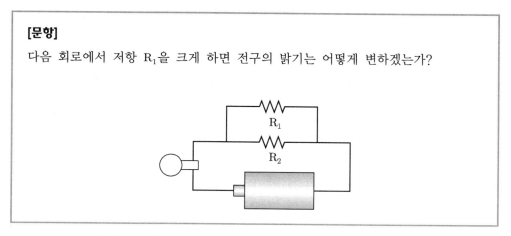

[그림 2.34] 병렬연결된 저항의 변화에 따른 전구의 밝기 변화

[그림 2.34]에서 학생들은 병렬로 저항을 많이 연결하면 전체 저항이 작아진다는 생각 때문에 이 경우에도 저항이 병렬로 연결되어 있으므로 저항 R_1을 크게 해도 전체 저항이 작아져서 전구가 밝아진다고 응답한다. 그러나 물리적으로 옳은 답은 '전체 저항이 증가하고 따라서 전구가 어두워진다'이다. 왜냐하면 처음에는 전류가 저항 R_1과 R_2로 흘렀는데, 저항 R_1이 커지면 그 만큼 저항 R_1으로 흐르는 전류가 감소하게 되고, 따라서 전체 전류도 그만큼 감소하게 되기 때문이다.

이와 관련된 다음 문항은 [그림 2.35]와 같다.

[문항]

그림과 같이 저항 R을 연결하였을 때, 회로에 흐르는 전체 전류는 4A였다. 저항값이 2R인 다른 저항을 병렬연결하면 전체 전류는 얼마인가? 저항값이 R/2인 다른 저항을 병렬로 또 연결하면, 전체 전류는 얼마가 되는가?

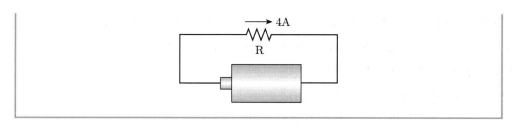

[그림 2.35] 저항의 병렬연결에 따른 전류의 변화

　　[그림 2.35]에서 대부분의 학생들은 전체 저항을 구해서 옴의 법칙 공식을 이용하여 전류를 구하려 할 것이다. 그러나 정성적으로도 쉽게 답할 수 있다. 저항값이 2R인 다른 저항을 병렬로 연결하면, 추가로 연결한 저항으로는 2배 적은 2A의 전류가 흐를 것이다. 따라서 전체 전류는 6A가 된다. 또 저항값이 R/2인 저항을 병렬로 추가로 연결하면, 추가된 저항으로는 2배 많은 8A의 전류가 흐를 것이다. 따라서 전체 전류는 14A (4A+2A+8A)가 된다. 임의의 크기의 저항을 병렬로 연결하면, 그 저항으로 흐르는 전류를 쉽게 알 수 있고, 전체 전류는 단순히 추가된 저항으로 흐르는 전류를 모두 더해주면 된다.

　　저항체에 전류가 흐르면, 전자가 이동하면서 원자들과 충돌하여 빛과 열을 낸다. 저항체에서 발생되는 빛과 열의 양은 저항체에 걸린 전압과 저항체에 흐르는 전류의 곱으로 나타낸다. 이것을 전력량이라고 한다. 단위는 와트(W)를 사용한다.

　　그러면 저항이 클 때 열이나 빛이 많이 날까? 저항이 작을 때 열이나 빛이 많이 날까? 이러한 개념에 대해 송진웅 등(2005)이 사용한 문항과 학생 응답은 [그림 2.36]과 같다.

[문항]

220V-100W 전구와 220V-60W 전구를 전원에 직렬로 연결하면 밝기는 어떻게 될까?

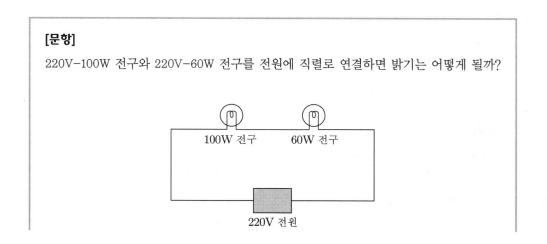

① 100W 전구가 60W 전구보다 더 밝다.

② 60W 전구가 100W 전구보다 더 밝다.

③ 두 전구의 밝기는 같다.

[응답자 수, (   )안은 %] (*는 옳은 응답)

대상	①	②*	③
7학년 (283명)	170(60)	59(21)	54(19)
9학년 (281명)	171(61)	65(23)	45(16)
11학년 (208명)	146(70)	30(14)	32(15)

[그림 2.36] 전구의 직렬연결에서 전력과 전구 밝기

7학년과 9학년 학생들의 경우 21~23%의 학생들만이 과학적 개념을 가지고 있었으며, 11학년의 경우는 더 적어서 14%를 나타냈다. ①번을 선택한 학생 수 비율은 전체적으로 60~70%로 높게 나타났다. 이 문항에서 보면 위와 같은 회로에서 학생들은 전지의 +극에 가까운 전구가 더 밝다고 생각하거나, 전구가 직렬로 연결되어 있을 때에도 표시 전력이 큰 전구가 더 밝다고 생각하는 경향이 있다. 저항값이 다른 두 전구를 직렬로 연결하면 각 전구에 걸린 전압은 일정하지 않다. 그리고 각 전구에 흐르는 전류의 세기가 일정하다. 따라서 전구에 걸린 전압이 높을수록 전구의 니크롬선 안에서 전자들의 충돌이 더 많아 전구가 더 밝을 것이다. 즉, 60W 전구의 저항이 더 크므로 이 전구에 걸린 전압이 더 크고 따라서 60W 전구가 더 밝다.

활동 1. 실제 100W 전구와 60W 전구의 저항을 저항 측정기로 측정해 보아라.

두 전구를 병렬연결하는 경우에 학생들의 생각은 어떠할까? 이러한 개념에 대해 송진웅 등(2005)이 사용한 문항과 학생 응답은 [그림 2.37]과 같다.

[문항]

220V-100W 전구와 220V-60W 전구를 전원에 병렬로 연결하면 밝기는 어떻게 될까?

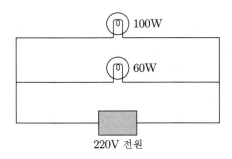

① 100W 전구가 60W 전구보다 더 밝다.

② 60W 전구가 100W 전구보다 더 밝다.

③ 두 전구의 밝기는 같다.

[응답자 수, (　)안은 %] (*는 옳은 응답)

대상	①*	②	③
7학년 (283명)	102(36)	116(41)	65(23)
9학년 (281명)	84(30)	97(35)	100(36)
11학년 (208명)	77(37)	46(22)	85(41)

[그림 2.37] 전구의 병렬연결에서 전력과 전구 밝기

전체적으로 거의 대등하게 나타난 오개념은 ②번과 ③번으로, 학생들은 전원에 가까운 전구가 더 밝다고 생각하거나, 전구가 병렬로 연결된 회로에서 전압이 동일하다는 것 때문에 전구의 밝기가 같다고 생각하는 경향을 보였다. 그러나 이 경우에는 각 전구에 걸린 전압이 일정한 대신에 각 전구에 흐르는 전류의 세기가 다르다. 즉 저항이 작은 100W 전구에 더 많은 전류가 흐르고, 따라서 전구의 니크롬선 안에서 더 많은 충돌이 일어나면서 100W 전구가 더 밝게 된다. 이러한 과학적 개념을 선택한 학생들은 전체 응답자의 34%였다.

저항에 대해 학습하기 전과 후에 학생들의 저항에 관한 생각을 조사한 연구(김영민

외 1990)에 의하면, 저항을 학습하기 전에는 저항(니크롬선)을 보통의 구리 도선으로 생각하는 학생들이 많아 저항이 전류의 흐름에 영향을 미치지 않는다고 응답한 학생들이 많았다. 그런데 저항을 학습한 후의 학생들 중에서도 저항은 전류에 영향을 미치지 않는다는 '저항 무관 생각' 또는 '전류 불변 생각'을 가진 학생들이 꽤 있는 것으로 조사되었다. 그렇게 생각하는 까닭을 쓴 응답을 분석해 보면 그중의 많은 학생들이 전하량은 보존되기 때문이라는 설명을 한 것을 볼 수 있다. 이것은 저항과 전류가 어떤 상호작용을 한다고 생각하지 못하고 독립적인 작용을 하는 것으로 이해하고 있는 것으로 해석되며, 전하량 보존 법칙을 설명하는 데 있어, 그 의미가 전류는 어느 경우에든지 불변이라고 잘못 이해되었을 가능성도 높다.

⑤ 자기에 대한 학생의 개념

학생들은 자기(magnetism)에 대해 어떤 생각을 가지고 있을까? 학교에서 정규적으로 자기에 대해 학습하기 전에 이미 학생들은 자기 현상을 경험해 왔고, 관련 용어를 듣거나 사용해왔기 때문에 그에 대해 어떤 형태로든 자신의 생각을 가지고 수업에 들어올 것이다. 그리고 초·중고등학교를 거치는 동안 그들의 생각은 여러 가지 변화를 거치게 될 것이다. 자기에 대한 학생의 생각에 대한 연구는 다른 영역에 비교해 볼 때 그리 많지 않다. 송진웅 등(2005)은 물질에 따른 자기력의 작용에 대한 학생들의 생각을 조사하였다. 그 문항과 결과는 [그림 2.38]과 같다.

[문항]
다음 자기력에 대한 설명 중 옳은 것은 (   ) 속에 O표를, 틀린 것은 (   ) 속에 X표를 하시오.
(1) 자석의 자기력은 유리를 통과하여 작용한다. (   )
(2) 자석의 자기력은 종이를 통과하여 작용한다. (   )
(3) 자석의 자기력은 얇은 철판을 통과하여 작용한다. (   )
(4) 자석의 자기력은 얇은 구리판을 통과하여 작용한다. (   )
(5) 자석의 자기력은 진공을 통과하여 작용한다. (   )

	7학년	9학년	11학년
유리의 경우 옳은 응답	45	55	58
종이의 경우 옳은 응답	59	77	77
철판의 경우 옳은 응답	32	28	27
구리판의 경우 옳은 응답	62	72	71
진공의 경우 옳은 응답	48	48	43

[옳은 응답]

(1) O, (2) O, (3) X, (4) O, (5) O

[그림 2.38] 자기력에 대한 문항과 학생 응답

위에서 보는 바와 같이 유리의 경우 과학적 개념 소유자 비율은 7학년(45%)을 제외하고는 모두 50% 이상을 나타내었으며, 9학년과 11학년의 오개념 소유자 비율은 비슷하였다. 종이의 경우 과학적 개념 소유자 비율은 7학년 59%, 9학년과 11학년 약 77%로 나타났으며, 9학년과 11학년의 오개념 소유자 비율은 비슷한 것으로 나타났다. 철판의 경우 과학적 개념 소유자 비율은 7학년 32%, 9학년 28%, 11학년 27%로 상당히 낮았다. 구리판의 경우 과학적 개념 소유자 비율은 7학년 62%, 9학년 72%, 11학년 학생들의 경우 71%로 나타나서, 9학년과 11학년이 비슷하게 높았다. 진공의 경우 학생들의 과학적 개념 소유자 비율은 학년별로 거의 비슷하게 약 45%로 나타났으며, 오개념 소유자 비율이 50% 이상으로 나타났다.

배로우(Barrow, 1987)는 78명의 초등학교(1~6학년) 학생들이 가지고 있는 자기 (magnetism)에 대한 생각을 면담을 통하여 조사하였다. 먼저 정성적 분석을 통해 자석에 대해 공부를 한 바 있었던 학생들의 다양한 응답을 얻었다. "그것은 일종의 중력과 같은 것이어서 그것이 자석으로 하여금 끌어당기게 만든다."(2학년). "중력이 서로 당기게 만든다."(6학년). "북극은 다른 자석의 남극을 향해야 서로 달라붙는다."(4학년). "자석들은 서로 가까이 있을 때 끌어당기는데, 에너지가 그들로 하여금 당기게 만든다."(6학년). "그것들은 마술이다."(4학년). "한쪽에는 전자들이 있고, 다른 쪽에는 양성자들이 있어서 서로 끌어당긴다."(6학년).

배로우(Barrow, 1987)는 자석에 관한 8개의 개념 [표 2.11]에 대해 초등학교 학생들이 가지는 생각들을 분석하였으며, 그 결과는 [표 2.12], [표 2.13]과 같다.

[표 2.11] 초등학생들의 자석에 대한 개념

개념 번호	개념
1	자석은 두 극을 가지고 있다.
2	철로 된 물질들은 자석에 붙는다.
3	두 자석을 가까이 가져가면 서로 다른 극은 끌어당기고 같은 극은 밀어낸다.
4	자석은 뚫고 지나가는 자기력을 가진다.
5	나침반은 북극과 남극을 가리킨다.
6	전류는 자기장을 생성하며, 전자석이 될 수 있다.
7	자석은 다양한 크기와 모양을 가진다.
8	자석은 다양하게 사용된다.

이들 개념들에 대해 자석에 대해 공부한 적이 있는 여학생들을 대상으로 조사했을 때의 결과는 [표 2.12]와 같다. [표 2.12]에 의하면 자석에 대해 공부한 적이 있는 여학생 전체적으로 볼 때 개념 4와 5의 경우는 이해한 학생이 한 명도 없었고, 개념 1과 6의 경우는 한명씩이며, 개념 8의 경우만이 50%정도의 학생이 이해하고 있는 것을 알 수 있다. 또, 개념 2의 경우 오개념을 가진 학생 수가 가장 많고 개념 8의 경우도 상당수 있다.

[표 2.12] 자석에 대해 공부한 여학생들의 응답(숫자는 학생 수)

학 년		개념들							
		1	2	3	4	5	6	7	8
1~3학년	이해	0	1	0	0	0	0	1	4
	오개념	0	3	0	0	1	0	0	0
4~6학년	이해	1	1	4	0	0	1	2	4
	오개념	1	5	3	0	0	0	0	4
전체	이해	1	2	4	0	0	1	3	8
	오개념	1	8	2	0	1	0	0	4

이들 개념들에 대해 자석에 대해 공부한 적이 있는 남학생들을 대상으로 조사했을 때의 결과는 [표 2.13]과 같다.

[표 2.13] 자석에 대해 공부한 남학생들의 응답

학 년		개념들							
		1	2	3	4	5	6	7	8
1~3학년	이해	1	4	2	3	0	0	2	8
	오개념	0	7	8	0	0	0	1	1
4~6학년	이해	1	4	8	3	4	1	1	9
	오개념	6	4	2	1	0	0	0	1
전체	이해	2	8	10	6	4	1	3	21
	오개념	6	12	10	1	0	0	1	2

[표 2.13]에 의하면 자석에 대해 공부한 적이 있는 남학생들의 경우는 여학생과 양상이 매우 다르다. 전체적으로 볼 때 개념 4와 5의 경우는 이해한 여학생이 한 명도 없었던 반면 남학생의 경우는 30-40%이며, 개념 1과 6의 경우는 여학생의 경우와 비슷하고, 개념 8의 경우는 50% 정도의 여학생이 이해하고 있는데 비해 남학생의 경우는 75%의 학생들이 이해하고 있는 것으로 나타났다. 또, 개념 2의 경우 오개념을 가진 여학생 수가 가장 많았던 것은 남학생의 경우와 비슷하게 나타났고, 개념 3의 경우 오개념 소유 학생이 많은 것은 여학생의 경우와 다르다. 여학생의 경우는 개념 8의 경우 오개념 소유자가 상당히 있었다.

정리
1. 어떤 학생들은 부도체에 첨가된 음(−)전하가 도체에서처럼 이동한다고 생각한다.
2. 어떤 학생들은 부도체에서 유전분극에 의해 전기력이 전달될 수 있음을 알지 못한다.
3. 어떤 학생들은 홑극 전류 생각, 충돌 전류 생각, 전류 소모 생각, 전류 등분배 생각 등의 오개념을 가지고 있다.
4. 어떤 학생들은 전압은 전류의 일부분이라고 생각한다.
5. 어떤 학생들은 전류가 흐르지 않으면 전압이 존재하지 않는다고 생각한다.
6. 어떤 학생들은 자석의 자기력이 구리판을 통과하여 작용하지 못한다고 생각한다.

2.2.3 열과 에너지 영역에서의 학생의 오개념

열과 에너지 영역에서의 학생의 오개념에 대한 조사 도구와 결과를 정리해 보면 다음과 같다.

① 열평형

열평형에 대한 오개념 문항과 학생의 응답으로는 [그림 2.39]가 있다(송진웅 등, 2005).

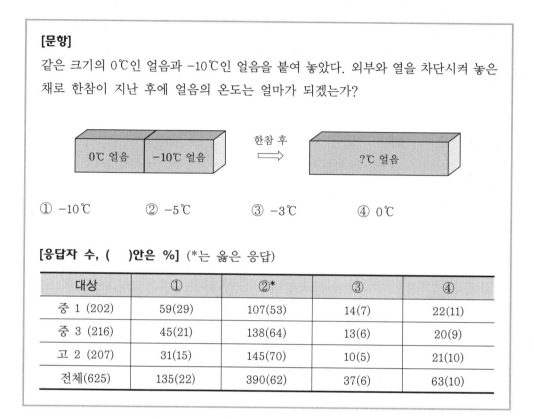

[문항]

같은 크기의 0℃인 얼음과 −10℃인 얼음을 붙여 놓았다. 외부와 열을 차단시켜 놓은 채로 한참이 지난 후에 얼음의 온도는 얼마가 되겠는가?

0℃ 얼음 −10℃ 얼음   한참 후 ⇒   ?℃ 얼음

① −10℃   ② −5℃   ③ −3℃   ④ 0℃

[응답자 수, (   )안은 %] (*는 옳은 응답)

대상	①	②*	③	④
중 1 (202)	59(29)	107(53)	14(7)	22(11)
중 3 (216)	45(21)	138(64)	13(6)	20(9)
고 2 (207)	31(15)	145(70)	10(5)	21(10)
전체(625)	135(22)	390(62)	37(6)	63(10)

[그림 2.39] 0℃ 얼음과 −10℃ 얼음의 열평형

[그림 2.39]에서 알 수 있듯이, 전체적으로 가장 빈번하게 나타난 오개념은 ①번으로 −10℃ 얼음 때문에 0℃ 얼음마저 −10℃가 된다고 생각하는 경향이 있음을 알 수 있다. 학년별로 살펴보면, 7학년에서 11학년으로 학년이 올라갈수록 과학적 개념 비율이 더 높아졌다. 또 7학년의 경우는 최빈 오개념인 ①번의 비율이 29%에 달하였으나, 9학년과 11학년으로 갈수록 21%, 15%로 줄어들었다.

열평형의 지도와 덧붙여 열량보존의 법칙(고온의 물체가 잃은 열량 = 저온의 물체가 얻은 열량)을 같이 지도한다면, 낮은 온도의 얼음이 얻은 열이 높은 온도의 얼음이 잃은 열이라는 것을 알게 되므로 학생들의 이해가 훨씬 쉬울 것이다.

② 열과 온도

[그림 2.40]은 물과 알코올을 가열할 때 열과 온도에 대해 알아보는 문항과 이에 대한 학생들의 응답 결과이다. 이 문제는 서로 다른 액체를 가열할 때 필요한 열량에 대한 학생들의 개념을 알아보기 위한 문제이다. 최종 온도가 같다고 해서 두 액체가 얻은 열량이 같지는 않다. 하지만 학생들은 흔히 온도 변화가 같으면 얻은 열량도 같은 것으로 잘못 인식하는 경우가 많다.

[문항]

그림과 같이 같은 양의 물과 알코올이 있다. 동일한 알코올 램프로 가열하여 20℃에서 30℃가 되는 데 물은 약 4분이 걸렸고, 알코올은 약 2분이 걸렸다.
어느 것이 열을 더 많이 받았는가?

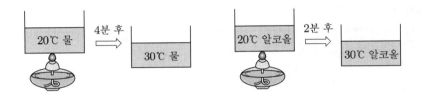

① 물이 받은 열 〉 알코올이 받은 열
② 물이 받은 열 〈 알코올이 받은 열
③ 물이 받은 열 = 알코올이 받은 열
④ 물과 알코올이 받은 열을 비교할 수 없다.

[응답자 수, (   )안은 %] (*는 옳은 응답)

대상	①*	②	③	④
중 1 (207)	52(25)	106(51)	37(18)	12(6)
중 3 (217)	52(24)	80(37)	74(34)	11(5)
고 2 (206)	79(38)	43(21)	68(33)	16(8)
전체(630)	183(29)	229(36)	179(28)	39(6)

[그림 2.40] 물과 알코올 가열하기 (송진웅 등, 2005)

전체적으로 살펴보면 물이 받은 열이 알코올이 받은 열보다 많다는 과학적 개념을 선택한 학생은 29%에 불과하고 ②번(물이 받은 열이 알코올이 받은 열보다 적다)과 ③번 (물이 받은 열과 알코올이 받은 열이 같다)으로 잘못 인식하고 있는 학생이 약 64%에 달했다.

학년별로 살펴보면, 학년이 올라갈수록 대체적으로 과학적 개념을 가지고 있는 학생들이 증가하는 경향을 보였다. 최빈 오개념 비율을 살펴보면 7학년과 9학년에서는 ②번 답지를 선택한 학생이 가장 많았고, 11학년 학생들은 ③번 답지를 많이 선택했다.

③ 물질과 열평형

[그림 2.41]은 열평형에 대하여 학생들이 가지고 있는 개념을 알아보기 위한 문항과 학생 응답 결과이다(송진웅 등, 2005).

[문항]

60℃로 일정한 온도를 유지하는 보온밥통에 밀가루, 은숟가락, 나무젓가락을 오랫동안 넣어 두었다. 각 물질의 온도는 어떻게 되었을까?

① 밀가루는 60℃보다 　(높다, 같다, 낮다)

② 은숟가락은 60℃보다 (높다, 같다, 낮다)

③ 나무젓가락은 60℃보다 (높다, 같다, 낮다)

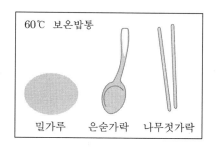

[①번에 대한 응답자 수, ( )안은 %] (*는 옳은 응답)

대상	높다	같다*	낮다
중 1 (183)	35(19)	66(36)	82(45)
중 3 (197)	37(19)	87(44)	73(37)
고 2 (195)	21(11)	110(56)	64(33)
전체(575)	93(16)	263(46)	219(38)

[②번에 대한 응답자 수, ( )안은 %] (*는 옳은 응답)

대상	높다	같다*	낮다
중 1 (184)	38(21)	74(40)	72(39)
중 3 (199)	22(11)	77(39)	100(50)
고 2 (196)	6(3)	143(73)	47(24)
전체(579)	66(11)	294(51)	219(38)

[③번에 대한 응답자 수, ( )안은 %] (*는 옳은 응답)

대상	높다	같다*	낮다
중 1 (183)	143(78)	29(16)	11(6)
중 3 (201)	141(70)	42(21)	18(9)
고 2 (196)	121(62)	66(34)	9(4)
전체(580)	405(70)	137(24)	38(6)

[그림 2.41] 보온밥통 속의 물체들 온도

먼저 ①번 문항에 대해서는, 밀가루의 온도가 보온밥통의 온도와 같아진다는 과학적 개념을 선택한 학생이 전체 학생의 46%로 나타났고, 60℃보다 낮아진다는 대답이 38%로 상당히 많은 학생들이 이렇게 생각함을 보였다. 학년별로 살펴보면, 학년이 올라갈수록 과학개념 비율이 높아지지만 전체적으로 50%이상이 오개념을 가지고 있었다. ②번 문항에 대해서는, 나무젓가락의 온도가 보온밥통의 온도와 같아진다는 과학적 개념을 선택한 학생이 전체의 51%였고, 많이 나타난 오개념은 보온밥통의 온도보다 낮아진다고 생각하는 학생들로 38%에 달했다. 학년별로 살펴보면, 7학년과 9학년 학생들은 약 40%가량이 과학적 개념을 가지고 있었다. 11학년의 경우는 과학개념 비율이 49%로 중학생들에 비해 다소 증가했으나 최빈 오개념 비율도 44%나 되었다. ③번 문항에 대해서는, 은 숟가락의 온도는 보온밥통의 온도와 같아진다는 과학적 개념을 선택한 학생이 전체 학생의 24%에 불과했고, 은 숟가락의 온도는 밥통의 온도보다 높아진다는 개념을 가진 학생이 70%로 가장 높은 비율을 차지했다. 학년별로 살펴보면 7학년과 9학년의 학생들의 과학개념 비율은 16%와 21%에 불과하고 최빈 오개념 비율은 70%에 달하였다. 11학년에서도 62%의 많은 학생들이 은 숟가락은 보온밥통의 온도보다 높아진다고 생각하는 오개념을 가지고 있었다.

　열평형 문제에서 물질에 따라 다른 온도를 답하는 학생들은 열평형 상태를 열의 전도 개념과 혼동하기 때문으로 이해할 수 있다. 즉 밀가루와 나무는 열전도가 낮기 때문에 열평형 상태에서도 온도가 낮을 것으로 예상하고, 은 숟가락은 열전도가 높기 때문에 열평형 상태에서 온도가 높다고 예상한 것으로 이해할 수 있다.

④ 겨울철 철봉대가 차가운 이유

　[그림 2.42]는 열의 이동에 관해 학생들이 가지고 있는 개념을 알아보기 위한 문항과 학생 응답 결과이다(송진웅 등, 2005).

[문항]

추운 겨울날 아침 운동장에 있는 철봉대를 손으로 만지면 차갑게 느껴진다. 이러한 느낌을 받는 이유는 무엇일까?

① 철봉대에서 냉기가 손으로 이동한다.

② 손에서 열이 철봉대로 이동한다.

③ 철봉대에서 냉기가 손으로 이동하고 동시에 손에서 열이 철봉대로 이동한다.

④ 철봉대에서 냉기가 손으로 이동하고 손에서 열이 공기 중으로 이동한다.

[응답자 수, (　)안은 %] (*는 옳은 응답)

대상	①	②*	③	④
중 1 (205)	68(33)	11(5)	91(44)	35(17)
중 3 (221)	46(21)	20(9)	135(61)	20(9)
고 2 (207)	25(12)	48(23)	124(60)	10(5)
전체(633)	139(22)	79(13)	350(55)	65(10)

[그림 2.42] [겨울철 철봉대가 차가운 이유] 문항과 응답 결과

　학생들은 '열은 고온부에서 저온부로 이동된다.'는 기본적인 사실을 알고 있으나, 차가움이 느껴지는 이유를 '열의 빼앗김' 또는 '열이 이동하기 때문'이 아닌 '차가움이 전달되기

때문'으로 설명하려는 경향이 있다. 또는 열의 이동을 ③번처럼 '열을 주고 받았다'로 설명하려고 하는 경향이 있다.

흔히 차고 뜨거운 정도를 온도로 정의하지만, 옳은 정의는 아니다. 예를 들어, 오른손은 찬물에, 왼손은 따뜻한 물에 한참 넣은 후에 동시에 두 손을 미지근한 물에 넣으면, 물의 온도는 동일함에도 불구하고, 오른손과 왼손의 차고 뜨거운 정도가 다르다.

차고 뜨거운 정도는 온도라기보다는 열의 이동에 의한 효과로 볼 수 있다. 즉 손에서 열이 나가면 손이 차게 느껴지고, 손으로 열이 들어오면 손이 따뜻하게 느껴지는 것이다. 추운 날 철봉을 만졌을 때 차게 느껴지는 이유는 열의 이동 때문인 것이다.

[그림 2.42]에서 전체적으로 과학적인 개념을 가진 학생은 전체 학생의 13%로 아주 미미하였고, 그에 비해 최빈 오답으로는 열이 상호 교환된다(③번)는 개념이 55%를 차지하였다. 가장 빈번하게 나타나는 오개념은 차가움이 느껴지기 때문에 열의 이동을 ①번처럼 저온부에서 고온부로 해석을 하거나, ③번처럼 열이 상호 교환되는 것으로 인식했다.

학년별로 살펴보면 과학적인 개념은 7학년은 5%, 9학년은 9%, 11학년은 23%로 학년이 올라갈수록 증가되지만, 정답률은 고학년이 되어도 매우 적었다. ③번 오개념에 대한 응답률은 7학년은 44%, 9학년은 58%, 11학년은 60%로 학년이 올라갈수록 열이 상호 교환된다는 오개념을 많이 가지고 있었다.

⑤ 냉장고를 열었을 때 방안의 온도

[그림 2.43]은 열과 에너지 보존에 대한 학생들의 개념을 알아보기 위한 문항과 학생 응답 결과이다(송진웅 등, 2005).

[문항]
여름철에 더워서 냉장고를 열어 두었다. 한참 후에 방안의 온도는 어떻게 될까?
① 방안의 온도는 변화가 없다.
② 방안의 온도가 낮아진다.
③ 방안의 온도가 높아진다.

[응답자 수, ( )안은 %] (*는 옳은 응답)			
대상	①	②	③*
중 1 (203)	79(39)	85(42)	39(19)
중 3 (220)	77(35)	73(33)	70(32)
고 2 (203)	81(40)	55(27)	67(33)
전체(626)	237(38)	213(34)	176(28)

[그림 2.43] [냉장고 문을 열어두었을 때 방안의 온도] 문항과 학생 응답

조사 결과에 따르면 전체적으로 학생들은 에너지 보존에 대한 과학적인 개념을 가진 학생은 28%로 적었고, 그에 비해 최빈 오답으로는 ①번 '방안의 온도는 변화 없다.'를 선택한 학생이 38%로 나타났다. 학년별로 살펴보면 과학적 개념은 7학년은 19%, 9학년은 32%, 11학년은 33%로 9학년이 되면서 갑작스러운 변화를 보인다. 최빈 오답으로는 7학년은 ②번 '방안의 온도가 낮아진다.'를 나타내었고(42%), 9학년과 11학년에서는 ①번 '방안의 온도는 변화 없다'를 나타내었다(각각 35%, 40%).

⑥ 열과 에너지 분야의 다른 오개념과 지도 방법

스타비(Stavy, 1990)는 7학년 학생들을 대상으로 열과 온도에 관한 학생들의 사전 개념을 조사하였는데 학생들은 물의 온도와 방안의 온도를 비교하라는 질문에서 방안의 온도가 물의 온도와 같다고 응답한 학생은 27%였다고 한다. 에릭슨(Erickson, 1979)은 11~16세의 아동들을 대상으로 열과 온도에 대해 아동이 갖고 있는 개념에 대해 연구했다. 연구 결과 아동들은 분자의 에너지에 의해 설명하려는 학생들도 있었으나 대부분의 학생들이 열을 물체로부터 더해지거나 분리시킬 수 있는 어떤 물질로 설명하려고 하였다. 금속 막대를 가열하면 불로부터 어떤 물질이 들어가 움직이게 한다는 것이다. 즉 과학자들이 19세기에 갖고 있었던 열소 개념을 학생들이 소유하고 있었다.

열 현상에서 열과 온도를 구분하지 못하는 학생을 위해 아론스(Arons, 1990)는 조작적으로 열과 온도를 명확하게 이해하도록 할 것을 지적하였다. 즉 온도나 열에 대한 정의에서 시작하지 않고, 온도계의 눈금을 읽도록 하는 것이다. 그 다음 일상 경험을 명확하게 묘사하도록 하는 것이다. 가령 뜨거운 물을 방안으로 가져와서 그 온도를 측정하면 항상 온도는 내려가며 결국 방안의 공기 온도와 같게 된다는 경험 같은 것이다. 또한 차가운

물을 가져오면 온도는 올라가서 결국 방안의 온도와 같게 된다는 경험을 상기시킨다. 온도가 다른 두 물체가 접촉하면 온도가 높은 물체는 온도가 내려가고 낮은 온도의 물체는 올라가서 결국 같은 온도가 된다는 경험과 같은 온도의 물체일 때는 변화가 일어나지 않는다와 같은 것을 명확하게 알도록 하는 것이다.

그럼으로써 이런 묘사를 확장시켜 이해하게 되면 결국 물체의 열적 상호작용과 열평형 개념을 일반화하여 많은 일상적 현상에서 열적 상호작용으로 열평형을 향하는 경향이 일반적으로 나타난다는 것을 깨닫게 하는 것이 가능하다.

그 다음에는 열적 상호작용과 열평형에 도달하는 경향이 온도 측정만으로는 모두 알기 어렵다는 것을 인식해야 하는데, 이런 경우의 예로는 바로 0℃ 얼음이 완전히 녹을 때까지는 온도가 변하지 않는다는 것이다. 이런 면에서 시범실험으로 온도가 변하지 않는 것을 보여줄 필요가 있다. 이런 실험과 관찰을 통해서 온도계로 온도를 측정하는 것만으로는 열적 상호작용을 모두 알지 못하므로 새로운 개념이 필요하다는 것을 보여줄 수 있다.

또한 교사는 열의 이동을 직접 관찰하거나 측정할 수 없다는 것을 지도해야 한다. 측정하거나 관찰할 수 있는 양은 질량과 온도 변화이며, 이것에서 이동된 열을 추론하는 것이다. 관찰 또는 측정된 것과 추론된 것을 구별해야 한다.

우리가 열이라는 말을 사용할 때 '물체 안의 열'이라는 말을 사용하지 않는 것이 바람직하다. 즉 열이라는 말은 계의 안으로 혹은 밖으로 이동하는 과정에만 사용해야 한다. 열을 물체 안에 있는 것처럼 말하는 것은 에너지 개념의 발달에 큰 어려움을 준다. 더구나 일을 할 때 마찰 과정을 통해서 열이 발생하는 것을 보고 일이 열로 바뀐다고 말하는 것은 실제로 열이 전달되는 것이 아니기 때문에 혼란을 줄 수 있다. 물체에 주어진 일은 열로 변하지 않고 직접 열적 내부에너지가 변한다는 것을 가르쳐야 한다(Arons, 1990).

여기에서 이상기체의 경우에 온도와 열(heat), 그리고 열에너지(thermal energy 또는 내부에너지)의 구분을 명확하게 할 필요가 있다. 즉 이상기체의 온도는 기체 분자 하나의 평균 운동에너지를 뜻하며($\frac{3}{2}kT = \frac{1}{2}mv^2$), 이상기체의 열에너지 또는 내부에너지는 기체분자들의 평균 운동에너지의 총합($U = NkT = N\frac{2}{3}\frac{1}{2}mv^2$)으로 정의된다. 그리고 기체가 일을 하거나 받지 않는 경우에는 열의 이동에 의해 이상기체의 내부에너지가 변화하고 ($\Delta Q = \Delta E$), 그것이 온도의 변화로 나타나는 것($\Delta Q = mc\Delta T$)이다.

학생들은 에너지라는 것을 살아있는 것과 연관된 것으로 보거나 특히 인간과 관련된 것으로 보는 경향이 있음이 밝혀졌다. 블랙과 솔로몬(Black & Solomon, 1983)의 연구에 의하면 11학년의 학생들 중 3/4 이상이 에너지를 성장, 건강, 운동 및 음식과 연관을 시켰다고 한다. 많은 연구가 에너지를 생기(animacy)가 있는 것으로 생각함을 보고하였다 (Watts ,1983; Duit, 1981). 에너지에 대한 인간 중심적 생각은 에너지를 운동과 관련된 것으로 생각하는 경향이 매우 강하다는 것을 설명해준다. 스테드(Stead, 1980)는 에너지가 무생물인 물체에 관련된다고 말하는 아동 중에는 운동이 있는 경우에 그 원인이 에너지라고 보며 운동이 없으면 에너지가 이용되지 않는다고 생각함을 지적하였다. 브룩 & 드라이버 (Brook & Driver, 1986)도 아동은 움직이지 않는 물체는 에너지가 없다고 생각하고 있음을 보고하였다.

블랙 & 솔로몬(Black & Solomon, 1983)의 연구에서는 에너지를 생물체와 관련된 것으로 생각하는 아동의 비율이 나이에 따라 감소하는 것을 밝혀냈다. 즉 전기, 발전소, 움직이는 물체, 빛, 태양, 불 등이 생명이 아니지만 에너지를 가진 것으로 점차 개념적인 확장을 한 것이었다. 그러나 13세 아동 중 1/3만이 보편적이고 정량화될 수 있는 에너지에 대한 개념을 옳게 가지고 있었다. 그러나 많은 학생들이 에너지는 전환과정에서 잃어버리는 것으로 생각하였다.

솔로몬(Solomon, 1992)은 에너지에 관해서 작문하는 방법을 이용하여 영국의 중등학교에 다니는 1, 2, 3학년 학생에게 '에너지는 무엇인가?'라는 제목으로 글을 쓰게 했다. 이때 학생들은 학교에서 에너지라는 주제를 배우기 전이었다. 처음 질문을 던진 후에는 에너지라는 말을 어떻게 사용하는가를 알기 위해서 에너지라는 말이 들어가도록 문장을 쓰게 하였다. 가령

'내가 축구를 연습할 때는 많은 에너지가 필요하다.'
'노인은 에너지가 많지 않아서 약을 먹어야 한다.'
'괴물은 에너지 다발을 내뿜는다.'

이런 아동의 반응은 물리적인 에너지 정의(가령 '일할 수 있는 능력' 혹은 '두 계 사이에서 일을 함으로써 전달되는 것')를 알지 못한 채 이루어진 것이었다. 아동은 에너지라는 말에 대하여 자신의 의미를 말한 것이었다. '에너지는 힘이다.'라는 반응이 가장 보편적으로 나타났다. 또 에너지는 무엇인가 라는 질문에 대한 응답에서 사용된 용어와 연관된 의미를 나타내 보았다. 가장 두드러진 특징의 하나가 '생명'과 그와 관련된 '호흡'에 많은 분포가 있다는 점이었다. 때로는 이런 두 개의 단어가 앞뒤로 연결된 경우도 있다. '생명이 충만'이

라는 표현이나 '생명과 기쁨의 충만'이라는 표현은 '에너지가 넘치는(energetic)' 것을 은유적으로 서술한 것이었다. 더욱 놀라운 일은 이 집단의 학생뿐만 아니라 다른 집단의 학생도 '에너지는 생명의 원천이다.'라고 쓴 경우가 많았다는 점이다. 그런가 하면 니콜스와 오그본(Nicholls and Ogborn, 1993)은 에너지에 대한 개념을 조사하기 위하여 '에너지가 무슨 뜻이니?', '에너지가 어디서 오니?', '에너지라는 말을 어떻게 사용하니?' 등의 질문을 던지는 방식의 한계를 지적하였다.

정리
1. 어떤 학생들은 0℃ 얼음과 −10℃ 얼음을 붙여 놓으면 둘 다 −10℃가 된다고 생각한다.
2. 어떤 학생들은 같은 양, 같은 온도의 물질을 가열할 때 같은 온도가 되도록 가열하면 같은 양의 열을 받았다고 생각한다.
3. 어떤 학생들은 온도가 같은 공간에 같이 있어도 물질에 따라 온도가 다르다고 생각한다.
4. 어떤 학생들은 겨울철 철봉대를 만졌을 때 차가운 이유를 냉기가 손으로 이동하기 때문이라고 생각한다.
5. 어떤 학생들은 방안을 닫아 놓고 작동하는 냉장고 문을 열어 두면 한참 후 방안의 온도가 낮아진다고 생각한다.
6. 어떤 학생들은 열을 하나의 물질(열소)이라고 생각한다.
7. 어떤 학생들은 움직이지 않는 물체는 에너지가 없다고 생각한다.
8. 어떤 학생들은 에너지는 전환과정에서 잃어버리는 것으로 생각한다.
9. 어떤 학생들은 에너지와 힘은 같은 것이라고 생각한다.

2.2.4 빛과 파동 영역에서의 학생의 오개념

① 그림자와 바늘구멍 사진기

초등학교 과학에서 배운 '그림자 놀이'에 의하면, 그림자 모양은 물체의 모양과 같다. 그러나 이 개념이 항상 옳은 것은 아니다. [그림 2.44]는 이와 관련된 문항과 학생의 응답이다.

[문항]
광원의 모양이 원형이거나 십자형일 때, 또 물체의 모양이 원형이거나 십자형일 때
각각 그림자 모양은?

[중학생 126명의 응답] (*는 옳은 응답)
① 물체 모양만 그림자 모양에 영향을 받고, 광원의 모양은 상관없다: 80(65%)
② 물체의 모양과 광원의 모양 모두 그림자 모양에 영향을 준다*: 17명(14%)

[그림 2.44] 그림자 모양에 대한 학생의 선개념 (박종원 등, 1993)

모든 물리법칙에는 조건이 함께 있다. 즉 무거운 물체와 가벼운 물체가 같이 떨어진다는
법칙에는 '공기 저항이 없을 때', '동시에 떨어뜨릴 때'와 같은 조건들이 함께 있다. 따라서
이러한 조건이 만족되지 않으면 무거운 물체 또는 가벼운 물체가 먼저 떨어질 수도 있다.

마찬가지로 빛이 평행광선이거나 광원이 점광원일 때라는 조건 하에서만 그림자 모양이
물체의 모양과 같다. 따라서 [그림 2.45]와 같이 물체와 스크린과의 거리가 상대적으로
멀어지면, 즉, 광원과 물체와의 거리가 상대적으로 가까워지면, 직선 광원의 필라멘트
각 지점에서 나온 빛이 만든 그림자들이 모여 광원의 모양대로 긴 모양의 그림자가 만들어
진다.

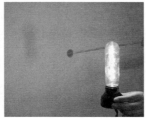
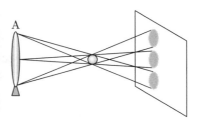

[그림 2.45] 직선 광원이 만든 직선 모양의 그림자

그림자에 대한 이러한 개념을 '거꾸로 생각하기'해 보면 재미있는 현상을 관찰할 수 있다. 예를 들어, [그림 2.46]과 같이 밝은 형광등 아래에서 바닥으로부터 약 5cm 높이에 5mm 정도의 구멍을 뚫고 관찰해 보면, 형광등 불빛이 구멍을 통과하여 바닥에 밝은 부분이 생기는데, 이때 바닥의 밝은 부분의 모양은 구멍과 같은 원형이 아니라, 형광등 모양과 같이 길쭉한 모양인 것을 관찰할 수 있다.

[그림 2.46] 구멍을 통과한 빛에 의한 상

이러한 현상은 바늘구멍 사진기의 원리에도 적용된다. 즉 [그림 2.47]과 같이 사물의 각 지점에서 반사된 빛이 둥근 모양의 바늘구멍을 통과하면서 스크린에 밝은 상을 만들 때, 밝은 상의 모양은 바늘구멍과 같은 원형 모양이 아닌, 물체의 모양과 같다.

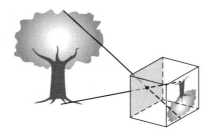

[그림 2.47] 바늘구멍 사진기에 의한 상

바늘구멍 사진기는 구멍이 작아 상이 매우 어둡다. 그러나 바늘구멍 사진기만으로도 [그림 2.48]과 같이 훌륭한 컬러 사진을 찍을 수 있다.

[그림 2.48] 바늘구멍 사진기로 찍은 실제 사진[1]

바늘구멍에 의한 상을 밝게 하기 위해 구멍의 크기를 크게 하면, 구멍의 여러 위치로 통과한 빛들 때문에 상이 흐려지게 된다. 이때 간단하게 구멍 앞에 볼록렌즈를 붙이면 [그림 2.49]와 같이 훌륭한 사진기를 만들 수 있다.

[그림 2.49] 렌즈 사진기의 상

활동

1. 안경렌즈와 같이 가능하면 큰 볼록렌즈를 이용하여 간이 사진기를 만들고, 관찰되는 상의 다양한 특징을 찾아보자. 다양한 특징을 찾기 위해 다음과 같이 조건을 변화시켜 보아도 좋다.
   - 렌즈의 반을 가려본다.
   - 렌즈의 가장자리를 가려본다. 등 …

2. 폴라로이드 필름을 이용하여 볼록렌즈 사진기로 실제 사진을 찍어보자. 볼록렌즈 사진기의 상을 스마트폰 카메라로 찍어서 출력해도 좋다.

---

1) 사진 출처: http://www.andrzejlech.com/default2.asp, http://www.pinholevisions.org/pinholer /exhibits/

② 평면거울에 의한 상

거울에서의 빛의 반사에 대해서도 많은 학생들이 잘못된 개념을 가지고 있다. 예를 들면, 학생들은 평면거울에 의한 상은 상하는 바뀌지 않지만, 좌우는 바뀐다고 생각한다. 그리고 그러한 이유는 오른손을 들면 거울 속의 상은 왼손이 되기 때문이라고 설명한다.

그러나 [그림 2.50]에서 수수깡으로 만든 x-y-z축을 보면, 평면거울에 의한 상은 상하 뿐 아니라 좌우도 바뀌지 않고, 앞뒤만 바뀐 것을 볼 수 있다. 이때 앞뒤가 바뀌게 되면서 오른손과 왼손이 바뀌게 된 것이다. 따라서 왼손과 오른손이 바뀐 것을 좌우가 바뀌었다고 잘못 생각하는 것이다.

[그림 2.50] 평면거울에 의한 수수깡의 상

활동 1. 오목거울을 얼굴 가까이 대면 확대된 상을 볼 수 있다. 이때 상하, 좌우, 앞뒤는 바뀌는가? 그대로인가?

2. 오목거울을 얼굴로부터 멀리 하여 보면, 작게 축소된 상을 볼 수 있다. 이때 상하, 좌우, 앞뒤는 바뀌는가? 그대로인가?

3. 거울에 의한 상에는 뒤집힌 경우가 있고, 바로 선 경우가 있다. 이 2가지 경우를 실상 또는 허상과 관련지어 보아라.

③ 거울이나 렌즈에 의한 상의 위치

평면거울에 의한 상에서 또 다른 오개념은 상의 위치이다. 즉 평면거울에 의한 상은 거울 앞에 있거나 거울 표면에 있다고 잘못 생각하는 경우가 있다. 예를 들어, 골드버그와 맥더모트(Goldberg & McDermott, 1986)는 약 20%의 학생들이 상이 거울 표면에 있다고 생각한다는 것을 발견하였다. 이 오개념을 변화시키는데 유용한 시범 방법은 [그림 2.51]과 같다.

[시범 방법]

① 평면 유리를 수직으로 세운다.

② 같은 크기의 초 2개를 각각 유리판 앞과 뒤에 동일한
거리에 세운다.

③ 유리판 앞에 있는 초에만 불을 붙인다.

④ 유리판 뒤의 초에도 불이 붙은 것처럼 보이므로, 유리
판 뒤의 촛불을 손가락으로 잡는 것처럼 시연한다.

⑤ 이 상태에서 평면 유리를 가만히 치우면 유리판 뒤의 초에는 불이 붙지 않은 것을
볼 수 있다.

[그림 2.51] 평면거울에 의한 상의 위치에 대한 시범

즉, [그림 2.51]에서 평면 유리판을 치워 보면, 촛불의 상이 유리판 뒤에 세운 초에
있던 것을 알게 되어, 평면거울의 상이 거울의 뒤에 있다는 것을 알 수 있다. 이를 더
확인하기 위해 [그림 2.52]와 같이 거리를 조절할 수 있는 수동 카메라를 이용하여 거울
앞에서 사진을 찍어 볼 수도 있다. 이때 거울 앞 3m 앞에 서서 거울에 의한 상이 선명해지도
록 맞춘 다음, 카메라에서 조정한 거리를 보면 상까지의 거리가 6m로 맞추어져 있는
것을 알 수 있다.

[그림 2.52] 평면거울에 의한 상을 수동 카메라로 찍어 보기

상의 위치에 대한 오개념은 렌즈에 의한 상에서도 볼 수 있다. [그림 2.53]은 이와
관련된 오개념 문항인데, 볼록렌즈의 상이 있던 스크린을 치웠을 때, 스크린의 자리에
상이 그대로 있다는 옳은 응답수가 매우 적은 것을 볼 수 있다.

[문항]

촛불을 세우고 촛불 앞에 볼록렌즈를 놓아 스크린에 촛불의 상이 거꾸로 맺혔다. 이때 스크린을 치웠을 때 상의 위치는?

[응답 %] (*는 옳은 응답)

	스크린 앞	스크린 자리*	스크린 뒤	없다
중 1 (263명)	14	22	33	31
중 3 (490명)	49	22	14	15
고 2 (162명)	9	15	25	51

[그림 2.53] 렌즈에 의한 상의 위치 (송진웅 등, 2005)

스크린이 없을 때 공중에 뜬 실상을 보기 위해서는, 크고 초점거리가 짧은 볼록렌즈를 사용하면 된다. 즉 [그림 2.54]와 같은 장치를 만들어 관찰해 보면, 볼록렌즈와 관찰자 사이(렌즈의 앞에 열려진 부분)에 공중에 뜬 실상을 관찰할 수 있다.

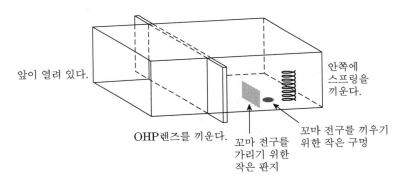

앞이 열려 있다.

안쪽에 스프링을 끼운다.

OHP렌즈를 끼운다.

꼬마 전구를 가리기 위한 작은 판지

꼬마 전구를 끼우기 위한 작은 구멍

[그림 2.54] 볼록렌즈에 의해 공중에 맺힌 실상 관찰

오목거울에 의해서도 공중에 뜬 실상을 관찰할 수 있다. [그림 2.55]는 과학관에서 큰 오목거울을 이용하여 공중에 뜬 실상을 관찰하는 장치를 간단하게 시범장치로 만든 것이다.

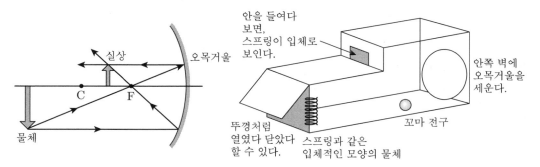

[그림 2.55] 오목거울에 의한 실상 관찰장치

활동 1. 오목거울 두 장으로 공중에 뜬 입체 실상을 관찰하는 시범장
치가 있다. 이 장치를 관찰하여 상의 특징을 찾아보고, 원리
를 설명해 보아라.

④ 렌즈의 초점거리

대부분의 교과서에서는 볼록렌즈로 평행하게 입사한 빛이 한 초점에 모이는 것으로
그려져 있다. 그러나 많은 학생들이 간과하는 것이 구면수차이다. 즉, 한쪽만 구면인
유리에서 굴절된 빛을 작도해 보면, [그림 2.56]과 같이 한 초점에 빛이 모이지 않는다.
따라서 한 초점에 빛이 모이게 하기 위해서는 비구면 렌즈로 제작해야 한다.

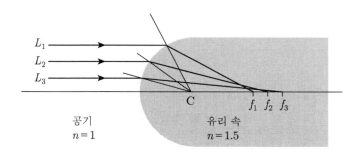

[그림 2.56] 구면 렌즈에서의 굴절

활동 1. [그림 2.56]의 결과를 참고하여, 한 초점에 모이도록 비구면 렌즈의 표면을 작도해
보아라.

렌즈의 초점과 관련된 흥미로운 현상 중의 하나는 오목렌즈도 빛이 모여 실초점을 가질 수 있다는 것이다. [그림 2.57]은 공기 오목렌즈(렌즈의 밖은 물로 채워져 있고, 렌즈의 안은 공기로 차 있다)에서 빛이 모여 실초점을 가지는 현상을 찍은 사진이다. 이렇게 되는 이유는 밀한 매질과 소한 매질이 반대로 되어 굴절이 반대로 일어나기 때문이다.

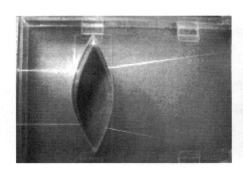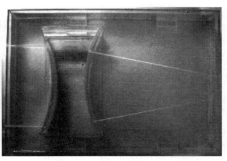

[그림 2.57] 공기 볼록렌즈와 공기 오목렌즈

⑤ 빛의 색

빛의 삼원색은 빨강(R), 초록(G), 파랑(B)이라는 것은 학생들도 잘 알고 있다. 그리고 3가지 색의 합성에 의해 마젠타(자홍색: 빨강 + 파랑), 노랑(빨강 + 초록), 사이언(청록색: 파랑 + 초록), 그리고 백색(빨강 + 초록 + 파랑)을 만들 수 있다는 것도 잘 알고 있다.

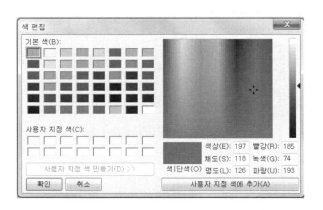

[그림 2.58] 컴퓨터 그림판으로 1,600만 컬러를 만드는 방법

그렇다면 다른 색들, 예를 들어 푸르스름한 색이나 연두색, 핑크색 등과 같은 색은 어떻게 만들어질까? 그것은 빨강, 파랑, 초록색 빛의 세기를 각각 조절하여 만든다. [그림 2.58]은 컴퓨터의 그림판을 이용하여 빨강색 빛과 초록색 빛, 그리고 파랑색 빛의 세기를 각각 0부터 255단계까지 바꾸면서, 1,600만 가지 이상의 색(256×256×256 = 16,777,216)을 만드는 방법을 보여주고 있다.

⋯ 활동 1. 컴퓨터로 노란색을 만들어 빔 프로젝트로 스크린에 비추자. 이때 빨간색 필터(다이크로닉 필터로 빨간색만 투과시키는 필터)로 노란색 빛을 투과시켜 보자. 투과된 빛의 색은 어떤 색의 빛인가? 또 필터에 반사된 빛의 색은 어떤 색의 빛인가?

빛의 색과 관련하여 불분명하게 생각하는 것 중의 하나는 '빛의 색이 파장에 따라 달라지는가? 진동수에 따라 달라지는가?' 이다. 많은 학생들은 둘 다 옳다고 생각한다. 그러나 진공에서 매질로 입사한 빛을 생각해 보면 매질 속에 들어간 빛은 진동수는 변하지 않고 파장이 짧아진다는 것을 알고 있다. 이때 매질 속에 들어간 빛의 색은 변하지 않는다. 따라서 빛의 색은 파장보다는 진동수로 말하는 것이 더 정확하다.

또 한 가지 빛의 색과 관련되어 학생들이 생각하는 오개념은 '물질의 굴절률은 빛의 색과 무관하다'는 것이다. 예를 들어, 간단하게 '유리의 굴절률은 1.5이다'라고 한다. 그러나 잘 알고 있듯이 매질에서 굴절되는 정도는 빛의 색에 따라 다르다. 따라서 유리의 굴절률이 얼마라고 말할 때는 어떤 색의 빛으로 측정한 결과인지를 정확하게 언급해야 한다. 예를 들어, '○○파장의 빛을 비추었을 때, 유리의 굴절률은 ○○이다'라고 해야 한다.

물체의 색과 관련된 다른 오개념으로 물체의 색은 물체가 가진 고유한 것으로 외부에서 비추는 빛과 무관하다는 것도 있다. [그림 2.59]는 그 오개념에 대한 문항과 응답 예이다.

또 그림자의 색은 비추는 빛의 색에 무관하게 항상 검다는 오개념도 있다. [그림 2.60]은 물체의 그림자 색에 대한 오개념 문항과 응답 예이다.

[문항]

빨간 사과를 초록색 빛 전등 밑에서 보면 어떤 색으로 보일까?

[응답 %] (*는 옳은 응답)

	빨간색	초록색	검은색*	보라색	기타
중 1 (301명)	10	10	55	12	13
중 2 (520명)	51	10	26	11	2
고 2 (167명)	4	6	70	19	2

[그림 2.59] 물체의 색에 대한 오개념 (송진웅 등, 2005)

[문항]

물체에 빨간색 빛을 비추고 있다. 물체 뒤에 생긴 그림자에 초록색 빛을 비추었다면 그림자는 어떤 색으로 보일까?

[응답 %] (*는 옳은 응답)

	초록색*	검정색	빨간색	보라색	노란색
중 1 (272명)	15	46	3	6	31
중 2 (234명)	18	59	4	13	6
고 2 (127명)	26	56	0	6	12

[그림 2.60] 그림자 색에 대한 오개념 (송진웅 등, 2005)

활동 1. 다음과 같이 여러 가지 색의 그림자를 만들어 보자.

정리

1. 그림자 모양은 물체의 모양과 항상 같다는 오개념이 있다.
2. 평면거울에 의한 상은 상하는 바뀌지 않고 좌우만 바뀐다는 오개념이 있다.
3. 평면거울에 의한 상은 거울 표면에 있거나 거울 앞에 있다는 오개념이 있다.
4. 볼록렌즈에 의한 상이 스크린에 생겼을 때, 스크린을 치우면 상이 생기지 않는다는 오개념이 있다.
5. 구면렌즈에서 항상 평행하게 입사한 빛이 한 초점에 모인다는 오개념이 있다.
6. 공기 볼록렌즈는 오히려 평행하게 입사한 빛을 발산한다.
7. 물질의 굴절률을 말할 때, 어떤 진동수의 빛으로 측정한 것인지 말해야 한다.
8. 물체의 색이 광원의 색에 무관하다는 오개념이 있다.
9. 그림자의 색은 항상 검다는 오개념이 있다.

⑥ 소리의 속력

일반적으로 소리의 속력은 약 340m/s이다. 그러나 소리의 상대속도에 대해서 학생들이 잘못 생각하는 경우가 많다. 예를 들어, [그림 2.61]과 같이 음원이 움직이면서 소리를 내는 경우에 학생들은 소리의 속력이 변한다고 잘못 생각한다.

[문항]

영호가 100m/s 일정한 속력으로 달리는 차에서 소리를 냈다. 자동차 밖에 정지해 있는 철수가 보았을 때 영호가 낸 소리의 속력은?

[응답] (*는 옳은 응답)

	340m/s*	440m/s	240m/s	100m/s
고 2 (201명)	31	46	9	7
과학고 1, 2 (146명)	22	71	2	3

[그림 2.61] 소리의 상대속도에 대한 오개념 (송진웅 등, 2005)

그러나 소리는 매질을 통해서 전달되므로, 매질이 정지해 있다면 음원의 상대속도에 상관없이 소리의 속력은 일정하다. 물론, 음원이 정지해 있고, 관찰자가 운동하는 경우에는 소리의 속력이 변한다. 왜냐하면 달리는 관찰자에게는 관찰자의 속력과 같은 속력으로 바람이 부는 것과 같고, 바람을 타고 전달되는 소리의 속력은 변하기 때문이다.

소리의 속력과 관련된 또 다른 오개념은 '소리의 속력은 소리의 세기와 무관하다'는 것이다. 그러나 [그림 2.62]와 같은 계산 과정을 보면, 소리의 세기가 크면 소리의 속력도 빨라진다는 것을 알 수 있다.

$$PV = (P + \Delta P)(V + \Delta V) = PV + \Delta PV + \Delta VP + \Delta P \Delta V$$

만일 대포 앞에서의 기압차가 P라고 해 보자. 즉 $\Delta P = P$라고 해 보자.

$$0 = \Delta PV + \Delta VP + \Delta P \Delta V = \Delta PV + \Delta V(P + \Delta P) = \Delta PV + 2\Delta VP$$

가 된다.

따라서 $\Delta P = 2\dfrac{\Delta V}{V}P$이므로, $B = \dfrac{\Delta P}{\Delta V/V} = 2P$가 된다.

음파의 속도 $v = \sqrt{\dfrac{B}{\rho}} = \sqrt{\dfrac{2P}{\rho}} = v_0\sqrt{2}$가 되어, 작은 소리에 비해 1.4배 빨라지게 된다.

[그림 2.62] 소리의 세기에 따른 소리의 속력 변화

활동 1. 소리의 속력에 대해서 (답)을 참고하여 다음 내용을 정리해 보아라.
   – 기체 압력에 따라 소리의 속력이 변화하는가? (답: 변하지 않는다)
   – 기체 온도에 따라 소리의 속력이 변화하는가? (답: 변한다)
   – 기체 밀도에 따라 소리의 속력이 변화하는가?

   (답: 변한다. 그러나 $v = \sqrt{\dfrac{B}{\rho}}$ 에 의해, 밀도의 제곱근에 반비례하는 것은 아니다)
   – 기체 입자의 질량에 따라 소리의 속력이 변화하는가? (답: 가벼울수록 빠르다)

⑦ 물결파

파동의 전파를 설명할 때 중요하게 강조하는 것으로 '파동이 전파될 때 매질은 제자리에서만 진동하고 이동하지 않는다.'는 것이다. 이와 관련해서도 [그림 2.63]과 같이 학생들이 오개념을 가지고 있다.

[문항]

물 위에서 물결이 있을 때, 물결 위에 떠 있는 코르크의 움직임으로 옳은 것은?

[응답 %] (*는 옳은 응답)

	왼쪽으로 이동	좌우로 진동	위아래로 진동*	오른쪽으로 이동	오른쪽으로 갔다가 왼쪽으로 이동
중 1 (276명)	3	30	26	29	12
중 3 (241명)	4	21	30	28	16
공 2 (147명)	6	17	30	17	30

[그림 2.63] 수면파에서 매질의 운동 (송진웅 등, 2005)

그러나 물결파 위의 코르크의 운동을 실제로 살펴보면, [그림 2.63]의 정답과 다른 현상을 관찰할 수 있다. 즉 코르크가 약간씩 좌우로 이동하는 것을 볼 수 있다. 그 이유는 [그림 2.64]와 같이 수면파의 경우에, 물 분자들은 상하운동뿐 아니라 좌우 운동을 함께 하고 있기 때문이다. 즉 물 분자가 원형으로 진동하고 있다.

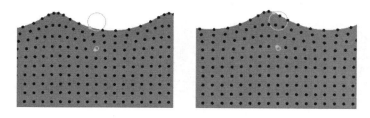

[그림 2.64] 수면파에서 물 분자의 운동 모습[2]

••• 정리
1. 소리의 속력이 음원의 상대속도에 따라 달라진다는 오개념이 있다.
2. 소리의 속력이 소리의 세기에 무관하다는 오개념이 있다.
3. 물결파의 경우에는 매질인 물이 수직운동뿐 아니라 수평운동도 한다.

---

2) 애니메이션 출처: http://www.acs.psu.edu/drussell/Demos/waves/wavemotion.html

2.2.5 현대물리 영역에서의 학생의 오개념

현대물리 영역은 매우 넓다. 또한 현대물리와 관련해서 학생이 가지고 있는 개념을 선개념이라고 보기 힘들다는 관점도 있다. 왜냐하면 현대물리 내용을 이전에 접한 경우가 없다고 보기 때문이다. 그러나 현대물리 자체는 접하지 않았지만, 현대물리와 관련된 개념을 자신의 일상적 개념으로, 또는 자신이 익히 알고 있는 고전적 개념으로 해석한다는 점에서는 나름대로 선개념이라고 할 수 있다.

현대물리에 대한 학생의 선개념을 다루기에 앞서, 현대물리에 대해 학생들이 관심을 가지고 있는지를 먼저 살펴볼 필요가 있다. 만일 관심이 높다면, 그러면서 학생들이 현대물리에 대해 오개념을 가지고 있다면, 변화시켜야 할 주요 대상이라고 볼 수 있기 때문이다.

① 학생이 배우고 싶어 하는 물리내용

박종원(2017)은 150명의 고등학교 1학년 학생을 대상으로 과학시간에 어떤 내용으로 공부하면 좋겠는지를 설문지로 조사하였는데, 그 응답을 분석한 결과는 [표 2.14]와 같다.

[표 2.14] 고등학교 1학년 학생의 과학시간에 배우고 싶은 내용 응답 (응답 학생 수=150)

영역	물리												첨단	화학	생물	지구과학	기타	합계
	역학	전자기	광학	열통계	에너지	핵	상대론	우주론	입자물리	양자역학	반도체&나노	기타						
응답수	46	26	19	5	3	43	64	80	4	17	1	16	178 (18%)	56 (6%)	230 (24%)	82 (8%)	101 (10%)	971 (100%)
소계	324 (33%)																	
현대물리 응답수	2	14	9	1	0	43	64	80	4	17	1	1						
소계	236 (24%)																	
	414 (43%)																	

조사 결과, 학생들이 과학시간에 배우고 싶다고 한 내용 중, 물리 내용은 총 324개로 33%였고, 그중에서 현대물리 내용은 총 236개로 전체 응답수의 24%였다. 즉 학생들이 과학시간에 배우고 싶다고 한 내용들 중 약 1/4이 현대물리 내용이었고, 여기에 첨단과학기

술 내용까지 포함시키면, 현대물리와 첨단과학 기술 내용이 총 414개로 전체 응답수의 약 43%인 것을 알 수 있다.

학생들이 배우고 싶어 하는 현대물리 내용을 좀 더 구체적으로 알아보기 위해 키워드로 정리한 결과는 [표 2.15]와 같다.

[표 2.15] 학생들이 과학시간에 배우고 싶어 하는 현대물리 내용의 키워드별 분류

내용영역	응답수	키워드
역학	3	우주 엘리베이터(2), 드론의 비행
전자기	14	emp(전자파 펄스)(8), 초전도(3), 액정, 전파망원경, 트랜지스터
광학	9	홀로그램(4), 레이저(건)(3), 적외선 카메라, sonic bomb
열	1	카오스 이론
에너지	0	없음
핵	43	핵/수소폭탄(24), 핵융합/분열(7), 핵(4), 방사선/방사능원소/방사능제거(3), 수소/핵발전(2), 인공태양, 핵실험, 핵방지
상대론	63	타임머신/시간여행(28), 상대성 이론(15), 시공간/차원(7), 시간지연/쌍둥이 역설(3), $E=mc^2$(2), 광속(2), 아인슈타인, 동시성, 사건지평선, 공간왜곡, 기타(2)
우주론	80	블랙홀/화이트홀/웜홀(41), 우주의 시작/끝(7), 빅뱅/팽창(5), 평행우주(4), 다중우주론(4), 우주과학(3), 별/우주 여행(3), 암흑물질/에너지(2), NASA실험, 끈이론, 그레이크방정식, 우주원소, 중력파, 허블법칙, 기타(5)
입자물리	4	통일장 이론/표준모형(2), 쿼크, 힉스입자
양자역학	16	양자역학(7), 슈뢰딩거 고양이(3), 이중성/광전효과(2), EPR, 드브로이 물질파, 슈뢰딩거 방정식, 에너지 준위
반도체/나노	1	반도체 형성과정
기타	2	여러 (현대) 물리 이론(2)
합계	236	

그리고 물리와 관련된 첨단과학 기술 내용을 정리한 결과는 [표 2.16]과 같다.

[표 2.16] 학생들이 과학시간에 배우고 싶어 하는 첨단과학 기술 내용의 키워드별 분류

내용영역	응답수	키워드
인공지능	45	인공지능(40), AI(4), 알파고,
컴퓨터/IT	30	컴퓨터구조/그래픽/부품/기능(18), 인터넷, 웹사이트, 네트워크
		코딩/프로그래밍(2), 소프트웨어(2), 안드로이드, 이진법
		빅데이터(2), IT
운송	30	우주산업/우주선(7)
		드론(3), 초음속 제트기/비행기(2), 나로호(2), 로켓(2), 제트팩(개인비행장치)
		자율주행자동차(7), 시각인식자동차(3), 하이브리드자동차, 미래이동수단
		항공모함
가상현실	20	VR/AR(20)
로봇	18	로봇(17), 신경과 연결된 로봇
일상/가전	16	스마트폰기능/방수(6), 3D 프린터(3), 가전제품/일상생활기술(2), 전자시계(2), 복사기, 웨어러블 기기, GPS
거주	1	고층빌딩
기타	18	미래기술(6), 바이오 시스템, 홍채인식, 기타(10)
합계	178	

이와 같이 실제로 학생들이 배우고 싶어 하는 과학내용으로 물리내용이 많고, 특히 현대물리 내용과 첨단과학 기술 내용이 많다는 것은, 현대물리와 첨단과학 내용을 초중등 학생들에게 지도할 필요가 있다는 것이고, 따라서 이와 관련된 학생의 개념 이해에 관심을 가질 필요가 있다는 것이다.

② 원자의 구조

학생들은 물질의 구조를 배우면서 분자와 원자의 개념을 배운다. 그러면서 원자는 원자핵과 전자로 이루어져 있다는 것을 배운다. 이러한 과정에서 학생들은 계속해서 물질이 더 작은 물질로 이루어져 있다고 생각할 수 있다. 이와 관련된 문항과 학생 반응은 [그림 2.65]와 같다.

[문항]

전자는 계속 다른 물질로 나누어질 수 있을까?

[응답 %] (*는 옳은 응답)

	더 나누어 질 수 있다.	더 나누어질 수 없다*	기타
고 2 (200명)	43	48	9
과학고 1, 2 (146명)	47	43	8

[그림 2.65] 전자의 구조에 대한 학생의 응답 (송진웅 등, 2005)

원자의 구조에 대해서도 일상적으로 잘못 알고 있는 경우가 많은데, [그림 2.66]은 이와 관련된 문항과 학생 응답이다.

[문항]

원자핵과 전자로 구성된 원자의 구조를 그림과 같이 나타낸 것이 옳은가?

[응답 %] (*는 옳은 응답)

	실제 원자구조를 잘 나타내었다.	실제 원자구조를 잘못 나타내었다*.	기타
고 2 (200명)	50	40	10
과학고 1, 2 (146명)	6	90	3

[그림 2.66] 원자의 구조에 대한 학생의 응답 (송진웅 등, 2005)

활동 1. 중등학생이 이해할 수 있도록 원자에서 전자의 운동을 설명해 보아라.

또 원자가 원자핵과 전자로 구성되어 있다는 것을 알고 있는 학생의 경우에 원자핵과 전자 사이에 무엇이 있는지를 물었을 때 [그림 2.67]과 같이 적은 수이지만 오개념을 가진 경우를 볼 수 있다.

[문항]

수소원자의 경우, 수소 원자핵의 크기가 1mm라면, 전자는 약 100m 정도 떨어진 곳에 있다고 할 수 있다. 그렇다면 수소 원자핵과 전자 사이에는 무엇이 들어 있는 가?

[응답 %] (*는 옳은 응답)

	진공*	수소기체가 들어 있다.	공기가 들어 있다.
고 2 (200명)	63	13	15
과학고 1, 2 (146명)	91	0	1

[그림 2.67] 원자핵과 전자 사이의 상태에 대한 학생의 응답 (송진웅 등, 2005)

정리 1. 학생들이 과학시간에 배우고 싶어 하는 내용으로 현대물리 내용과 첨단과학기술 내용이 많다.
2. 물질이 더 작은 구조로 나누어지듯이, 전자도 더 작은 물질로 나누어진다는 오개념이 있다.
3. 원자에서 전자가 원형 또는 타원형 궤도를 따라 돈다는 오개념이 있다.
4. 원자에서 원자핵과 전자 사이가 진공이 아니라는 오개념이 있다.

③ 상대성 원리

특수 상대성 이론은 상대성 원리와 빛의 속도 일정이라는 2개의 가정으로부터 출발한다. [그림 2.68]은 상대성 원리와 관련된 문항과 학생 응답이다.

[문항]

마찰 없는 비탈면에서 구슬이 내려와 평면 위로 굴러간다. 빛의 속도에 가까울 정도로
빠르게 등속으로 날아가는 비행기 안에서 똑같은 실험을 하였다면, 비탈면을 내려온
후 평면에서 구슬은 어떻게 운동하는가? 모든 마찰은 무시한다.

[응답 %] (*는 옳은 응답)

	등속*	느려진다	빨라진다	느려지다 되돌아간다	비탈면에서 내려오지 못하고 제자리에 있다	비탈면으로 올라간다
고 2 (211명)	41	8	12	19	8	8
과학고 1, 2 (148명)	59	7	5	4	18	4

[그림 2.68] 상대성 원리에 대한 학생의 응답 (송진웅 등, 2005)

빛의 상대 속도를 고전적으로 생각하여, 광원이나 관찰자의 운동에 따라 빛의 속도가
변한다고 생각하는 학생들이 많다. 예를 들어, 고등학교 2학년 학생의 60%, 과학고 1,
2학년의 29%가 광원의 운동에 따라 고전적인 상대속도와 마찬가지로 빛의 속도가 변한다
고 생각하였다(송진웅 등, 2005). 마찬가지로 관찰자가 운동할 때에도 고등학교 2학년
학생의 70%, 과학고 1, 2학년의 41%가 고전적인 상대속도와 마찬가지로 빛의 속도가
변한다고 생각하였다(송진웅 등, 2005).

시간지연이나 길이수축은 상대론을 배우기 전에는 전혀 듣지 못한 상황이므로, 옳은
응답을 하는 학생은 거의 보기 힘들다. 그러나 일반 물리학 과정에서 특수 상대성 이론을
배웠음에도 불구하고 계산적으로 받아들이지만, 실제로는 불가능하다고 믿지 못하는 경우
를 볼 수 있다(Park, 1992). 즉 학생들이 논리적으로는 알고 있지만, 믿음까지는 가지
못하는 경우라고 할 수 있다.

1. 정지한 좌표계 안에서 관찰한 물체의 운동이 등속 운동하는 좌표계 안에서는 다르게 관찰된다는 오개념이 있다.
2. 빛의 속도가 고전적으로 광원의 운동이나 관찰자의 운동에 따라 변한다는 오개념이 있다.
3. 시간지연이나 길이수축과 같은 특수 상대론적 현상을 논리적/수식적으로는 받아들이지만 믿지 못하는 경우가 많다.

2.3 학생의 물리 개념 변화

2.3.1 학생의 물리 선개념 특징

드라이버(Driver, 1981)는 학습자의 선개념의 특징을 개별성, 정합성, 안정성으로 요약하였다.

학습자의 개념이 개별적이라는 뜻은 동일한 외부 정보 또는 자극에 대하여 학습자들 개개인은 자신만의 독특한 양태로 반응할 수 있다는 것을 의미한다. 즉 학습자가 자신만의 방식으로 정보를 해석하고 얻는다는 것이다. 예를 들어, '관찰의 이론의존성'이 그렇다(Martin, 1972). 학습자의 선개념이 개별적인 이유를 생각해 보면, 선개념이 언어나 문화 그 밖에 다른 사람들의 영향을 받기 때문이다(West & Pines, 1985). 이와 같이 학습자들의 선개념이 개별적이지만, 문화배경과 전통이 다른 국가 간에 유사하게 나타나기도 한다. 따라서 학습자의 선개념과 관련된 연구결과는 일반화 가능성이 있다.

• • •
활동
1. 앞 절에서 소개한, 진자가 내려오는 중, 진자에 작용하는 힘에 대한 학생의 응답으로부터, 학생 선개념이 개별적인지 살펴보아라.

학습자의 물리 선개념은 물리학 입장에서는 비정합적으로 보이지만, 학습자 입장에서는 나름대로 정합성이 있을 수 있다. 왜냐하면, 학습자들이 인식하는 정합성은 과학자나 과학교사들의 정합성과 다를 수 있기 때문이다. 이런 점에서 학습자들의 선개념을 단순히 틀린 것이라고 보기 보다는 자연현상을 바라보는 나름대로의 모형이라고 볼 수도 있다. 즉 생명체가 자연환경에서 적응하듯이 학생의 개념체계도 개념 생태계에 적응해 가는 과정으로 볼 수 있다는 것이다. 이러한 관점에서 보면, 학습자의 선개념을 오개념으로 부르는 것이 적절하지 않을 수도 있다.

활동　1. "힘을 주면 운동하고, 힘을 주지 않으면 정지한다."는 개념은 물리적으로 오개념이지만, 일상적인 상황에서는 마찰력이 작용하기 마련이고, 따라서 마찰력을 고려하지 않고 작용한 힘만 고려하면 나름대로 맞는 생각이라고 할 수 있다. 이와 같이 학생 입장에서 나름대로 정합적인 오개념의 예를 찾아보아라.

　선개념의 안정성이란, 학생의 선개념이 일상적인 혹은 전통적인 학습을 통해서는 잘 변화되지 않는다는 것을 의미한다. 이러한 현상은 다양한 국가에서 다양한 학생들을 대상으로 한 많은 연구 결과에서 발표되어 왔다. 개념변화가 어려운 이유 중의 하나는, 과학교사 혹은 과학자들이 보기에는 분명한 논리적 모순 혹은 부정합성이 보이지만 학습자는 오개념이 나름대로 유용하다고 보기 때문이다. 그래서 학생들은 종종 두 가지 설명체계(옳은 개념과 오개념)를 가지고 상황에 따라 옳은 개념을 사용하기도 하고, 오개념을 사용하기도 한다. 예를 들어, 학교에서는 '힘을 주지 않아도 물체는 계속 운동한다'는 개념을 사용하면서, 일상생활에서는 '힘을 주어야 운동한다'고 따로 생각하는 경우이다.

　아리스토텔레스가 운동을 자연스런 운동과 강제적 운동으로 나누어 설명한 것도 그 예가 될 수 있다. 그는 자유낙하 운동과 천체의 운동은 힘이 작용하지 않는 것으로 생각하여 자연스런 운동이라고 하였고, 지상에서 일어나는 이 외의 운동들은 힘의 작용에 의한 강제 운동으로 설명하였다. 오늘날의 개념으로 보면, 위에 열거한 물체의 운동들은 하나의 설명체계 즉, 뉴턴의 운동법칙으로 일관되게 설명하여야 한다.

활동　1. 학교에서 배운 내용과 일상적 상황에서 적용되는 개념이 서로 다른 경우(예: 에너지는 보존된다, 에너지를 아껴야 한다)를 찾아보아라. 그리고 그러한 두 개념이 상황에 따라 각각 다르게 적용되는지 살펴보아라.

　2. 다음은 수업 전과 후에 조사한 학생의 개념조사 결과이다. 이 결과로부터 학생의 선개념이 안정적인지 살펴보아라.

[문항]

공을 위로 던진 경우, 올라가는 중, 최고점에 있는 경우, 내려오고 있는 중, 공에 작용하는 힘의 방향은? (가 = 아래, 나 = 위, 다 = 없다)

* 아래 표의 숫자는 학생 번호를 의미함.

수 업 전 (N=56)	유 형	수 업 후 (N=56)
44, 39, 34, 29, 18, 17, 2	가가가	17, 25, 28, 32, 33, 36, 39, 57
43, 12, 8	가가나	
25	가가다	
9	가나가	
33, 30, 11	가다가	4, 14, 19, 55
	가다나	35
59, 57, 56, 54, 52, 50, 49, 42, 40, 38, 37, 36, 32, 26, 24, 16, 13, 10, 4, 1	나가가	5, 10, 13, 18, 29, 34, 47, 48, 50, 52, 53, 54, 1
	나가나	3, 24
53, 47, 31, 14, 3	나가다	11
35, 19, 15	나나가	9
55, 51, 48, 46, 45, 41, 27, 23, 20, 7, 6, 5	나다가	37, 38, 40, 41, 42, 43, 44, 45, 46, 49, 51, 56, 2, 6, 7, 8, 15, 16, 20, 23, 26, 27, 30, 31
28	다가가	59
	다가나	12

정리

1. 학생의 선개념은 개인의 경험과 배경지식에 따라 다르게 나타나는 개별성을 가진다. 그러나 학생의 선개념은 문화와 지역, 나이에 무관하게 공통적으로 나타나기도 한다.

2. 학생의 선개념은 물리적으로 틀린 경우에도 나름대로 자연을 설명하는 정합적인 특성을 가지고 있다.

3. 학생의 선개념은 특별히 개념변화를 위한 수업이 아니라면 쉽게 변화되지 않는 안정적인 특성도 가지고 있다.

2.3.2 물리 개념의 변화와 발달

학생의 선개념이 안정적이라는 특성도 있지만, 한 번 형성된 개념이 절대 변화하지 않는 것은 아니다. 경험과 정보가 쌓이고, 나이가 들면서 개념은 변화 발달할 수 있다. 먼저 개념이 변화하는 유형을 알아보자.

① 정보 단위의 확장

단일 개념은 보다 큰 개념 체계의 일부분이 됨으로써 확장 발달한다. 이러한 식의 개념 발달이 중요한 이유는 다음과 같다.

밀러(Miller, 1956)는 정보단위(chunk)라는 개념을 소개하였다. 정보단위란, 작업 기억[3] 중에 의식적으로 처리, 유지, 변화, 통합할 수 있는 정보를 말한다. 보통 한 작업 기억에서 한꺼번에 처리할 수 있는 정보단위의 수가 7개라고 한다. 즉, 7개 이상의 정보단위는 한꺼번에 처리하기가 힘들다는 것을 말한다. 이때, 단일 개념 하나가 하나의 정보단위가 될 수 있다. 그러나 단일 개념이 보다 큰 개념 체계 속에 자리를 잡으면, 하나의 개념 체계 자체가 1개의 고차적인 정보단위가 될 수 있다. 따라서 정보를 처리할 수 있는 능력이 더 커지게 된다. 예를 들어, 물리 개념 10개를 따로 따로 이해하고 있다면, 정보단위가 10개이지만, 10개의 개념을 하나의 개념도로 구조화한 체계로 이해하고 있다면, 개념도 하나가 1개의 정보단위가 될 수 있다. 또 다른 예로, 4개의 숫자(예를 들어, 2424)에 의미를 부여하여 전화번호를 기억하는 경우에도(예: 이삿짐센터 번호) 4개의 숫자가 하나의 정보단위가 될 수 있다.

활동

1. 숫자와 영문자로 된 무작위 문장을 만들어 본다. 예를 들어, 4h9kj는 5개의 정보단위로 된 무작위 문장이라고 할 수 있다. 이와 같이 5개, 6개, 7개, 8개, 9개의 정보단위로 된 무작위 문장을 각각 만들어라.

2. 위에서 만든 무작위 문장을 친구에게 보여주지 말고 하나를 읽어준 다음, 친구는 다 들은 후에 적어본다. 이러한 방식으로 4개의 문장을 차례대로 읽어주고, 차례대로 적어본다. 몇 개의 정보단위로 된 문장까지 잘 기록할 수 있는가?

---

3) 보통 기억은 작업 기억(working memory)과 장기 기억(long-term memory)으로 나눈다. 작업 기억이란 외부에서 들어온 정보를 처리하는 작업실을 의미하며, 장기 기억은 작업실에서 처리가 끝난 정보를 오랫동안 저장하여 두는 곳을 말한다. 이것을 컴퓨터에 비유하면, 작업 기억은 램(RAM)과 같고, 장기기억은 하드 디스크와 같다고 할 수 있다.

② 개념 범위의 제한과 확장

개념의 범위는 제한받게 되거나 계속 확장된다. 확장은 예를 통해 이루어지며, 제한은 반례를 통해 이루어진다. 예를 들어, 아동이 처음에는 몸이 비교적 크고 네 발이 달린 것만 동물이라고 생각하여 지렁이나 메뚜기를 동물에 포함시키지 않았지만, 이들이 동물로 포함되면서 동물이라는 개념의 범위가 확장하게 된다.

③ 이론적, 추상적 개념으로의 발달

처음에는 몇 가지 구체적인 예들로부터 형성된 개념도 점차로 정의에 의한, 또는 언어에 의한 추상적인 개념으로 발달하여 갈 수 있다. 예를 들어, '삼촌'이라는 개념을 처음에는 자기보다 나이가 많은 젊은 남자라고 개념을 형성하였다가, 나중에는 아버지의 형제가 삼촌이라는 관계적 개념으로 발달하게 된다. 그러면, 자기보다 나이가 적더라도 아버지의 형제면 삼촌이라는 것을 이해할 수 있게 된다. 또 마찰 전기에 의해 붙거나 밀리는 현상을 관찰하여 단순히 인력과 척력 개념을 가지고 있다가, 양전하와 음전하에 의한 인력과 척력 개념으로 발달하는 경우도 이에 속한다.

④ 개념 구조의 발달

앞서 언급한 바와 같이 개념에 대한 이해는 개념과 개념과의 관계에 대한 이해를 포함한다. 즉 개념은 여러 개념이 모여 개념체계를 이루고 있다. 따라서 개념의 변화 및 발달에는 개념 체계의 변화와 발달도 포함된다. [표 2.17]은 개념체계가 변화 발달하는 유형을 나타낸다.

[표 2.17] 개념 구조의 변화 및 발달 유형

개념 구조의 변화 및 발달 유형	내용
	개념 구조의 발달에는 예들이 추가되면서 개념 구조가 확장되는 발달이 있다. 또 한 가지 측면만 고려하다가 여러 가지 다른 측면들을 고려하면서 확장하기도 한다. 예를 들어, 뉴턴 제2 법칙을 처음에는 공식에 의해 가속도의 크기를 구하다가, 속도 변화로부터 힘의 방향을 찾는 방식으로 확장되는 경우가 있다.

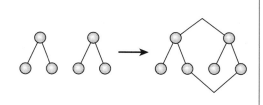	처음에는 전혀 아무런 관계가 없던 개념들이 서로 연관을 갖게 되면서 구조가 발달한다. 예를 들어, 전파와 빛 개념이 별 연관을 가지지 않았다가, 같은 전자기파로 묶이게 되는 경우이다. 이 경우에는 빛의 성질로부터 전파도 굴절과 반사 등을 한다는 것을 추론할 수 있게 되고, 반대로 빛을 통해서도 전파의 경우와 같이 신호를 전송할 수 있다는 것을 추론할 수 있게 된다. 이외에 질량 개념과 에너지 개념 체계가 서로 묶이는 경우도 이에 속한다.
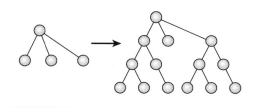	처음에는 같은 개념으로 되었으나, 점차로 세분화되면서 서로 다른 개념구조로 발달되는 경우도 있다. 질량의 개념이 중력 질량과 관성 질량으로 세분화되는 경우가 이에 속한다. 첫 번째 개념 발달은 기존의 개념이 포함되면서 확장되지만, 이 경우에는 새로운 개념으로 분화되는 것이다.
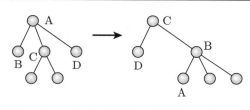	점진적으로 일어나는 발달과 달리, 개념 구조 자체가 달라지는 급진적인 발달도 있다. 예를 들면, 천동설이 지동설로 변화하는 경우가 그것이다. 또, 아리스토텔레스적 역학 개념 체계에서 뉴턴적 역학 개념 체계로 변화하는 경우도 이에 속한다.

활동 1. 중고등학교 물리교과서에서 위와 같은 물리 개념의 변화 및 발달 유형의 예를 2개씩 찾아보아라.

정리 1. 개념의 변화 발달 유형에는 (1) 정보단위의 확장, (2) 개념범위의 확장과 제한, (3) 이론적/추상적 개념으로의 발달, (4) 개념구조의 변화 및 발달이 있다.
2. 개념구조의 변화 및 발달은 다시 4가지 유형으로 나눌 수 있다.

2.3.3 개념변화의 조건: 인지적 갈등

학습자의 선개념은 안정적이라는 특성을 가지지만, 영원히 변화하지 않는 것은 아니다. [표 2.18]과 같은 특정 조건이 만족되면 학생의 선개념도 변화할 수 있다.

[표 2.18] 개념변화의 조건

개념변화 조건	내용
인지적 갈등의 인식	현재의 개념에 불만족스러워야 한다.
갈등을 해소할 수 있는 새로운 개념의 등장	새로운 개념은 이해될 수 있어야 한다. 새로운 개념은 그럴 듯해야 한다. 새로운 개념은 유용성을 가져야 한다.

개념변화를 위한 첫 번째 조건은 인지적 갈등의 인식이다. 이때 인지적 갈등에는 다음과 같이 몇 가지 유형들이 있다.

① 피아제의 인지적 갈등

[피아제]

피아제(Piaget)[4]는 인지구조가 나이에 따라 발달한다는 발생론적 인식론(genetic epistemology)을 주창하여 1956년도에 발생적 인식론 연구소를 설립하였다. 즉, 생물학적 발달처럼 인지구조도 경험에 적응하면서 경험을 조직화하는 과정을 통해 발달한다고 보았다.

인지구조의 발달에 미치는 주요 요소는 성숙, 경험, 사회적 상호작용 그리고 평형화이다. 특히 평형화 과정이란 인간이 생물학적으로 자율적 성장을 하듯이, 인간의 인지능력도 자율 조정 과정(self-regulatory process)을 통해 발달한다는 것이다. 즉, 인간의 능동적이고 자발적인 인지활동을 강조하였다(Bell-Gredler, 1986).

평형화 과정은 다음 3가지 상호작용을 통해 일어난다(Bell-Gredler, 1986; Kamii, 1980): (1) 인지구조와 환경(외부 정보)과의 상호작용, (2) 인지구조의 다른 인지구조 간의 상호작용, (3) 상위지식과 하위지식 간의 상호작용.

첫째, 인지구조와 외부 환경 간의 상호작용에 의한 평형화 과정이란, 기존의 인지구조의 수준과 범위를 넘어서는 새로운 외부 상황에 접하게 될 때, 기존의 지식으로 정보를 설명할 수 없는 인지적 비평형 상태가 유발되고, 이때 인간의 자율적인 조정 작용에 의해 평형상태로 이행하는 과정을 의미한다. 여기서 자율적인 조정 작용이란 동화와 조절이 균형적

---

4) 피아제(Jean Piaget, 1986-1980): 스위스의 철학자이며 발달심리학자이다. 피아제는 원래 연체동물을 연구하는 생물학자였으나, 제네바 대학의 심리학 교수로 재직하면서 인지발달 이론을 정립하였다. 사진 출처: http://www.sk.com.br/sk-piage.html

으로 일어나도록 조정하여 갈등을 해소하는 과정을 의미한다. 첫째 유형의 갈등 예는 [그림 2.69]와 같다.

기존 인지구조: 냉동실에 같은 양의 따뜻한 물과 찬물을 넣었을 때, 찬물이 먼저 얼 것이다.

관찰 결과: 따뜻한 물이 먼저 얼었다.

[그림 2.69] 피아제의 첫 번째 갈등 유형의 예

• • •
활동 1. 피아제의 평형화 과정에서 동화(assimilation: 새로운 정보를 자신의 도식에 적용시키는 과정)와 조절(accommodation: 새로운 정보에 따라 자신의 도식을 수정하는 과정)에 대해 예를 들어 설명하여라.
2. [그림 2.69]에서 따뜻한 물이 냉동실에서 먼저 어는 현상을 설명해 보아라.

둘째, 인지구조와 다른 인지구조와의 상호작용에 의한 평형화 과정이란, 외부로부터의 동일한 현상이나 자극에 대해 서로 다른 인지적 체계가 동시에 작용할 때, 인지 구조 간에 모순이 생겨 인지 구조 간 비평형 상태가 유발되고, 이때 자율적인 조정 작용에 의해 평형 상태로 이행하는 과정을 의미한다. 이 경우에 발생되는 인지구조 간의 갈등은 제3의 도식을 만듦으로써 해소된다.

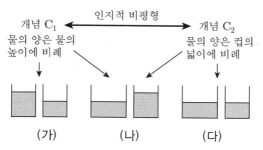

[그림 2.70] 두 인지구조 간 갈등의 예

예를 들어, [그림 2.70]과 같이, 물의 양은 높이에 비례한다는 개념 C_1을 가지고 있고 (가), 또 다른 상황에서 물의 양은 컵의 넓이에 비례한다는 개념 C_2를 동시에 가지고

있을 때 (다), 컵의 넓이와 물의 높이가 다른 (나)의 상황에 접하게 되면, C_1과 C_2 간에 갈등이 일어나게 된다. 즉 넓이를 고려하면 왼쪽 컵에 물이 많은 것이 되고, 높이를 고려하면 오른쪽 컵의 물이 많은 것이 되기 때문이다. 이러한 인지구조 간 갈등은 개념 C_1과 C_2를 융합하는 새로운 개념 C_3(즉, 물의 양은 컵의 넓이와 물의 높이의 곱에 의해 결정된다)이 생성됨으로써 해소될 수 있다. 둘째 유형의 인지갈등 예는 [그림 2.71]과 같다.

그림과 같은 전기회로에서 저항을 크게 하였을 때, 전구의 밝기 변화에 대한 세 사람의 주장 간에 갈등이 있을 수 있다.

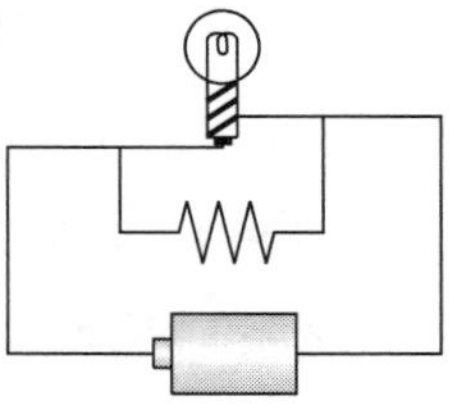

철수: 저항으로 흐르는 전류가 감소해서 전구에 흐르는 전류가 증가하여 전구가 밝아진다.
영수: 저항이 커지면 전체 저항이 커지므로, 전류가 감소해서 전구가 어두워진다.
영희: 저항이 변해도 전구에 걸리는 전압은 일정하므로 전구 밝기는 일정하다.

[그림 2.71] 피아제 인지갈등의 두 번째 유형의 예

셋째, 상위 지식과 하위 지식 간의 평형화 과정이란, 낱개의 하위 지식들이 하나의 통합적인 상위 지식과 연결되지 않은 상태에서 비평형 상태가 유발될 수 있고, 이때 자율적인 조정 작용에 의해 평형 상태로 이행하는 과정을 의미한다. 피아제는 지식이란 계속해서 부분으로 분화하고, 또 부분들이 다시 하나로 통합하는 과정을 밟게 되는데, 평형화란 이러한 과정을 조정한다고 하였다.

피아제의 인지구조 발달에서 특징적인 것은, 평형화 과정이 아동의 자발적이고 능동적인 조정 작용에 의한다는 것이다. 이에 대해 많은 연구자들은 피아제가 말한 인지구조의 발달 과정이 너무 간결한 방식이며(권재술, 1989), 검증가능하지 않은 설명 방식이라고 비판하기도 한다(Haschweh, 1986). 왜냐하면, 갈등이 인식되었을 때 항상 갈등이 자동적으로(자율적 조정 작용에 의해) 해소되는 것은 아니기 때문이다. 실제로 갈등상황에서 학생들은 갈등을 인식하지 않는 경우가 많다. 또 갈등 해소를 위해서는 인지적 갈등 외에 또 다른 조건이 필요하다는 것도 알게 되었다. 이에 대해서는 다음 절에서 다룰 것이다.

② **하슈웨의 인지적 갈등**

하슈웨(Hashweh, 1986)는 쿤(Kuhn), 라카토스(Lakatos), 툴민(Toulmin) 등의 과학철학적 논의를 바탕으로 하여 포스너 등(Posner, et al. 1982)의 모형을 보완하여 [그림 2.72]와 같은 갈등 모형을 제시하였다.

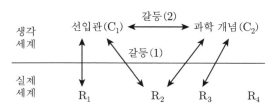

[**그림 2.72**] 하슈웨의 인지적 갈등 모형

하슈웨의 모형에 의하면, 피아제의 경우와 마찬가지로 경험과 인지구조 사이의 갈등(갈등 1), 인지구조 간 갈등(갈등 2)의 두 가지 갈등이 있다(그림 2.72).

하슈웨의 모형(그림 2.72)에서 갈등 1은 C_1로 현상 R_2가 잘 설명되지 않는 경우이며, 갈등 2는 C_1이 과학자 개념 C_2를 받아들이기 어려운 상황을 나타낸다.

물론 R_2를 잘 설명할 수 있는 논리적이고 보다 더 정합적인 과학 개념 C_2를 제시하면 학습자들이 쉽게 자신의 개념 C_1을 과학 개념 C_2로 변화할 것이고 생각할 수 있다. 그러나 이 상황에서 학습자는 C_1을 버리지 않고 C_1과 C_2 간에 갈등을 일으킬 수 있다. 예를 들면, 아리스토텔레스적인 생각(C_1)으로 학생은 '힘을 주면 움직이고 힘이 없으면 정지한다.'는 생각을 하고 있다고 하자. 이때 학교에서 선생님이 관성의 법칙을 설명하면서, '힘이 작용하지 않아도 물체가 끝없이 계속 일정한 속도로 운동할 수 있다'고 하면(C_2), 학생은 선생님의 설명이면서 동시에 교과서에 나왔다는 근거로 C_2를 도입할 수는 있다. 그러나 C_2에 대한 완벽한 이해가 되지 않은 상태에서 학생은 C_1을 동시에 가지고 있을 수 있고, 따라서 C_1과 C_2 간에 갈등이 있을 수 있다. 또 다른 예로, C_1이 갈릴레이식의 속도 합이고, C_2가 특수 상대론적 속도의 합인 경우에도, C_1과 C_2 사이에 갈등을 일으킬 수 있다.

활동

1. '온도는 뜨겁고 차가운 정도를 나타낸다.'는 선개념을 가진 학생이 오른손은 따뜻한 물에 담그고, 왼손은 찬물에 담그고 한참 후에 동시에 두 손을 미즈근한 물에 넣었다. 이때 어떤 유형의 갈등이 왜 일어나는지 설명하여라.

2. '무거운 물체가 먼저 떨어진다.'는 선개념을 가진 경우에 무거운 물체와 가벼운 물체를 질량이 없는 실로 묶어서 떨어뜨리는 갈릴레오 사고실험을 생각해 보도록 하였다. 이 사고실험에서 어떤 유형의 갈등이 어떻게 일어나는지 설명하여라.

3. '노란색의 물체는 원래 노란색을 가진 속성 때문에 노랗게 보인다.'라는 선개념을 가진 학생이 어떤 경험을 하면 갈등 1을 인식할 수 있을까?

4. '에너지는 보존된다.'는 개념과 '에너지를 아껴 쓰자.'라는 개념 간에는 어떤 유형의 갈등이 왜 일어날 수 있는가?

③ **권재술의 인지적 갈등**

권재술(1989)은 [그림 2.73]과 같이 새로운 개념 C_2와 현상 R_1과의 갈등(갈등 3)을 추가하였다.

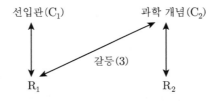

[그림 2.73] 권재술의 갈등 3

예를 들어, 학생이 관성의 법칙, 즉, '힘을 주지 않으면 물체가 계속 일정한 속도로 운동한다.'는 개념 C_2를 배웠다고 하자. 이 경우에 새로운 개념 C_2가 학생의 인지구조에 정착되었다고 하더라도 아직 설명하지 못하는 R_1이 있을 수 있다. 즉, 마찰 개념을 이해하지 못한 상황에서 책상 위에서 밀던 물체에서 손을 떼면 물체가 정지하는 현상(R_1)이 그 예가 될 수 있다. 즉, 이러한 갈등은 새로운 개념(C_2)이 충분히 학습되지 않은 상태에서 생길 수 있다.

활동 1. 학생들이 학교에서 물리개념을 배운 후에 생길 수 있는 세 번째 갈등(과학개념과 R_1과의 갈등)의 예를 찾아보아라.

④ 박종원의 인지적 갈등

박종원(1992)은 인지구조를 이루고 있는 요소에는 개념이나 명제뿐 아니라 형이상학적 믿음도 포함될 수 있다고 전제하고, 믿음이 개념 못지않게 개념변화에 중요한 역할을 한다고 보았다. 예를 들어, 아인슈타인이 우주는 질서 있게 운행한다는 믿음을 가지고 양자론에 기초한 확률론을 믿지 않는 경우가 그렇다. 비록 학습자들이 합리적이고 논리적인 과정을 거쳐 새로운 개념을 받아들였다고 하더라도, 새로운 개념이 학습자의 원래 믿음과 상충될 때 갈등은 유발될 수 있다.

실제로 박종원(1992)은 대학 일반 물리를 수강하는 학생들에게 상대론을 지도하면서 학생들이 상대론적 현상을 받아들이고 자신의 선개념이 잘못되었음을 인정하였음에도 불구하고, 상대론을 믿을 수 없다는 반응을 보이는 경우를 관찰하였다. 이러한 경우에는 개념 C_1도 폐기되었고, C_2와 $R(R_1, R_2)$과의 갈등도 없었지만, 자신의 믿음체계와의 갈등이 남아 있었던 것이다.

이러한 측면은 개념구조를 개념생태계로 보는 관점과도 일맥상통한다(Strike & Posner, 1992). 즉, 개념 생태계에는 불일치 사례, 비유, 은유, 인식론적 믿음, 형이상학적 신념, 다른 탐구 영역에서 얻은 지식, 경쟁 개념의 지식들이 함께 하나의 생태계를 이루고 있다고 본다. 따라서 개념 생태계 관점에서 보면, 믿음도 개념생태계를 이루는 구성요소인 것이고, 따라서 개념과 믿음과의 상호작용에서 갈등이 일어날 수 있는 것이다.

따라서 새로운 개념으로의 완벽한 변화를 위해서는 새로운 개념이 자신의 믿음체계로 자리 잡을 수 있어야 하고, 나아가 새로운 개념으로 자연 세계뿐 아니라 인간 세계와 사회를 바라다 볼 수 있을 정도의 형이상학적 신념으로 자리 잡아야 한다.

또 이러한 관점은 쿤이 말한 패러다임을 이루는 구성요소와도 일맥상통한다. 즉 Kuhn은 패러다임이 [표 2.19]와 같이 5개 구성요소를 이루고 있다고 하였다(Chalmers, 1986, pp.91-92). 따라서 이 관점에 의하면 인지갈등은 개념과 형이상학적 관점 사이에서도 충분히 일어날 수 있다.

[표 2.19] 쿤의 패러다임 구성요소

요소	예
핵심 법칙과 이론	뉴턴의 운동법칙
이론과 법칙을 적용하는 방법	도르래에 달린 두 물체의 가속도 구하는 방법
실험장치와 실험기능	타점기를 이용하여 물체의 가속도 측정하는 실험
형이상학적 믿음	자연법칙은 원인과 결과가 시계처럼 정밀하게 연결되어 있다.
방법론적 규칙	이론에 위배되는 실험결과가 나오면, 실험에 포함된 가정이나 조건들이 만족되어 있는지 점검하라.

⑤ 인지적 갈등의 4가지 유형

앞에서 언급한 인지적 갈등을 요약하면 다음 4가지로 정리할 수 있다.

- 사전 개념 C_1과 새로운 현상 R_2와의 인지적 갈등
- 사전 개념 C_1과 새로운 개념(또는 다른 개념) C_2와의 인지적 갈등
- 새로운 개념 C_2와 C_1으로 설명되었던 현상 R_1(또는 새로운 다른 현상 R_2)과의 인지적 갈등
- 새로운 개념 C_2와 자신의 믿음과의 갈등

활동 1. 앞 절에서 다룬 학생의 실제 오개념에 대해서 인지갈등의 유형 4가지 예를 각각 찾아보아라.

(예) 갈등 1: 전류의 소모형 개념을 가진 학생이 직렬로 연결된 동일한 두 전구의 밝기가 같다는 것을 관찰한 경우.

정리 1. 개념변화를 위해서는 인지적 갈등이 일어나야 한다.
2. 인지 갈등에는 4가지 유형(선개념과 실제 현상, 선개념과 변화된 개념(또는 다른 개념), 변화된 개념과 실제 현상, 변화된 개념과 믿음)이 있다.
3. 인지구조에는 개념뿐 아니라, 실제 현상이나 불일치 사례, 비유, 그리고 형이상학적 믿음 등과 같은 여러 가지 요소가 함께 포함되어 있다.

2.3.4 개념변화의 조건: 새로운 개념의 도입

앞서 [표 2.18]에서 개념변화의 조건으로 인지적 갈등 외에 갈등을 설명할 수 있는 새로운 개념의 도입이 필요하다고 하였다. 이때 도입될 새로운 개념이 갖추어야 할 조건 3가지를 설명하면 다음과 같다.

첫째, 새로운 개념은 이해될 수 있어야 한다. 새로운 개념에 대해서 학습자가 가지는 어려움 중의 하나는 새로운 개념이 자신의 직관과 매우 모순될 뿐 아니라 내용 자체에 대한 이해조차도 부족하다는 것이다. 특히, 새로운 개념이 학습자의 수준이나 언어와 너무 동떨어져 제시되는 경우에는 자신의 개념으로 대체할 후보 개념으로 받아들이기가 어렵다. 따라서 새로운 개념은 학습자의 언어로 바꾸어서, 학습자의 수준에 맞추어서, 적절한 비유나 모델을 사용해서 학습자가 이해할 수 있는 형태로 제시되어야 한다. 그럼으로써 학습자는 이해된 새로운 개념을 자신의 원래 개념과 비교하면서 새로운 개념의 우위를 인식할 수 있는 것이다.

둘째, 새로운 개념은 그럴듯해야 한다. 새로운 개념은 학습자에게 옳고 그름을 판단하기에 앞서 그럴듯해서 생각해 볼만한 가치를 느낄 수 있어야 한다. 이러한 조건을 만족하기 위해서 새로운 개념은 기존의 개념보다 더 단순하고 설명과정이 명확하다든지, 논리적으로 결론이 확실하다든지, 설명의 구조에 있어서 정합성을 더 가지든지 등의 특징을 가져야 한다. 예를 들면, 천동설도 천체 관측 자료를 설명할 수 있었지만, 지동설이 천동설보다 관측 자료를 더 쉽게 설명한다는 이유 때문에 지동설이 채택되고 살아남을 수 있게 되었다는 지적도 지동설이 더 그럴듯했기 때문이라고 볼 수 있다.

셋째, 새로운 개념은 유용성을 가져야 한다. 새로운 개념을 현재의 문제뿐 아니라 관련된 다른 문제들을 해결할 수 있는 능력이 더 많아야 한다. 또는 여러 현상을 설명함에 있어서 보다 더 일관성을 유지할 수 있는 것도 중요하다. 만일, 새로운 개념이 하나의 현상에만 적용되고, 다른 현상에서는 다른 개념을 필요로 한다면, 굳이 새로운 개념으로 변화할 필요성을 느끼지 않을 수 있다.

[표 2.20]은 새로운 개념의 조건을 만족하는 몇 가지 예들이다.

[표 2.20] 새로운 개념의 조건에 해당되는 예

조건	예
이해될 수 있다.	- 익히 잘 알고 있는 현상을 이용한 비유를 사용하여 새로운 개념을 도입할 때 - 주변의 실제 사례를 통해 새로운 개념을 도입할 때
그럴 듯하다.	- 공식을 이용하여 수식으로 확인하면서 새로운 개념을 도입할 때 - 운동하는 물체에 작용하는 힘의 방향을 삼단논법으로 (논리적으로) 설명할 때
적용가능하다.	- 전기회로에 대한 옳은 개념을 도입한 후, 다른 다양한 전기회로에 적용할 수 있을 때 - 상대성 이론을 배운 후, 속도가 느린 고전적인 현상까지 설명할 수 있을 때

개념변화를 위해 새로운 개념이 필요하다는 것은 과학철학에서도 논의되어 왔었다. 라카토스는 과학 이론이 반증 사례에 의해서도 살아남는다는 것을 과학사에서 예를 찾아 제시하면서 그 과정을 연구프로그램의 핵과 보호대로 설명하였다. 즉 반증사례가 생겼을 때, 보호대 수정을 통해 핵심 이론은 살아남을 수 있다는 것이다. 그러나 핵심 이론이 영원히 반증되지 않는 것은 아니다. 다음과 같은 새로운 이론이 등장하면 이전의 핵심 이론도 반증될 수 있다고 하였다.

"소박한 반증주의와는 반대로, 실험, 실험 보고, 관찰 진술 또는 잘 확증된 저차원의 반증 가설 등은 어느 것이나 그것만으로는 결코 반증에 이르지 못한다. 보다 나은 이론이 나타나기 전에는 결코 어떤 반증도 존재하지 않는다." (Lakatos, 1995, p.35)

"세련된 반증주의자에 의하면, 어떤 과학이론이든 T(기존 이론)와는 다른 이론 T'(새로운 이론)가 다음과 같은 특징들로 제안될 때 그리고 오직 그때에만 (기존 이론이) 반증된다.
(1) T'은 T보다 더 많은 경험적 내용을 갖는다.
(2) T'은 T의 이전의 성공을 설명한다.
(3) T'의 더 많은 내용 중 일부가 확증된 것이다." (Lakatos, 1995, p.32)

활동 1. 특수 상대성 이론에서 시간지연 개념(T')이 위의 3가지 조건을 만족하는지 확인해 보아라.

쿤도 변칙 사례만으로는 기존의 패러다임이 폐기되는 것이 아니라고 하면서, 기존의 패러다임이 폐기될 수 있기 위해서는 변칙을 설명하고, 더 많은 새로운 현상을 예측할 수 있는 새로운 패러다임의 등장이 필수 조건이라고 하였다.

"일단 과학이론이 패러다임의 지위를 성취하면 그 이론에 대치될 다른 후보가 나타날 때에만 무용하다고 선언된다. 아직까지 과학에 관한 연구에 의해 발견된 어떤 과정도 이론을 자연현상과 직접 비교하여 허위를 입증하는 방법론의 공식을 따른 경우는 없었다."(Kuhn, 1970, p.77)

"하나의 패러다임을 거부하는 결정은 항상 다른 패러다임을 수용하는 결정이기도 하며, 그 결정에 이르는 판단은 두 개의 패러다임을 자연현상에 비교하고 또한 두 패러다임을 서로 비교하는 작업을 포함한다."(Kuhn, 1970, p.77)

• • •
정리 1. 개념변화를 위해서는 인지갈등 외에 갈등을 해소할 수 있는 새로운 개념이 도입되어야 한다.
2. 라카토스와 쿤도 개념변화를 위해서는 새로운 개념이 필요하다고 강조하였다.
3. 새로운 개념은 이해될 수 있고, 그럴듯하며, 적용가능해야 한다.
4. 라카토스는 새로운 개념은 이전의 개념이 성공한 것을 포함하며, 이전의 개념보다 더 많은 경험적 내용을 가지며, 새로운 개념의 일부는 확증되어야 한다고 하였다.

2.3.5 개념변화 수업 모형

앞서 논의한 바와 같이 학생의 선개념은 '안정성'이라는 특성을 가지고 있다. 즉, 학생의 오개념은 쉽게 새로운 개념으로 변화하지 않는다는 것이다. 따라서 개념변화를 위해서는 특별한 수업 모형과 지도 전략들이 필요하다. 개념변화를 위해 코스그로브 & 오스본 (Cosgrove & Osborne, 1985)이 제안한 발생학습 수업 모형의 수업 단계는 [표 2.21]과 같다.

[표 2.21] 발생학습 모형의 수업단계

단계	내용
준비 (예비) 단계	교사는 과학자의 관점, 학생의 관점 그리고 자신의 관점을 이해하고, 학생의 선개념을 변화시키기 위한 전략을 준비한다. 준비 단계는 수업을 실행하기 전에 수업을 준비하는 단계이다.
집중(초점) 단계	실제 수업을 시작하는 단계로서, 학생이 그들의 선개념을 익숙하고, 실제적이며 일상적인 상황에서 탐색하고 드러낼 수 있는 기회를 제공한다. 학습자는 자신의 관점을 명확하게 하도록 한다.
도전 단계	인지갈등을 통해 개념이 변화하는 단계이다. 학습자는 자신들이 현재 가지고 있는 관점, 친구의 관점, 관찰 사실, (그리고 필요하다면) 교사가 도입한 과학적 관점 간의 같은 점과 다른 점에 대해 논쟁을 벌인다. 그리고 갈등을 해소할 수 있는 새로운 개념을 도입할 기회를 제공한다.
적용 단계	새로운 생각을 여러 상황에 적용할 기회를 제공한다.

또 박종원(1992)이 제시한 4단계 개념변화 단계는 [그림 2.74]와 같다.

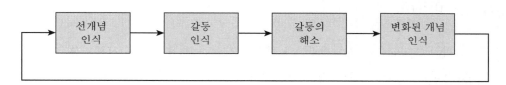

[그림 2.74] 개념 변화 단계 (박종원, 1992)

박종원의 개념변화 단계의 첫 단계인 '선개념 인식' 단계에서는 학습할 주요 물리 개념과 관련하여 학생이 가지고 있는 선개념을 드러내도록 하는 단계이다. 이 단계는 발생학습 모형에서 '집중 단계'에 해당된다. 학생의 선개념을 드러내게 하기 위해서는 앞 절에서 다룬 다양한 선개념 조사 문항을 이용한다. 학생들은 자신의 생각을 손을 들어 표현하거나, 직접 말로 발표하도록 한다. 또는 칠판에 나와 직접 그리거나 쓰면서 표현할 수도 있다. 이 단계에서는 친구들과 서로 다른 의견을 비교하는 활동도 포함될 수 있다.

둘째, '갈등 인식' 단계에서는 앞 절에서 다룬 다양한 인지갈등 전략을 사용하여, 학생들이 자신이 선개념으로 설명되지 않는 상황에 접하게 한다. [표 2.22]는 오개념에 대한 인지갈등 사례들이다.

[표 2.22] 인지갈등 예

오개념	갈등 전략
원운동하는 물체에는 바깥방향으로 원심력이 작용한다.	물속에 스프링으로 연결된 탁구공 장치를 원형으로 돌리면 탁구공이 안쪽으로 기울어진다. 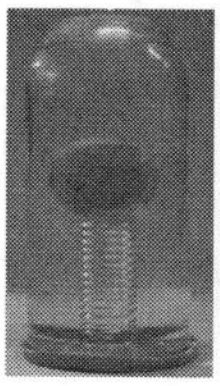 
수직 위로 던져 올린 물체가 올라가는 중, 물체에는 윗방향으로 힘이 작용하고 있다.	다음 삼단논법에서 연역적으로 결론을 내려보게 한다. 전제 1: 속력이 점점 느려지는 물체에는, 운동반대 방향으로 힘이 작용하고 있다. 전제 2: 수직 위로 던진 물체가 올라가는 중, 물체의 속력은 점점 느려진다.
정전기는 전압이 낮다.	80V 이상에서 켜지는 네온관을 마찰로 대전된 PVC 파이프에 문지르면 네온관의 불이 켜진다. 
유리는 자석에 붙지도 밀리지도 않는다.	작은 유리막대를 회전하기 쉽게 빨대 위에 올려놓고, 네오디뮴 자석을 유리막대 끝에 가까기 가져가 보면, 유리막대가 자석에 밀린다. 
평면거울에 의한 상은 좌우는 바뀌지만 상하는 바뀌지 않는다.	평면거울 앞에 사람이 서 있으면 거울에 의한 상은 상하가 바뀌지 않는다. 이때 다음 그림을 보여주고, 좌우가 바뀌었는지 판단해 보도록 한다. 즉, 평면거울에 의한 상은 좌우도 바뀌지 않는다. 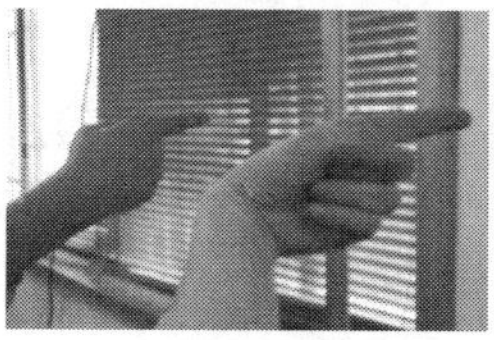
물의 굴절률은 1.3이다.	그림과 같이 백색광이 물속에서 분산하여 굴절하는 사진을 보여주고, 입사각과 굴절각을 측정하여 굴절률을 결정하도록 한다. 즉, 굴절각이 빨간색의 빛인 경우와 파란색의 빛인 경우에 다르다. 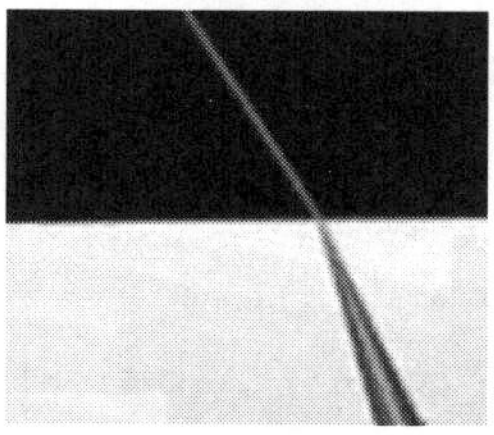
볼록렌즈를 지난 빛은 항상 모인다.	외부가 물로 채워진 공기 볼록렌즈에 평행한 레이저 빛을 비추면 빛이 렌즈를 지난 후 발산한다. 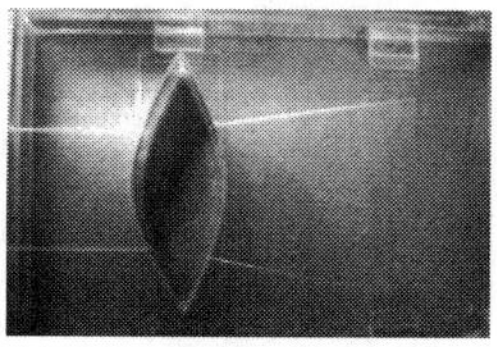

그러나 갈등 상황에서 학생들은 [그림 2.75]와 같이 갈등을 인식하지 않고 예기치 못한 다양한 반응을 보일 수 있다.

[문항]

검전기와 대전체 사이에 나무 막대를 놓으면 검전기가 벌어질까?

[학생의 선개념]

나무 막대가 부도체이므로 검전기가 벌어지지 않는다.

[갈등]

실제 관찰에 의하면 검전기가 잘 벌어진다(갈등 유형 1).

[학생의 반응]

① 나무 막대 안에 쇠막대가 들어 있지 않을까?, 나무 막대 안에 습기가 있어서 그런 것 아닐까? (순수한 나무막대라는 가정을 의심함)

② 이 나무 막대가 이상하네. 이것만 아니고는 다른 부도체는 다 안 벌어질 거야. (나무 막대의 경우만 예외라고 간주함)

③ 나무 막대를 치워도 벌어지는 것 아닐까? 대전체와 검전기 사이가 너무 가까워. (검전기와 대천체가 충분히 멀어야 한다는 초기조건을 의심함)

④ 아~ 나무 막대가 전기가 통하는구나. (나무가 부도체라는 관련 이론을 수정함)

[그림 2.75] 인지 갈등 상황에서 학생의 다양한 반응

[그림 2.75]와 같은 다양한 반응이 나오는 이유는 라카토스(Lakatos, 1995)가 말한 보호대 수정의 경우로 이해할 수 있다. 즉 핵심 이론을 버리지 않고, 가정과 초기조건, 보조 이론 등으로 이루어진 보호대를 수정하는 반응이라고 볼 수 있다.

또 이러한 반응이 가능한 이유는 개념변화가 인지갈등만으로 이루어지지 않기 때문이다. 즉 개념변화를 위해서는 인지갈등 외에 갈등을 설명해 주는 새로운 개념의 도입이 필요하다. 따라서 다음 단계인 '갈등 해소' 단계가 필요한 것이다.

세 번째 단계는 두 번째 단계와 함께 발생학습 모형의 '도전 단계'에 해당된다. 세 번째

단계인 '갈등 해소' 단계에서는 갈등을 해소할 수 있는 다양한 전략들이 필요하다. [표 2.23]은 갈등 해소를 위한 전략들의 예이다.

[표 2.23] 갈등 해소를 위한 전략의 예

오개념	갈등 해소 전략
그림자 모양은 항상 물체의 모양과 같다.	① 그림은 일자형 모양의 광원에서 필라멘트의 윗부분에서 나온 빛이 물체의 그림자를 만든 것을 나타낸다. 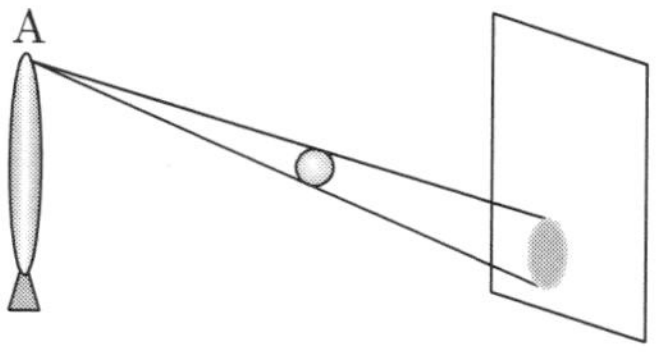 ② 필라멘트의 나머지 부분에서 나온 빛이 만드는 물체의 그림자를 모두 그려 보면, 그림자 모양이 광원의 모양과 같아진다. 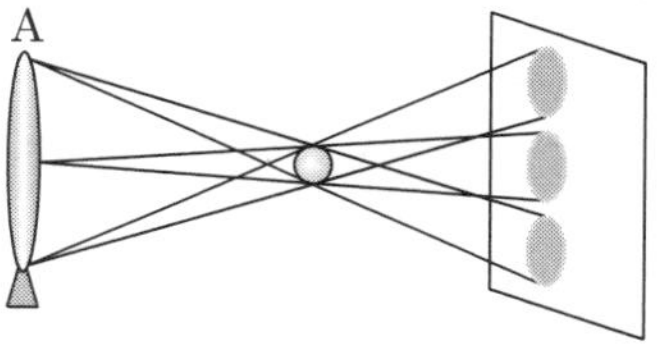
평면거울에 의한 상은 거울 표면에 있다.	① 그림과 같이 유리판을 수직으로 세운다. ② 유리판 앞과 뒤에 같은 거리에 동일한 크기의 초를 세운다. ③ 거울 앞에 있는 초에만 불을 붙이고, 뒤의 초에도 불이 켜진 것처럼 보이게 한다. ④ 그 상태에서 가만히 유리판을 들어 올리면 뒤의 초에는 불이 없는 것을 볼 수 있다. 즉, 평면거울에 의한 상은 거울 뒤에 생긴다는 것을 알 수 있다. 
음원이 움직이면서 소리를 내면 소리의 속력이 변한다.	다음과 같은 비유를 사용한다. **비유물** / **목표물** 컨베이어 벨트의 속력 / 소리의 속력 컨베이어 벨트에 일정한 시간간격으로 물건을 올려놓을 때, 물건 사이 간격 / 소리의 파장 물건을 올려놓는 사람 / 음원 물건을 올려놓는 사람이 벨트와 같은 방향 또는 반대방향으로 움직이면서 물건을 올려놓는다. / 음원이 움직이면서 소리를 낸다. 그러면 파장이 변할 뿐, 소리의 속력은 일정하다.

평면거울에 의한 상은 좌우가 바뀐다.	① 첫 번째 그림에서 수수깡의 방향이 어떻게 바뀌는지 살펴본다. ② 두 번째 그림에서 평면거울에 의한 상은 앞뒤가 바뀌는지 살펴본다. ③ 세 번째 그림에서 평면거울에 의한 상은 앞뒤가 바뀌는지, 오른손과 왼손이 바뀌는지 살펴본다. ④ 네 번째 그림에서 수직으로 세운 두 장의 거울 앞에서 좌우가 바뀐 상을 관찰한다.   

다음과 같은 비유를 사용한다.

<table>
<tr><td colspan="2">사우나 안의 온도는 목욕탕의 물 온도보다 낮다.</td></tr>
</table>

	비유물	목표물
사우나 안의 온도는 목욕탕의 물 온도보다 낮다.	사람이 바구니의 공을 다른 바구니로 옮긴다.	열의 전달
	공이 담긴 바구니	목욕탕 물 또는 사우나
	다른 바구니	목욕탕 또는 사우나 속에 있는 사람
	천천히 공을 옮기는 경우	목욕탕 온도가 낮아 분자운동이 느린 경우
	빠르게 공을 옮기는 경우	사우나 온도가 높아 분자운동이 빠른 경우
	1,000명이 공 하나씩 들고 천천히 옮긴다.	목욕탕에서 사람으로 열이 전달되는 경우, 전달되는 열의 양이 많다.
	1명이 공 하나를 들고 빠르게 옮긴다.	사우나에서 사람으로 열이 전달되는 경우, 전달되는 열의 양이 작다.

[표 2.23]에서 보듯이, 갈등 해소를 위한 전략에는 작도와 같은 활동, 실제 관찰, 비유 등 다양하게 활용될 수 있다. [표 2.23]에서는 없지만, 토론, 논리적 사고, 애니메이션이나 시뮬레이션뿐 아니라, 사고실험 등도 다양하게 갈등해소 전략으로 활용될 수 있다.

활동 1. 앞에서 다룬 다양한 오개념들 중, 몇 가지 오개념을 선택하고, 그 오개념들을 변화시키기 위한 갈등 전략을 다양한 유형으로 제안해 보아라.

마지막으로 변화된 개념 인식 단계에는 다음 두 활동이 포함되어 있다.

– 변화된 개념을 처음의 오개념과 비교하고, 오개념이 어떻게 잘못된 것인지 인식한다.

– 변화된 개념을 다른 다양한 상황에 적용한다.

정리 1. 발생학습 모형에 의한 개념변화 단계는 예비(준비)–초점(집중)–도전–적용의 4단계로 구성되어 있다.

2. 예비단계는 수업 전에 개념변화 수업을 위한 준비단계이다.

3. 도전단계에는 갈등 인식과 갈등 해소가 포함되어 있다.

4. 박종원의 개념변화 단계는 선개념 인식–갈등 인식–갈등 해소–변화된 개념 인식의 4단계로 구성되어 있다.

5. 갈등 인식을 위해서는 다양한 갈등 유형이 활용된다.

6. 갈등 해소를 위해서는 직접 관찰, 실험, 활동, 토의 및 논쟁, 비유, 시뮬레이션, 애니메이션 등 다양한 전략들이 활용될 수 있다.

7. 변화된 개념을 인식하는 단계에서는 변화된 개념을 처음 오개념과 비교하는 활동과 변화된 개념을 다양한 상황에 적용하는 활동이 포함된다.

2.4 물리 개념도

2.4.1 개념도의 도입

1950년 말 ~ 1960년대에 학교에서 이루어지는 기계적인 학습에서 벗어나고자 발견학습과 탐구학습을 지향하는 교수 프로그램이 발달하였다. 그러나 이들 노력이 의도적이었음에도 불구하고 학교학습의 유의미성은 거의 증가하지 않았다. 1970년부터 약 15년간 코넬 대학의 한 연구팀은 오수벨(Ausubel)의 유의미 학습론을 검증하는 교실관찰에 초점을 맞춘 연구들을 수행하였다. 1980년부터 5년 동안 코넬 대학의 연구팀은 보다 나은 수업과 학습활동을 돕는 방법을 개발하는 쪽으로 점차 방향을 바꾸었는데, 개념도는 이 과정에서 나온 것으로 의미 있는 학습을 증가시키는 교수접근법을 지원하기 위해 제안된 것이다.

개념도란, [그림 2.76]과 같이 개념들 간의 관계를 의미 있게 나타낸 것으로 하나의 지도와 같은 그림 형태로 만들어지게 된다. 개념도가 개념학습에서 중요한 이유는 개념을 이해한다는 것이 개념과 개념과의 관계를 이해한다는 것을 포함하기 때문이다.

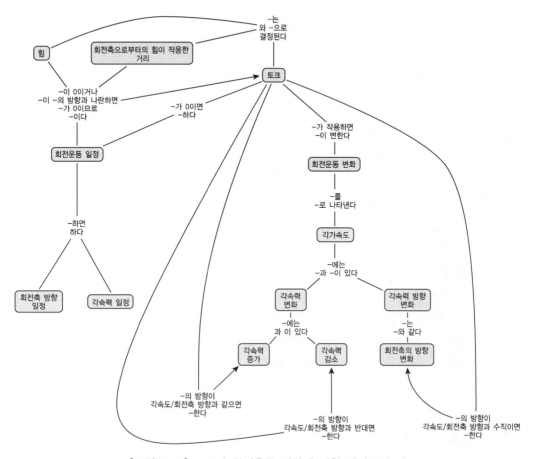

[그림 2.76] 토크와 회전운동 변화에 대한 개념도의 예

⋮활동 1. 위 개념도의 주요 명제들을 써 보아라.

　[그림 2.77]은 개념도를 그리기 위해 개념이 무엇인지, 개념에는 어떤 특징이 있는지, 개념으로 연결된 명제가 무엇인지 등에 대한 설명과 함께 개념도를 그리는 방법을 단계별로 안내하는 활동이다(Novak & Gowin, 1984).

---

(1) 차, 기쁨, 놀이, 강아지, 나무, 번개, 구름, 책, 연구
　　위 단어를 두 부류로 나누어라. 무슨 기준으로 분류하였는가?
(2) '자동차'라는 단어를 보고 생각나는 것을 적어라.

---

(3) '복사' 라는 단어에 대해 생각나는 것을 적어라.

(4) 들은, 는, 그러면, 그러므로, 과, 그리고, 따라서 등의 공통적인 특징은 무엇인가? 개념 (사건이나 사물) 과는 어떻게 다른가?

(5) 금남로, 월간 오디오, 싱싱고는 개념인가? 위에서 제시한 예들과는 어떻게 다른가?

(6) '개념 학습에서 학생의 선개념은 중요하다'에서 개념과 연결어를 구분하여라. (명제란 두 개 이상의 개념이 연결된 의미 있는 단위이다)

(7) 다음을 읽고 주요 개념을 선정하여라.

> '개념도란, 개념들 사이의 의미 있는 관계를 명제 형식으로 나타낸 것이다. 이때 명제란 두 개 이상의 개념들이 연결된 의미 있는 단위를 의미한다. 개념도의 가장 간단한 형태는 두 개의 개념이 연결어로 연결된 것이다. 예를 들면, '힘의 작용은 운동상태 변화로 나타난다.'는 명제는 '힘의 작용'과 '운동상태 변화'라는 두 개념이 연결어로 연결되어 있다. 아동들에게 새로운 개념의 의미는 그 개념이 포함된 명제를 통해서 학습된다. 물론 구체적인 경험도 개념 학습을 돕기는 하지만, 개념에 의해 표현되는 규칙성은 명제에 대한 설명이 그 의미의 이해를 돕는다. 개념도는 학생과 교사들이 교육 자료의 의미를 이해하도록 돕는다. 학생들에게는 학습하는 것을 돕고, 교사에게는 학습 자료를 조직하는 것을 돕는 간단하지만 설득력 있는 도구이다.
> 개념도는 위계적이어야 한다. 즉, 보다 포괄적이고 일반적인 개념이 위에 오도록 하고, 특수하고 덜 포괄적인 개념은 점차 아래에 오도록 한다. 그리고 각 개념들 사이는 연결어로 연결하여 명제를 이루도록 한다. 가장 아래에는 특별한 예를 포함하도록 한다.'

(8) 7번 활동에서 고른 개념들 중, 어느 개념이 가장 포괄적인지 결정하여라.

(9) 고른 개념을 가장 포괄적인 개념에서 가장 특수한 개념으로 위계적으로 배열시켜라.

(10) 각 개념들의 위계를 바꾸어 가면서 계속 조정해 나가라. 개념의 위치가 정해지면, 개념들 사이에 연결어를 넣어 명제로 완성시켜라.

(11) 다른 그룹에서의 개념도와 비교하여 보아라.

(12) 포괄적인 개념에서 아래로 가지를 쳐 나가다가 가지와 가지 사이에 교차하는 명제가 가능한지 찾아보아라.

[그림 2.77] 개념도를 그리는 방법을 안내하는 활동

개념도를 그릴 때, 단순한 분류와 같은 내용은 굳이 개념도를 그리지 않아도 된다. 이러한 경우에는 "--는 --와 --로 이루어진다"이거나 "--는 --와 --로 나눌 수 있다"와 같이 연결어가 단순하게 된다. 따라서 이러한 경우에는 오히려 표가 더 명확할 수도 있다. 즉, 개념도는 연결어가 의미 있는 내용이 포함되어, 명제가 물리적으로 의미 있는 내용을 포함하고 있는 경우에 좋다.

활동 1. 아래 개념도에서 빠진 개념과 연결어를 넣어 보아라.

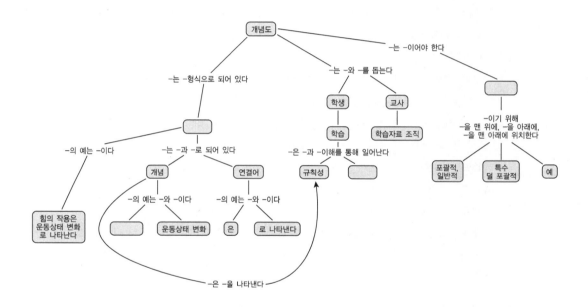

2.4.2 개념도 활동

개념도를 그릴 때에는 개념도 작성 소프트웨어를 활용하면 좋다. 개념도 소프트웨어는 https://cmap.ihmc.us/ 에서 무료로 다운받아 사용할 수 있다. [그림 2.78]은 해당 사이트 첫 화면이다.

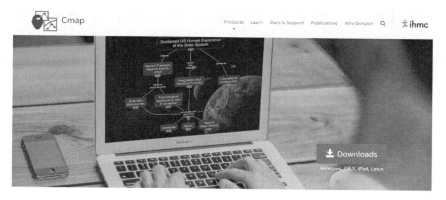

[그림 2.78] 개념도 소프트웨어 사이트

물리학습과정에서 개념도를 그릴 때에는 먼저 주요 개념을 선택하는 것이 필요하다. 이때 기본적인 안내 내용은 [그림 2.79]와 같다.

[주요 개념 선정하기]

① 교과서에서 의미 있는 단락이나 소단원을 선택한다.

② 선택한 내용에서 주요 물리 개념을 선택한다. 이때 제목이나 진한 글씨, 표나 그림 등의 제목을 참고하면 된다.

③ 선택한 물리 개념을 나열해 보고, 이전 단원에서 이미 배운 개념은 제외한다.

[그림 2.79] 개념도 그리기 안내 1

활동 1. 중학교나 고등학교 물리 단원에서 소단원을 선택하여 위의 활동을 해보자.

선택한 개념을 이용하여 배열하면서 개념도를 그릴 때 기본적인 안내 내용은 [그림 2.80]과 같다.

[개념도 그리기]

① 선택한 개념을 하나씩 작은 포스트잇에 적는다.

② 포스트잇에 적힌 개념을 위계적으로 나열하면서 위치를 정한다.

---

③ 위치가 정해지면 개념과 개념 사이의 연결어를 넣는다. 이때 '개념-연결어-개념'은 하나의 명제가 되어야 한다.

④ 연결어를 정할 때에는 교과서에서 개념이 포함된 명제를 참고한다. 이러한 명제에는 개념에 대한 정의나 특징 등의 내용이 포함된다.

⑤ 연결어를 넣을 때에는 물리적인 내용이 포함되도록 한다. 예를 들어, "힘은 운동변화와 관계있다"보다 "힘은 운동변화를 일으키는 원인이다"와 같이 가능하면 구체적인 물리내용이 포함되도록 한다.

⑥ 연결어는 서로 멀리 떨어진 개념들끼리 연결하면 좋다. 이것은 서로 관련 없어 보이는 개념들을 의미 있게 연결하는 것이 창의성과 관련이 깊기 때문이다.

⑦ 다음은 관성력에 대한 개념도이다.

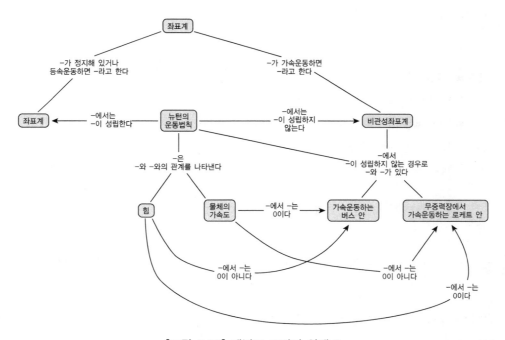

[그림 2.80] 개념도 그리기 안내 2

활동 1. 위의 안내 내용과 개념도 예시를 참고하여, 다음 개념을 이용한 개념도를 그려보아라. 이때 이외의 개념이 추가될 수도 있다.

– 속도, 힘, 운동상태, 운동상태 변화, 속력변화, 운동방향 변화, 가속도, 속력.

개념도를 그린 후에는 개념도 평가도 가능하다. [그림 2.81]은 개념도 평가 방법에 대한 간단한 안내이다.

[개념도 평가 기준]

① 명제: 개념 사이의 의미 관계가 타당하면 각 명제마다 1점

   (예) 아래 개념도에서 $1 \times 10 = 10$점

② 위계: 개념들의 위계적 관계가 타당하면 각 위계마다 2점

   (예) 아래 개념도에서 $2 \times 3 = 6$점

③ 교차연결: 한 개념의 위계연결과 다른 개념의 위계연결이 의미 있게 연계되면 각 교차 연결마다 10점

   (예) $2 \times 10 = 20$점 (전기장-자기장, 전기장-자기장-전류)

   단, 교차연결이지만 개념이나 명제 사이의 의미 있는 통합이 아닌 경우 2점

   (예) $1 \times 2 = 2$점 (전하-전기장-자기장-로렌츠 힘)

④ 예시: 적절한 예시를 보여주면 예시마다 1점

   (예) 0점

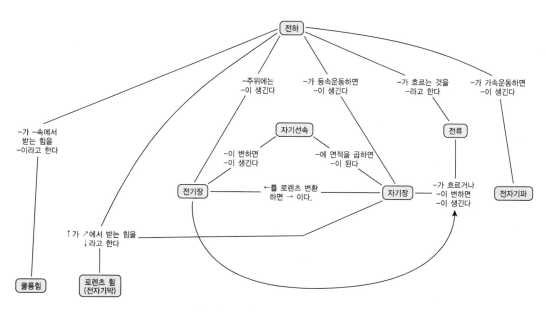

[그림 2.81] 개념도 평가 방법

활동 1. [그림 2.81]의 개념도에 적절한 예시를 넣어 보아라.

활동 1. 다음 개념도를 평가해 보아라.

2. 개념에 해당되는 예를 추가해 보아라.

3. 개념도의 주요 명제에 대한 좀 더 자세한 설명과 예를 제시하여라.

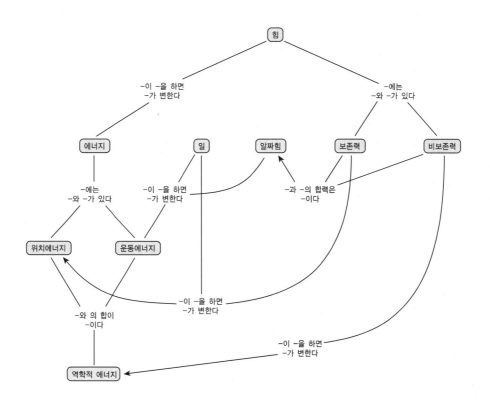

2.4.3 물리 수업에서 개념도의 활용

물리 수업에서 개념도를 이용하는 것은 개념을 이해하는 데 매우 중요하다. 그러나 실제로 학생들이 직접 개념도를 그리는 활동은 쉽지 않다. 따라서 다음과 같은 다양한 방법을 이용하면 좀 더 쉬운 방법으로 개념도를 활용할 수 있다.

① 개념이나 명제만 제시하고 개념도를 작성하도록 한다.

② 개념을 제시하고, 개념을 이용한 미완성된 개념도를 제시하고, 나머지 개념도를 완성하도록 한다.

③ 완성된 개념도에서 물리적으로 잘못된 부분을 찾아 수정하도록 한다.

④ 완성된 개념도에서 개념이나 연결어를 몇 개씩 뺀 다음, 학생들이 채워 넣도록 한다.

활동
1. 다음 개념도에서 빠진 개념과 연결어를 채워 넣어보자.
2. 각 개념도에서의 주요 명제에 대한 좀 더 자세한 설명과 예를 제시해 보아라.

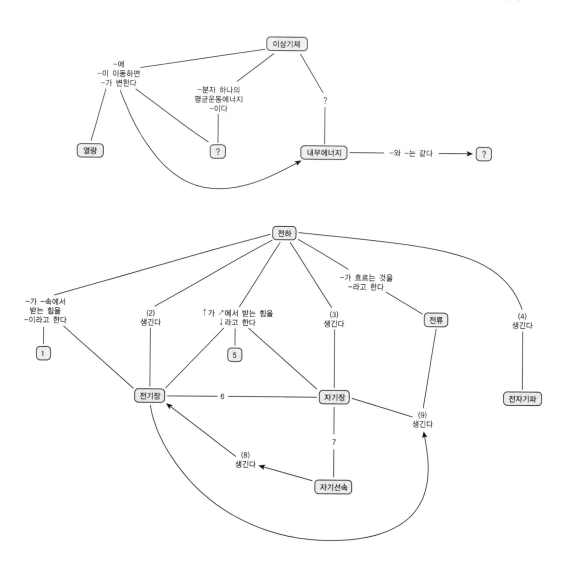

정리

1. 개념에는 사건과 사물에 대한 개념이 있다.
2. 개념도는 개념과 연결어로 이루어진 명제로 구성되어 있다.
3. 개념도를 그리는 방법은 안내 활동을 통해 연습할 수 있다.
4. 개념도는 명제, 위계, 교차연결, 예에 대해 점수를 부여한다.
5. 개념도를 물리수업에 적용하기 위해서는 명제를 주고 개념도 그리기, 미완성된 개념도 완성시키기, 잘못된 개념도 수정하기, 개념도에서 빠진 개념이나 연결어 채워넣기 등의 방법이 있다.

CHAPTER 03

물리탐구학습과 지도

3.1 물리탐구의 도입과 정의

3.1.1 과학 탐구의 도입

소크라테스[5]에게 배우기 위해 많은 제자들이 몰려들었지만, 막상 소크라테스는 가르친 것이 없다고 한다. 단지 묻기만 했다고 한다. 즉 그는 질문을 통한 대화를 통해 제자들이 스스로 깨닫게 하려고 한 것이다. 이러한 측면에서 발견학습을 처음으로 옹호한 사람은 소크라테스라고 할 수 있다.

근대에 이르러 아동 교육에서 발견법적 학습을 강조한 사람은 루소[6]였다. 예를 들어, 루소의 '에밀'에는 다음과 같은 발견학습적 언급이 있다: "가르쳐서 알게 하지 말라, 스스로 배우게 하라."

[루소]

이후, 형식 교육 속에서 탐구학습이 도입된 것은 19세기 암스트롱[7]에 의해서라고 할

---

5) 소크라테스(BC. 470-BC. 399): 고대 그리스의 철학자.
6) 루소(Jean-Jacques Rousseau, 1712~1778): 프랑스의 철학자. 에밀은 1762년 저술된 책으로 자연적인 교육방법을 강조했다. 즉 어린이들에게는 가능한 모든 것을 충족시켜 주면서 간섭을 자제하고, 운동을 자유롭게 하며, 자발적으로 활동하도록 해야 한다고 하였다.
   그림 출처: http://news.joins.com/article/2859041
7) 암스트롱(Henry Edward Armstrong (1848 ~ 1937): 영국의 화학자.
   그림 출처: http://www.azquotes.com/author/29123-Henry_Edward_Armstrong

수 있다. 그는 실험실은 학생들이 탐구를 수행하여 학습을 하는 곳이라고 주창하면서 1884년에 다음과 같이 강조하였다(Geoff & Marelene, 2014).

> "미래의 이상적인 학교에서는 교사가 더 이상 강의를 하지 않고, 깊은 흥미를 갖고 활동에 몰두하고 있는 학생들 사이로 조용히 지나다니면서 가능하면 학생 혼자 과제를 수행하도록 돕는 상황이 그려진다."

[암스트롱]

암스트롱이 강조한 발견법적(heuristic) 방법에서는 학생의 흥미와 호기심을 강조하고 학생 스스로 발견해 가도록 실험을 하도록 되어 있다. 실험 과정에서 학생들은 열정을 가지고 그들에게 나타난 어려움을 풀려는 욕구를 갖게 되고, 그 실험은 발견의 원동력이된다. 따라서 실제 활동에 포함된 연습들은 학습자에게 답이 이미 알려져 있지 않는 것이어야 한다.

암스트롱의 발견법은 좋은 의도에도 불구하고 매우 천천히 받아들여져 왔다. 그 이유는 발견법적 방법이 시간을 소비하고, 기존의 시험이나 요목에 있는 교육 체계와 맞지 않다는 것 때문이었다. 또한 너무 이상적이어서 많은 교사들이 그러한 도전을 받아들이기 어려워하였다.

그러나 서서히 과학 교육에서 변화가 일어나기 시작하였다. 많은 학교들은 실제 과학을 위한 실험실을 준비하였고, 20세기 초기부터 실험실 수업이 대부분의 영국 고등학교에 있었다.

활동

1. 소크라테스의 '대화법', 루소의 '스스로 학습', 그리고 암스트롱이 꿈꾼 미래의 교실 상황을 현재의 관점에서 논의해 보아라. 즉, 현재의 우리 학교 환경에서 어떻게 받아들여야 한다고 생각하는가?

영국에서 발견법적 방법이 도입된 것은 Kerr(1963) 이후이다. 그는 실제 활동이 이론적 활동과 통합될 수 있어야 하고, 탐구에 의해서 사실을 발견하여 원리나 관련 사실에 도달할 수 있도록 하여야 한다고 하였다. 이러한 새로운 방식은 새로운 발견법(neo-heuristic)이라고도 하며, 발견이나 탐구, 또는 안내된 탐구라고 하여 너필드 과학 프로젝트[8]의 중요한 특징이 되었다.

미국에서는 듀이[9]가 루소의 생각을 받아들여, 실제 활동이 과학 지도의 중심이 되어야 한다고 강조하였다. 따라서 1930년대부터 1950년대까지 미국의 과학교육은 다음과 같은 듀이의 진보주의 교육철학에 기초하고 있었다.

[듀이]

- 교육은 활동적이며, 아동의 흥미와 관련이 있어야 한다.
- 학습은 문제를 해결하는 계획으로부터 시작하여야 하며, 교과 지식의 흡수에서부터 시작해서는 안 된다.
- 교육은 생활을 위한 준비라기보다는 생활 그 자체이어야 한다.
- 아동은 그들의 요구와 흥미에 따라 배워야 하므로, 교사는 권위보다는 안내자나 충고 자로서 행동하여야 한다.
- 개인들이 서로 대립되어 경쟁하면서 작업하는 것보다 서로 협동하면서 작업할 때 보다 많은 지식을 성취할 수 있다.
- 교육과 민주주의는 서로 중대한 의미를 가지므로, 교육은 어디까지나 민주적으로 운영되어야 한다(박승재 등, 1971).

이에 기초한 생활중심 교육은 아동의 흥미와 욕구에서 출발하여 주로 실생활에 응용할 수 있는 과학적 지식이나 능력, 태도를 강조하였다.

활동 1. 현대적 관점에서 생활중심 교육과정의 장점과 단점을 논의하여라. 특히 최근에 강조하고 있는 실생활과 접목된 과학교육 방향과 연계지어 논의해 보자.

생활중심 교육과정에 대한 비판은 1956년 Bestor(1956)에 의해 일어났다. 그는 미국교육이 50년이나 후퇴하였는데, 그 이유는 진보주의 교육에 따라 너무 아동중심적인 입장을 취하였기 때문이라고 주장하였다. 그리고 1957년 10월 소련에서 최초로 Sputnik 인공위

---

8) 너필드(Nuffield): 너필드 재단은 W.R.너필드에 의해 1943년 영국에서 설립된 비영리재단으로, 1960년 대 새로운 과학 교재를 개발하였다.

9) 듀이(John Dewey, 1859 ~ 1952)는 미국의 철학자, 심리학자, 교육학자.
  그림 출처: https://kids.britannica.com/students/article/John-Dewey/273976

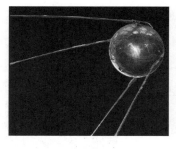
[스트프니크 위성]

[브루너]

성[10]을 발사하게 되자, 미국의 교육계는 과학교육의 개혁을 요구하게 되었다.

이에 1959년 미국의 과학 아카데미는 우드홀(Wood Hall) 회의를 소집하게 되었다. 이 회의에는 각 분야의 전문가 35명이 참가하였는데, 여기에서 나온 보고서인 브루너[11]의 "교육의 과정"이 과학 교육 개혁을 위한 하나의 지침이 되었다.

1966년 브루너(Bruner, 1963)는 '교육의 과정(The Process of Education)'에서 교육과정 내용은 기본 지식의 구조로 구성되어야 한다고 하였다. 이러한 지식의 구조는 학자들이 연구하였던 방법에 맞추어서 가르쳐질 수 있다고 하면서 발견학습을 강조하게 되었다. 발견학습은 학습할 과제의 결론이 미리 주어져 있지 않고 학생들이 스스로 발견하도록 한 것이다. 브루너는 발견학습의 이점을 4가지로 들었다.

- 지적 능력을 향상시킨다. 즉, 학생으로 하여금 확신을 가지고 문제를 해결할 수 있도록 돕는다.
- 외적 동기보다 내적 동기를 부여한다. 즉, 학생들은 이 학습에서 성공과 실패를 보상으로 받기보다 지식을 발견해나가는 과정으로 본다.
- 이 학습을 통해 학생들은 발견법을 습득하게 된다. 즉, 관련 변인을 찾거나, 직관적인 도약을 하거나, 문제를 해결할 수 있게 된다.
- 학습 내용의 기억에 효과적이다.

1966년 스와브(Schwab, 1962)는 '학문의 구조론'에서, 학문의 구조는 크게 개념적 체계

---

10) 스프트니크 위성 그림 출처: http://www.daviddarling.info/encyclopedia/S/Sputnik.html
11) 브루너 (Jerome Seymour Bruner, 1915 ~ 2016) 미국의 교육 심리학자.
   그림 출처: http://m.dongascience.donga.com/news.php?idx=15508

와 방법론적 규정으로 나눌 수 있다고 보고, 과학적 탐구에 대해 논의하였다. 그리고 탐구에는 안정적 (stable) 탐구와 유동적 (fluid) 탐구가 있다고 하였다.

이러한 브루너와 스와브의 학문중심 교육 사상에 의해 1960년대 초부터 미국에서는 PSSC, BSCS, CHEM study, ESCP 등 고등학교용 과학교육과정과 함께, IPS, ESCP 와 같은 중학교용 과학교육과정, 그리고 ESS, SAPA, SCIS 등과 같은 초등학교용 과학교육 과정들이 개발되었다.

1960년대 개발된 새로운 교재들은 전 세계에 영향을 주었다. 영어권 나라나 영어를 학교에서 사용하는 나라(예를 들면 필리핀)에서는 미국의 프로젝트를 채용하였고, 다른 나라에서는 (예를 들면, 말레이시아나 서인도) 영국의 새로운 과학 교육과정을 채용하였다.

이스라엘이나 브라질, 이란 등과 같이 비영어권 나라에서는 미국이나 영국의 교재가 번역되어 사용되었고, 대만이나 아프리카의 몇몇 나라와 같은 제3세계 비영어권 나라에서는 직접 도입하거나 수정된 형태로 도입하였다. 예를 들어, 대만에서는 대규모의 과학 교육 과정 프로젝트와 The Institute for Promotion on Teaching Science and Technology (IPST)가 설립되어 모든 학교 수준에서 사용하기 위한 새로운 과학교육 과정을 개발하였다. 대만의 과학 교육과정은 1970년대 도입되고 10년 뒤에 개정하게 되었는데, 다른 과학 교육과정들과 비슷한 특징을 가지고 있었다. 즉, 실제 활동의 가치가 언급되고, 과학적 방법의 학습과 과학의 발견에 학생이 참여하도록 하였다.

3.1.2 과학 탐구의 정의

과학적 탐구를 한 마디로 정의하는 것은 쉬운 일이 아니다. 따라서 여러 학자들이 다음과 같이 다양하게 탐구를 정의해 왔다.

- 더듬어 연구함 (이희승, 1988)
- 진리, 정보, 지식의 탐색, 원리 사실의 조사, 연구, 조사 (Neilson, et al., 1956)
- 진리 탐색 (Cohen & Manion, 1985)
- 아는 방법 (Honer & Hunt, 1987)
- 정보와 이해를 찾는 일반적 과정, 보다 넓은 의미의 사고 방법 (Welch, 1981)
- 우주의 사물과 현상을 이해하고 조정하며 문제를 해결하기 위한 인간의 의도적 활동

(박승재, 1991)

- 찾는 과정이자 지식과 이해의 탐색. 즉, 자연 현상을 이해하는 과정 (Collette & Chiappetta, 1989)
- 사물과 조건들 사이의 관계를 발견하고 서술적 목적으로 수행되는 체계적 조사 활동 (Peterson, 1978)
- 환경으로부터 지식을 획득하고 이를 조직화하는 과정 (Gallagher, 1971)
- 문제를 유발하는 자극에 관하여 그 변인과 속성을 탐색하고 발견해 나가기 위해 수행되는 광범위한 활동 (Wilson, 1974)
- 관찰하고, 측정하고, 문제의 해결책을 찾고, 자료를 해석하고, 일반화하고, 이론적 모형을 세워 검증하고, 수정하는 등의 활동 (Welch, 1981)

3.1.3 과학 탐구의 요소

과학 탐구는 다양한 요소로 구성되어 있다. 예를 들면, '관찰', '표의 작성과 해석', '결론 도출' 등이 그것이다. 이러한 탐구의 구성 요소를 '탐구과정'이라고도 하지만, 주로 '탐구 기능(inquiry skill)'이나 '과정 기능(process skill)'이라고 한다. 이러한 탐구 기능들도 [표 3.1]과 같이 교육과정이나 학자에 따라 다양하게 제안되어 왔다.

[표 3.1] 다양한 과학 탐구 기능

출처	탐구 기능
Hodson (1982)	(1) 탐구의 설계 　문제 규정, 가설 설정, 적절한 가설 검증의 선택, 실험 설계 (2) 탐구의 실행 　현상과 사물의 정확한 판단, 적절한 측정 도구의 선택, 정확한 측정, 관찰 결과를 적절한 언어(정성적, 정량적)로 기술, 실험 기구의 안전한 사용, 일반적인 실험 활동의 수행, 특별한 기술의 수행, 문장 또는 말에 의한 지시에 따라 친숙한 또는 친숙하지 않은 과정을 수행, 효과적인 활동 (3) 실험 자료를 처리하고 조작하여 구조화함 　자료를 적절한 형태로 제시함, 자료의 해석과 분석, 자료의 외삽과 일반화, 참고 문헌에 의해 관련 이론과 연결함, 결론 유도, 앞으로의 활동을 위해 수정과 발전 방향을 제시, 말로 하거나 적절한 보고서를 작성하여 의사 교환을 하기 위한 준비를 함.

ASE[12] (Nellist & Nicholl, 1987)	**(1) 사고 기능** 가설 설정하기, 가설 검증을 위한 상황 고안하기, 증거로부터 결론 이끌어내기, 적절한 원리와 이론으로 현상 설명하기, 문제 해결하기, 증거와 관련지어 어떤 주장 평가하기 **(2) 실험 기능** 체계적이고 조심스럽게 관찰하고 측정하기, 실험을 안전하고 확실하게 수행하기, 주위 여건을 실험 상황에 맞게 개선하기 **(3) 의사소통 기능** 관찰 사실, 설명, 해답, 조사 내용 등을 설명하기, 다른 사람의 설명이나 지도 내용을 이해하기, 여러 가지 정보원으로부터 관련 내용을 선택하여 적용하기
Klopfer (1971)	A. 지식과 이해 B. 과학적 탐구 과정 　(1) 과학적 탐구 I: 관찰과 측정 　(2) 과학적 탐구 II: 문제 발견과 해결 방안 모색 　(3) 과학적 탐구 III: 자료의 해석 및 일반화 　(4) 과학적 탐구 IV: 이론적 모델의 형성, 검증 및 수정 C. 과학 지식의 방법과 적용 D. 조작 기능 E. 태도와 흥미 F. 지향 (오리엔테이션)
Klopfer (1990)	목표 A: 실험실 활동을 통해 과학적 정보를 수집하는 기능 　A.1. 사물이나 현상을 관찰하기 　A.2. 적절한 언어로 관찰을 기술하기 　A.3. 사물이나 변화를 측정하기 　A.4. 적절한 측정 도구 선택하기 　A.5. 실험 자료와 관찰 자료를 처리하기 　A.6. 실험실과 야외에서 사용하는 일반적 도구를 사용하는 기능 개발하기 　A.7. 일반적인 실험실 기술(techniques)을 조심스럽고 안전하게 수행하기 목표 B. 적절한 과학적 질문을 하고, 실험실 실험을 통해 답을 하기 위해 무엇이 　　　포함되는지를 알 수 있는 능력 　B.1. 문제 인식하기 　B.2. 작용 가설을 형성하기(fomulating a working hypothesis) 　B.3. 적절한 가설 검증 방법 선택하기 　B.4. 검증 실험을 수행하기 위한 적절한 절차 설계하기

---

12) ASE(Association of Science Education): 영국의 과학 교사 협회

Klopfer
(1990)
	목표 C. 실험에서 얻어진 관찰과 자료를 구조화하고, 해석하고 의사소통하는 능력
	  C.1. 자료와 관찰을 조직하기
	  C.2. 자료를 기능적 관계로 제시하기
	  C.3. 실제 관찰을 넘어서서 기능적 관계를 외삽, 내삽하기
	  C.4. 자료와 관찰을 해석하기
	
	목표 D. 자료와 관찰, 실험으로부터 추론하거나 결론을 이끌어 내는 능력
	  D.1. 관찰과 실험 자료에 비추어 검증받고자 하는 가설 평가하기
	  D.2. 발견된 관계로부터 정당화될 수 있는 적절한 일반화, 경험 법칙이나 원리를
	      형성하기
	
	목표 E. 과학 이론의 발달에서 관찰과 실험실 실험의 역할을 깨달을 수 있는 능력
	  E.1. 현상이나 경험 법칙 또는 원리들과 관련짓기 위해 이론이 필요함을 인식
	      하기
	  E.2. 알려진 현상이나 원리들을 조절하기 위해 이론을 형성하기
	  E.3. 이론을 만족하거나 이론에 의해 설명되는 현상이나 원리들을 명시하기
	  E.4. 실험이나 직접 관찰로 이론을 검증할 수 있는 새로운 가설을 연역해
	      내기
	  E.5. 이론을 검증하기 위한 실험 결과를 해석하고 평가하기
	  E.6. 새로운 관찰과 해석에 의해 보장받을 수 있다면, 수정된, 세련된 또는
	      확장된 이론을 형성하기

SAPA[13] II
(1990)
	(1) 관찰, 시공 관계의 이용, 분류, 수의 사용, 측정, 의사소통, 예측, 추론
	  → 8가지 기능은 단순한 과정을 통해서 습득된다.
	
	(2) 변인 통제, 자료 해석, 조작적 정의, 가설 설정, 실험
	  → 5가지 기능은 여러 가지 기본 기능의 통합적 과정을 통해 습득된다.

WPS[14]	10개 탐구기능: 관찰, 추론, 분류, 측정, 예측, 탐구의 설계, 가설설정, 가설검증, 변인통제, 문제해결
NAEP[15]	(1) 탐구 과정: 관찰, 측정, 실험, 의사소통 (2) 사고 과정: 자료 해석, 일반화, 내삽과 외삽, 가설 설정, 비유에 의한 논증, 종합, 귀납과 연역에 의한 논증, 모델 설정

---

13) SAPA(Science A Process Approach): 미국 AAAS(American Association for the Advancement of Science)에서 제시한 과학 탐구 기능

14) WPS: Warwick Process Science

15) NAEP(The National Assessment of Educational Progress): 미국의 국가적 수준의 평가를 위한 학력 평가 제도로 3년마다 실시함.

GCSE[16]	(1) 관찰, 측정, 기록을 정확하고 조직적으로 할 수 있다. (2) 실험을 안전하게 수행하기 위해서 안내서에 있는 대로 정확하게 따라 할 수 있다. (3) 관찰 사실, 생각, 논쟁을 논리적이고 간결하게 여러 가지 방법으로 타인에게 전달할 수 있다. (4) 정보를 여러 형태로 변화시킬 수 있다. (5) 특정 상황에 적합하도록 정보를 추출할 수 있다. (6) 실험 자료를 사용하여 경향성을 찾아내고, 가설을 설정하여 관계를 찾아낼 수 있다. (7) 실험 자료와 기타의 자료로부터 결론을 이끌어 내고 비판적으로 분석할 수 있다. (8) 실험 측정에서의 불확실성과 비신뢰성을 인식하고 설명할 수 있다. (9) 실험 또는 기타의 방법으로 측정치의 타당도를 검증하고 결론과 일반화를 이끌어 낼 수 있다. (10) 적합한 실험 기구를 선정하고 안전하고 효과적으로 사용하여 특정 목적을 위해서 실험을 고안하고 수행할 수 있다. (11) 일상생활에서 경험하는 사실, 관찰, 현상 등을 과학적인 방법, 이론, 모델을 사용하여 설명할 수 있다. (12) 이상한 사실, 관찰 현상에 대한 과학적인 설명을 제시할 수 있다. (13) 과학적인 사고와 방법을 사용하여 정성적인 문제와 정량적인 문제를 해결할 수 있다. (14) 증거와 논리성의 분석에 입각하여 의사 결정을 할 수 있다. (15) 과학의 연구와 실험은 여러 가지 제한과 불확실성이 있음을 인식한다. (16) 과학이 기술에 적용됨을 설명할 수 있고, 과학의 사회적, 경제적, 환경적 의미를 평가할 수 있다.
박종원	A. 문제 파악 및 예측/가설의 설정 　A.1 목표 인식 또는 목표의 기술, 탐구문제의 인식이나 설정 　A.2 예측 　A.3 가설 설정, 여러 가설 중 검증 가능한 가설의 선택 B. 탐구의 설계 　B.1 변인 설정, 조작적 정의, 관찰/측정 방법 및 방법의 고안 　B.2 독립변인과 종속변인의 설정/구분, 변인 통제 　B.3 이상화 조건이나 가정의 설정 　B.4 실험단계의 설정, 실험 시 주의사항 C. 정보의 수집 　C.1 실험기구의 선정 및 사용 요령 　C.2 관찰/측정 결과의 기록/기술 　C.3 자료의 정리 및 분류

---

16) GCSE(General Certificate of Secondary Education): 영국에서 실시되는 고등학교 졸업자에 대한 졸업 자격 고사 제도

박종원	D. 분석 및 처리
	    D.1 기호나 도표의 사용 및 해석, 내삽/외삽
	    D.2 그래프 사용 및 해석, 내삽/외삽
	    D.3 개념/원리/법칙/정보/자료 등에 의한 정성적 설명
	    D.4 정량적 처리
	
	E. 일반화 및 적용
	    E.1 일반화된 결론의 도출, 개념의 형성 및 발견
	    E.2 결과의 적용, 새로운 상황에서의 예측

3.2 물리탐구 기능의 특징과 지도

3.2.1 과학적 관찰

과학적 관찰은 [표 3.2]와 같이 간단하게 '사물이나 상태에 대한 관찰'과 '현상이나 변화에 대한 관찰'로 나눌 수 있다.

[표 3.2] 두 가지 관찰 과제와 관찰 예

관찰 과제	관찰 예	관찰 유형
양초를 켜고, 관찰결과를 적어보자.	- 촛불의 윗부분이 뾰족하고 몇 개로 갈라져 있다. - 촛불이 심지와 떨어져 있다. - 촛농의 아래 부분이 둥근 모습으로 매우 천천히 흘러내린다.	사물/상태 사물/상태 현상/변화
이중진자에서 한 개 진자를 당긴 후 가만히 놓고, 관찰결과를 적어보자.	- 두 진자의 가운데 부분이 실로 연결되어 있다. - 처음 진자의 폭이 줄어들면서 두 번째 진자가 흔들리고 점점 폭이 커진다. - 처음 진자와 두 번째 진자의 주기(흔들리는 시간)가 동일하다.	사물/상태 현상/변화 현상/변화

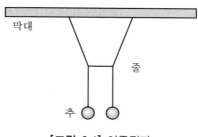

[그림 3.1] 이중진자

[표 3.2]에서 관찰 유형을 관찰 과제로 나누기보다는 관찰 내용을 보고 분류하였다. 그러나 관찰 과제의 특성상 사물/상태에 대한 관찰이 많은 관찰 과제와 현상/변화가 많은 관찰 과제가 있을 수 있다.

활동 1. 초중고 교과서에서 관찰 과제 하나를 임의로 선정하여, 10개의 관찰을 쓰고, 관찰 결과를 두 가지 유형으로 나누어 보자.
2. 초중고 교과서에서 첫 번째 유형의 관찰이 많은 관찰 과제와 두 번째 유형의 관찰이 많은 관찰 과제를 각각 골라보자.

Hanson(1961, p.19)은 "관찰 x는 사전 지식 x에 의해 이루어진다."고 하면서, 모든 과학적 관찰은 이론에 의존한다고 하였다. [표 3.3]은 일상적 관찰과 과학이론에 의존한 관찰의 예이다.

[표 3.3] 이론 의존적 관찰의 예

관찰 현상	일상적 관찰	과학이론 의존적 관찰
	– 유리관 속의 파란선이 위로 휘어져 있다. – 유리관 위에 자석이 가까이 있다.	– 음극선이 자기장에 의해 전자기력을 받아 위로 휘었다.

사실 [표 3.3]에서 일상적 관찰이라고 한 경우에도 관찰자의 사전 지식에 의존한 것을 볼 수 있다. 즉, 관찰에서 '유리관'이라고 쓴 것은 이미 유리관이 보통 어떤 재질로 만들어진 것이고 투명하고 깨지기 쉬운 것이라는 사전 경험과 지식을 가지고 있기 때문이다. 이와

같이 모든 관찰은 사전 이론에 의존하기 마련이다. 단지 사전 이론이 일상적인 이론인지 과학적인 이론인지에 따라 '일상적 관찰'과 '과학이론 의존적 관찰'로 나눌 수 있는 것이다. 과학이론 의존적 관찰은 관찰 내용에 특정 과학용어나 과학개념이 포함된 경우(예: 자기장, 음극선)나 과학적 추론이나 해석이 포함된 경우(예: 전자기력을 받아...)로 볼 수 있다.

이론 의존적 관찰이 학생들에게 중요한 영향을 주는 경우는 학생이 사전에 오개념을 가지고 있는 경우이다. 예를 들어, Park & Kim(2004)은 [그림 3.2]와 같은 질문을 이용하여 중고등학생 및 대학생들에게 어느 전구가 더 밝은지, 또는 두 전구의 밝기가 같은지 예상하도록 하였다.

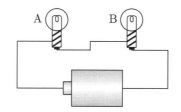

[그림 3.2] 전구 밝기에 대한 질문

이 연구에서 "전구 A가 더 밝다"고 예상[17]한 학생이 37명이 있었다. 이 학생들을 대상으로 직접 전구의 밝기를 관찰하게 한 결과, 실제로는 두 전구의 밝기가 같음에도 불구하고, 37명 중 19명(51%)의 학생들이 자신들이 사전에 가지고 있는 오개념에 근거하여, "A 전구가 (조금) 더 밝다"라고 관찰하기도 하였다.

활동
1. 이중진자를 관찰하여 관찰 결과를 10개 적은 후, 일상적 관찰과 과학 지식에 의존한 관찰로 분류해 보자.
2. 예상/사전지식에 의해 왜곡된 관찰의 예를 찾아보자.

과학적 관찰은 눈으로 본 것으로 끝나는 것이 아니라 언어적으로 기술하는 것까지를 포함한다. 흔히 학생들은 본 것만으로 관찰을 하였다고 하는 경우가 있는데, 관찰은 언어적으로 표현되어야 한다. 물론 이때, 그림이나 도표 등이 포함될 수도 있다.

---

17) 전류가 (+)에서 (−)로 흐르면서 A 전구에서 "에너지가 소모되어서", "전류가 소모되어서", 또는 "힘이 빠져서" B 전구가 더 어둡다고 생각하는 경우가 있으며, 이러한 학생의 오개념을 소모형 모형이라고 한다.

관찰은 관찰의 목적에 따라 [표 3.4]와 같이 다양한 방법으로 안내될 수 있다.

[표 3.4] 다양한 관찰목적에 따른 관찰과제 안내

관찰 목적	관찰 과제 안내
관찰의 기본적인 기능 익히기	다음 00을 관찰하고 관찰결과를 적어보자. 이때 가능하면 자세하게 관찰하고 관찰결과를 구체적으로 적도록 한다.
관찰을 예상과 비교하기	다음 00을 관찰하고, 자신의 예상과 비교해 보자. 만일 예상과 다르다면 왜 그런지 이유도 함께 적어보자.
오개념에 따라 왜곡된 관찰을 할 수 있는 경우	자신의 관찰결과를 다른 사람과 비교해 보고, 만일 서로 다른 관찰결과를 기록했다면 함께 다시 관찰해 보자.
창의적으로 관찰하기	다음 00을 관찰하고 관찰결과를 기록하자. 이때 가능하면 많이 (유창성), 다양하게(융통성), 그리고 남들이 미처 관찰하지 못한 것을 찾아(독창성) 관찰해 보자.
관찰을 추상적인 이론과 비교하기	다음은 00이다. 이 00를 이용하여 다음의 이론적인 내용과 관련된 관찰을 찾아서 기록해 보자.

[표 3.4]에서 '창의적으로 관찰하기'에 대해서는 [과학적 창의성] 단원에서 다시 다룰 것이다. 그리고 '추상적인 이론과 비교하기' 관찰 과제에 대한 구체적인 예를 제시하면 [그림 3.3]과 같다.

다음은 투명 테이프에 빨대를 붙여 만든 파동 장치이다. 빨대의 양끝에는 클립이 달린 부분도 있다. 이 파동 장치를 이용하여 다음의 이론적인 내용을 관찰하여 기록해 보자.

[이론적인 내용]

① 매질의 진동 방향과 파동의 진행 방향은 수직이다.
② 밀한 매질에서는 소한 매질에 비해 파동의 파장이 짧고 속도가 느리다.
③ 파동이 고정단에서 반사할 때에는 반사파의 위상이 180도 바뀐다.
④ 독립적으로 발생한 두 파동이 만나면 소멸 간섭이나 보강 간섭이 일어난다.

[그림 3.3] 추상적인 이론과 비교하기 위한 관찰 활동 예

정리
1. 과학적 관찰은 관찰 내용에 따라 '사물/상태에 대한 관찰'과 '현상/변화에 대한 관찰'로 나눌 수 있다.
2. 모든 과학적 관찰은 이론에 의존한다. 단지 특정 과학개념에 의존하는 경우를 '과학이론에 의존한 관찰'이라고 한다.
3. 학생이 오개념을 가진 경우에는 오개념의 영향으로 왜곡된 관찰(이론의존적 관찰)을 할 수 있다.
4. 관찰활동은 관찰활동의 목적에 따라 다양한 방법으로 안내해 줄 필요가 있다.

활동
1. Kim & Park (2017)은 과학적 관찰의 본성을 다음과 같이 10개로 세분화하여 설명하였다. 다음 각 내용을 간략하게 정리하고, 예를 제시해 보자.

 - 과학적 관찰은 종종 특정 과학지식을 가지고 있는 사람에게만 가능한 경우가 있다.
 - 과학적 관찰은 특정 목적과 예상에 의해 선택적으로 이루어지기도 한다.
 - 과학적 관찰은 주변 상황이나 조건에 따라 변할 수 있다.
 - 좀 더 세밀한 관찰을 위해 도구를 사용할 때, 과학적 관찰은 실재와 다를 수 있다.
 - 과학적 관찰은 단지 망막에 맺힌 상이 아니라, 그 이상의 것이다.
 - 과학적 관찰은 본질적으로 해석을 포함한다.
 - 어떤 과학적 관찰은 제한된 관찰정보로부터 짜 맞추어지기도 한다.
 - 과학적 관찰은 관찰자에 따라 다를 수 있기 때문에 객관적이 아닐 수 있다.
 - 어떠한 과학적 관찰도 완벽할 수는 없다.
 - 과학적 관찰은 언어적 형태로 진술되어야 한다.

3.2.2 측정

측정은 정량적인 값을 얻어내는 과정이고, 측정에는 측정도구가 사용된다. 측정도구를 사용하면서 나타나는 주요 특징들은 다음과 같다.

 - 매우 낮은 온도나 매우 높은 온도와 같이 일상적인 상황에서 얻을 수 없는 값을 얻을 수 있다.
 - 매우 짧은 시간이나 오랜 시간에 걸친 변화를 기록할 수 있다.

– 측정 결과를 정량적으로 비교할 수 있다.
– 측정 결과로부터 특정값을 찾거나 변인들 간의 관계를 수학적인 식으로 도출할 수 있다.

[마이켈슨]　　　[몰리]

과학 탐구에 있어서 측정 도구의 개발이 새로운 과학 탐구의 길을 열어주는 경우가 많다. 마이켈슨과 몰리[18]가 빛이 이동한 시간 차이(매우 짧은)를 측정할 수 있는 방법을 고안함으로써, 특수 상대성 이론의 발판이 된 경우가 그렇다.

활동 1. 과학사에서 새로운 측정 도구가 개발된 사례를 찾아 정리해 보자.

학생들이 측정활동을 할 때 유의할 점들은 다음과 같다.

첫째, 측정하는 도구의 최소눈금의 1/10까지 어림하도록 한다. [표 3.5]는 최소눈금이 1mm인 자를 이용하여 물체의 길이를 측정하였을 때의 특징을 정리한 것이다.

[표 3.5] 최소눈금이 1mm인 자를 이용한 길이 측정 예

측정값	특징
24.3 cm	좀 더 자세하게 측정을 어림할 수 있는데 그렇게 하지 않았다.
24.33 cm	적절하게 자세한 측정을 어림하였다.
24.336 cm	지나치게 자세하여 어림하여 측정값을 신뢰하기 어렵다.

둘째, 측정결과를 표시할 때 [표 3.6]과 같은 특징을 갖는 유효숫자를 고려해야 한다.

---

18) 마이켈슨(Albert Abraham Michelson, 1852 ~ 1931)과 몰리(Edward Morley, 1838 ~ 1923)는 빛의 속도가 빛의 진행방향과 무관하게 일정하다는 결과를 얻음으로써 빛의 전달 매개체로 가정했던 '에터'의 존재가 없다는 결론을 내리는 데 기여하였다.
사진 출처: https://www.findagrave.com/memorial/25254996/albert-abraham-michelson, https://en.wikisource.org/wiki/Author:Edward_Morley

[표 3.6] 유효숫자의 특징

숫자	유효숫자
12.304	1, 2, 3, 0, 4는 모두 유효숫자이다.
0.00546	자리수를 나타내는 0을 제외한, 5, 4, 6만 유효숫자이다.
45.100	소수점 아래 0은 모두 유효숫자이다. 즉, 4, 5, 1, 0, 0 모두 유효숫자이다.
12.34+1.112 =13.452	덧셈이나 뺄셈을 한 경우, 가장 낮은 소수점 자리에 맞추면 13.45이다.
2.4×3.33 =7.992	곱셈이나 나눗셈을 한 경우, 전체 유효숫자를 최소 유효숫자와 맞추어, (반올림하여) 8.0이 된다.
최소눈금의 1/10 로 어림한 값	어림한 값까지 유효숫자로 본다.

셋째, 측정에는 오차가 포함되기 마련이므로 여러 번 반복 측정을 해야 하고, 측정값을 보고할 때 평균값뿐 아니라 오차도 함께 제시해야 한다. [그림 3.4]는 10회 측정한 결과를 신뢰구간 68%, 95%, 99%로 각각 보고한 예이다. 신뢰구간을 95%로 보고한다는 뜻은 측정한 값들이 보고할 값의 범위 안에 들어갈 확률이 95%라는 것을 의미한다.

측정 횟수	1	2	3	4	5	6	7	8	9	10	평균 ($\bar{x}$)	표준편차 (σ)
길이 (cm)	10.3	10.5	10.2	10.0	9.2	9.9	10.2	10.3	9.9	10.2	10.07	0.36
보고할 값	신뢰도 68%: 표준오차 $= 1.00 \times \dfrac{\sigma}{\sqrt{n}}$						$x = 10.07 \pm 0.11$ (68%)					
	신뢰도 95%: 표준오차 $= 1.96 \times \dfrac{\sigma}{\sqrt{n}}$						$x = 10.07 \pm 0.22$ (95%)					
	신뢰도 99%: 표준오차 $= 2.58 \times \dfrac{\sigma}{\sqrt{n}}$						$x = 10.07 \pm 0.29$ (99%)					

[그림 3.4] 10회 측정 결과에 대한 보고값

활동 1. A4 용지의 가로와 세로의 길이를 10회씩 측정하여 측정결과를 95% 신뢰도로 보고하고, 유효숫자를 고려하여 면적을 구하여라. (측정결과는 뒤에서 다시 활용될 것이므로 잘 보관하도록 한다.)

정리
1. 측정도구나 측정방법의 고안은 과학의 발전에 중요하게 기여한다.
2. 측정도구의 최소눈금의 1/10까지 어림하여 측정한다.
3. 측정결과를 표시할 때 유효숫자를 고려한다.
4. 반복 측정한 결과는 평균값뿐 아니라 표준오차도 함께 제시한다.

3.2.3 과학적 추리

과학적 추리란, 관찰로부터 관찰 이상의 것, 또는 측정결과로부터 측정 이상의 것을 판단하는 것을 말한다. 이러한 추리의 대표적인 것이 [그림 3.5]와 같은 내삽과 외삽(외연)이다.

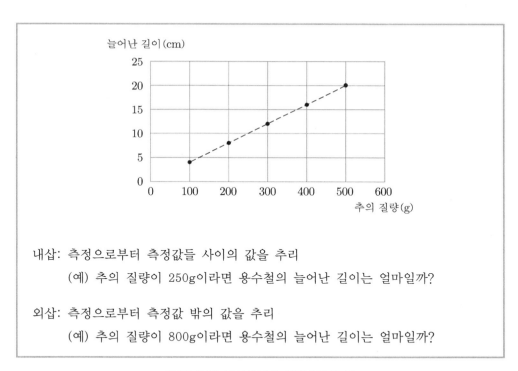

내삽: 측정으로부터 측정값들 사이의 값을 추리
　　(예) 추의 질량이 250g이라면 용수철의 늘어난 길이는 얼마일까?

외삽: 측정으로부터 측정값 밖의 값을 추리
　　(예) 추의 질량이 800g이라면 용수철의 늘어난 길이는 얼마일까?

[그림 3.5] 내삽추리와 외삽추리의 예

일반적으로 과학적 추리는 매우 폭넓은 의미로 사용된다. 예를 들어, 과학에서 관찰이나 측정 결과, 또는 과학적 증거를 이용하여 그 이상의 것을 판단하는 것을 모두 과학적 추리로 보기도 한다. 다음 [활동]은 폭넓은 의미의 과학적 추리활동의 예이다.

활동

1. 오른쪽 사진은 모래 위의 새 발자국을 찍은 사진이다. 사진을 보고 어떤 상황인지 추리해 보아라.

2. 아래 그래프는 여러 크기의 쇠공을 여러 높이에서 (쇠로 된) 바닥에 떨어뜨렸을 때, 튀어 오른 높이를 측정하여 나타낸 그래프이다. 이 그래프로부터 추리해 볼 수 있는 것은 무엇인가? (Rohr, Lopez, & Rohr, 2014)

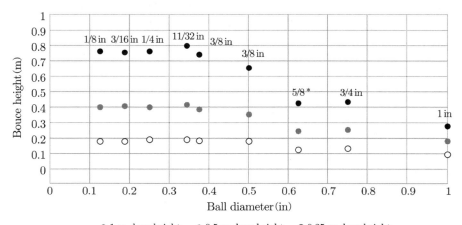

● 1-m drop height ● 0.5-m drop height ○ 0.25-m drop height

이와 같이 추리가 폭넓게 사용되면서, 예상이나 설명, 가설 등과 혼동되는 경우도 많다. 이러한 모든 것을 포함하여 추리라고 할 수도 있으나, 예상이나 설명, 가설 등에 대한 엄밀한 정의는 따로 있으므로 이에 대해서는 뒤에서 다시 다룰 것이다.

또한 추리를 좀 더 엄밀하게는 귀납추리(제한 수의 관찰사실로부터 일반화된 결론을 이끌어내는 추리), 연역추리(전제와 초기조건으로부터 논리적인 결론을 이끌어내는 추리), 귀추추리(관찰사실이 왜 그런지에 대해 다른 설명방식으로 도입하여 설명하는 추리)를 의미하기도 한다. 각각의 경우도 뒤의 '과학적 사고'에 대한 장에서 다시 자세하게 다룰 것이다.

정리

1. 내삽추리와 외삽(외연)추리는 대표적인 추리활동에 속한다.
2. 추리는 관찰 및 측정결과, 증거에 기반하여 그 이상을 판단하는 모든 활동을 뜻하기도 한다.

3.2.4 표와 그래프

측정한 결과를 정리하고 특징을 분석하기 위해서는 표와 그래프가 활용된다. 표를 작성할 때 유의할 점은 다음과 같고, 유의점에 따라 작성된 표 양식의 예는 [표 3.7]과 같다.

- 표의 제목을 제시한다.
- 변인을 명시하고, 변인 옆에는 괄호로 단위를 함께 명시한다.
- 반복측정을 기록할 수 있어야 하고, 평균값과 표준편차도 함께 기록할 수 있으면 좋다.
- 데이터를 수집할 때의 특정 상황(온도나 기압 등)을 명시한다. 예를 들어, 물질의 굴절률을 나타내는 표의 경우에는 사용한 빛의 파장을 반드시 명시해야 한다.

[표 3.7] 소금물에서의 빛의 입사각에 따른 굴절각

입사각(°)	굴절각(°)						
	1회	2회	3회	4회	5회	평균	표준편차
10							
20							
30							
40							

* 소금물 농도는 10%.
* 사용한 빛의 파장은 800nm

표에는 측정결과뿐 아니라, 측정결과를 이용한 계산 값을 기록하기도 한다. 다음 [활동]에서 측정값과 계산 값을 기록할 수 있는 표의 양식을 만들어 보자.

활동 1. 다음은 2m 높이에서 쇠구슬을 떨어뜨린 후 0.05초 간격으로 측정한 쇠구슬의 높이를 1회 측정한 결과이다. 역학적 에너지 보존을 분석하는데 적절한 표의 양식을 다시 만들어 보아라.

t (s)	0.00	0.05	0.10	0.15	0.20	0.25	0.30	0.35	0.40	0.45	0.50	0.55	0.60
h (m)	2.000	1.988	1.951	1.890	1.804	1.694	1.559	1.399	1.216	1.008	0.775	0.518	0.236

표로부터 그래프를 그릴 때 유의할 점은 다음과 같다.

- 그래프의 제목을 제시한다.
- 그래프의 축에 변인을 명시하고, 변인 옆에는 괄호 안에 단위도 함께 나타낸다.
- 목적에 맞는 그래프를 선택한다. 예를 들어, 막대그래프는 측정값을 비교할 때, 파이 그래프는 측정값의 상대적인 비율을 비교할 때, 꺾은선 그래프는 측정값의 변화를 알아볼 때, 측정값에 근접한 직선이나 곡선 그래프는 두 변인 간의 관계를 알아볼 때 적절하다.
- 두 변인 간의 관계를 알아보기 위한 그래프에서는, 가로축을 독립변인으로, 세로축을 종속변인으로 정한다.
- 그래프 축의 간격을 적절하게 정한다.

활동 1. 위의 그래프 작성 시 유의사항을 고려하여 2m 높이에서 떨어뜨린 물체의 높이를 0.05초 간격으로 측정한 결과를 그래프로 그려보자.

반복 측정한 결과를 그래프로 나타낼 때에는 평균값뿐 아니라 다음과 같은 방법을 이용하여 오차 범위도 함께 나타낸다. 오차 범위의 경우에는 표준오차를 사용하면 된다. 즉 95% 신뢰구간의 표준오차를 사용한다면, 오차막대의 상한선은 $\bar{x} + 1.96 \times \dfrac{\sigma}{\sqrt{n}}$ 을 의미하고, 오차막대의 하한선은 $\bar{x} - 1.96 \times \dfrac{\sigma}{\sqrt{n}}$ 를 의미하는 것이 된다. 간단하게 엑셀 프로그램에서 오차막대를 그리는 방법은 다음과 같다.

① [표 3.8]과 같이 4개 변인에 대해서 각각 5번 측정한 결과가 있다면, 평균과 표준편차 및 표준오차(95%)를 구한다.

[표 3.8] 평균과 표준오차가 포함된 표

	변인			
	A	B	C	D
1회	40	42	46	41
2회	41	43	42	50
3회	36	45	44	42
4회	37	38	45	37
5회	39	39	46	40
평균	38.6	41.4	44.6	42.0
표준편차	2.073644	2.880972	1.67332	4.84768
표준오차(95%)	1.817629	2.525283	1.46673	4.249179

② [그림 3.6]과 같이 막대그래프를 그리고, [디자인] 메뉴에서 [차트 요소 추가-오차 막대-표준 오차]를 선택한다. 그러면 현재는 오차막대의 상하값이 일정하게 되어 있다.

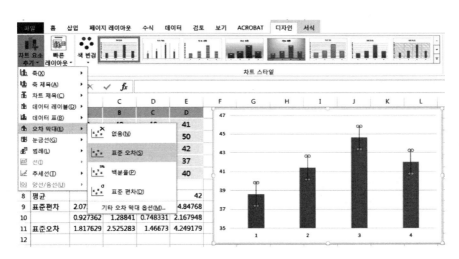

[그림 3.6] 오차막대 그리기 1

③ [그림 3.7]과 같이 오차 막대를 선택한 후, 오차막대 서식을 열고, [오차량]을 [사용자 지정]으로 한 후 [값 지정]을 클릭한다. 따라서 [양의 오류 값]과 [음의 오류 값]에

각각 [표준 오차]값을 선택한다. 그리고 [확인]을 누르면 95% 신뢰수준으로 수정된 오차 막대가 나타난다.

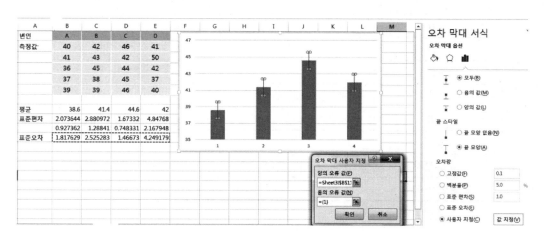

[그림 3.7] 오차막대 그리기 2

활동 1. 앞에서 A4 용지의 가로와 세로 길이에 대해 10회 측정한 결과를 그래프로 나타내고, 신뢰구간 95%로 오차 막대를 표시하여라.

변인 간의 관계를 알아보기 위해서는 그래프 유형을 [분산형]으로 선택하여 그리면 된다. 이때 측정값에 가장 근접한 추세선은 [그림 3.8]과 같이 엑셀 프로그램을 이용하여 쉽게 구할 수 있다.

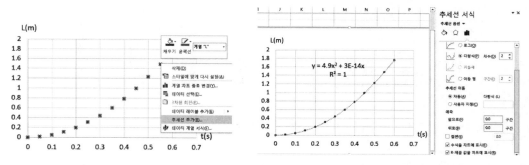

측정값을 선택한 후, [추세선 추가]를 선택한다.

측정값에 근접한 식 유형(다항식)을 선택하고, 수식과 R제곱을 차트에 표시한다.

[그림 3.8] 엑셀로 추세선 그리기

정리 1. 표를 작성할 때 유의점을 고려하여 작성하도록 한다.

2. 표의 양식은 측정값뿐 아니라 계산값도 함께 나타낼 수 있도록 조정할 필요가 있다.

3. 그래프를 작성할 때 유의점을 고려하여 작성하도록 한다.

4. 그래프에 표준 오차를 오차 막대로 표시할 수 있다.

5. 변인들 간의 관계를 알아보기 위한 그래프는 [분산형]으로 그리고, 추세선을 추가 한다.

3.2.5 변인설정과 변인통제

탐구활동에서는 무엇을 측정할 것인지, 어떤 변화를 볼 것인지를 결정하기 위해 변인을 설정하게 된다. 이때 탐구자가 변화시키면서 측정하는 변인을 독립변인이라고 하고, 독립 변인의 변화에 따라 변하는 변인을 종속변인이라고 한다. [표 3.9]는 독립변인과 종속변인의 몇 가지 예이다.

[표 3.9] 독립변인과 종속변인의 예

탐구상황	독립변인	종속변인
옴의 법칙 실험	저항에 걸린 전압	저항에 흐르는 전류
건전지의 기전력 실험	(회로의 저항변화에 따라) 회로에 흐르는 전류	건전지 양단의 전압
공기 마찰 속에서의 공 모양의 물체 낙하 실험	낙하물체의 질량, 낙하물체의 단면적	종단속도

활동 1. 옴의 법칙 실험과 건전지의 기전력 실험을 위한 회로도를 각각 그리고, 독립변인의 변화방법과 종속변인의 측정방법을 각각 정리하여라.

변인을 설정하고 나면, 측정을 위해 변인의 값(value)을 정해야 한다. 예를 들어, 옴의 법칙 실험에서 저항에 걸린 전압을 변화시키면서 전류를 측정할 때, 저항에 걸린 전압을 몇 V부터 몇 V까지 몇 V씩 변화시킬 것인지를 정하는 것을 변인의 값을 정한다고 한다.

활동 1. 철수는 온도계를 부직포로 감고, 부직포의 두께에 따른 온도변화를 알아보려고 한다.
　　이때 필요한 변인의 값을 정해 보아라.

　변인의 값을 정하기 위해서는 사전 실험이 필요할 수도 있다. 예를 들어, 위 [활동]에서
온도변화를 알아보기 위해 일정 시간간격으로 시간을 측정해야 할 것이다. 이때 1초 간격으
로 측정할지, 5분 단위로 측정할지를 결정하기 위해서는 먼저 간단하게 사전 실험을 통해,
온도변화가 얼마나 빠르게 또는 느리게 일어나는지 살펴볼 필요가 있다.
　[표 3.9]의 세 번째 탐구실험에서는 독립변인이 2개이다. 이때, 하나의 변인을 변화시키
는 동안 다른 변인을 일정하게 유지해야 하는데, 이것을 변인통제라고 한다. 예를 들어,
'낙하물체의 질량'을 독립변인으로 설정하게 되면, '낙하물체의 단면적'은 통제변인이 된
다. 변인통제를 설정할 때에도 [표 3.10]과 같이 필요한 변인의 값을 정해야 한다. [표
3.10]의 세 번째 경우처럼, 질량을 다양하게 다르게 해야 하는 이유는 질량이 작을 때와
질량이 클 때, 단면적이 미치는 영향이 다를 수 있기 때문이다.

[표 3.10] 변인의 값 설정

변인의 값 설정	내용
변인 값을 정하지 않은 경우	질량은 일정하게 하고, 단면적을 변화시킨다.
일부만 변인 값을 정한 경우	질량이 20g인 나무공, 찰흙공, 스티로폼 공, 쇠공의 단면적을 측정한다.
필요한 변인 값을 모두 정한 경우	질량이 40g인 나무공, 찰흙공, 스티로폼 공, 쇠공의 단면적을 측정한다. 질량이 60g인 나무공, 찰흙공, 스티로폼 공, 쇠공의 단면적을 측정한다. 질량이 80g인 나무공, 찰흙공, 스티로폼 공, 쇠공의 단면적을 측정한다.

활동 1. (−)로 대전된 아연판 검전기에 빛을 쪼였을 때, 검전기가
　　닫히는 것을 관찰하고 있다.

　　빛의 세기와 진동수에 따라 검전기의 반응이 어떻게 달라
　　지는지 알아보기 위해 필요한 변인과 변인의 값을 설정해
　　보아라.

변인통제를 하지 않고 두 개의 변인을 동시에 변화시키는 경우도 있는데, 그러한 경우를 공변화라고 한다. 두 개의 변인(A, B)에 대해서 각각 2개의 값(a1, a2와 b1, b2)을 가진 경우에 공변화가 포함된 측정 결과는 [표 3.11]과 같다.

[표 3.11] 공변인 포함된 실험 결과 세트

실험 결과 유형	변인 설정	변인통제/공변화
실험 결과 1	[A=a1, B=b1]일 때와 [A=a1, B=b2]일 때를 비교	A를 통제
실험 결과 2	[A=a2, B=b1]일 때와 [A=a2, B=b2]일 때를 비교	A를 통제
실험 결과 3	[A=a1, B=b1]일 때와 [A=a2, B=b1]일 때를 비교	B를 통제
실험 결과 4	[A=a1, B=b2]일 때와 [A=a2, B=b2]일 때를 비교	B를 통제
실험 결과 5	[A=a1, B=b1]일 때와 [A=a2, B=b2]일 때를 비교	A, B를 공변화
실험 결과 6	[A=a1, B=b2]일 때와 [A=a2, B=b1]일 때를 비교	A, B를 공변화

[표 3.11]에서 실험 결과 5와 6이 필요한 이유는 두 변인이 서로 상호작용할 수 있기 때문이다. 예를 들어, [표 3.12]와 같이 겨울에 기온(A)과 귤 섭취여부(B)가 감기에 영향을 주는지 알아본다고 할 때, 겨울철 평균보다 기온이 높은 경우(a1)와 낮은 경우(a2), 귤을 섭취한 경우(b1)와 그렇지 않은 경우(b2)로 나눈다면, 평균보다 높은 기온에 귤을 섭취한 경우에만 감기에 걸리지 않고, 나머지 경우에는 모두 감기에 걸릴 수도 있기 때문이다.

[표 3.12] 두 독립변인이 상호작용하여 영향을 주는 예

실험 결과 유형	공변화 결과
실험 결과 5	[A=a1(높은 온도), B=b1(귤 섭취)]일 때 감기에 걸리지 않음. [A=a2(낮은 온도), B=b2(귤 섭취 않음)]일 때 감기에 걸림.
실험 결과 6	[A=a1(높은 온도), B=b2(귤 섭취 않음)]일 때 감기에 걸림. [A=a2(낮은 온도), B=b1(귤 섭취)]일 때 감기에 걸림.

활동

1. 빛의 세기와 진동수에 따른 검전기의 변화를 알아보는 실험에서 두 독립변인이 상호작용할 수 있는 상황(실험 결과)을 예상해 보아라.

2. 2개의 독립변인이 서로 상호작용하는 다른 예를 제안해 보아라.

변인을 설정한 후, 변인을 측정하기 위해 조작적 정의를 할 필요가 있기도 하다. 예를 들어 '산도에 따른 00의 변화'를 보고자 할 때, '산도'를 관찰 또는 측정 가능하도록 '리트머스의 색'으로 정의할 때, 이것을 변인에 대한 조작적 정의라고 한다. 변인을 계산 가능하도록 정의하는 것도 조작적 정의에 속한다. [표 3.13]은 다른 조작적 정의의 예이다.

[표 3.13] 조작적 정의의 예

탐구 상황	조작적 정의
강우량에 따라 산에서 쓸려 내려온 흙의 양 측정 실험	산에서 쓸려 내려온 흙의 양 = 강바닥의 높이 변화

정리 1. 독립변인을 설정한 후, 변인의 값을 정해야 한다. 이때 사전실험이 필요할 수 있다.
2. 변인통제를 할 때에는 2개의 독립변인을 각각 여러 개의 값으로 변화시켜야 한다.
3. 두 독립변인이 상호작용하는지 알아보기 위해서는 두 변인을 공변화시켜 보아야 한다.
4. 변인의 측정을 위해 조작적 정의가 필요할 수 있다.

3.2.6 이상조건의 설정

독립변인을 설정할 때, 수없이 많은 변인들 중에서 어느 변인이 종속변인에 영향을 줄 것인지를 선택하는 것은 어렵지만 중요하다. 이 과정에서 가장 영향을 크게 줄 것으로 예상되는 것 이외의 변인들을 무시하거나 영향을 미치지 않도록 통제할 필요가 있는데, 이때 이상조건의 설정이 필요하다(박종원 등, 1988[1]; 박종원 등, 1988[2]; Song et al., 2001).

이상조건을 탐구에서 중요하게 도입한 사람은 갈릴레오이다. 그는 비탈면에서 물체의 운동을 설명하면서 스스로 비탈면에서 저항이 없으며, 비탈면이 매우 단단하고 매끄럽다는 조건을 가정해야 한다고 하였다. 그리고 관성의 법칙을 도입하는 과정에서도 구슬이 레일을 운동할 때 저항이 없다는 이상적인 가정을 도입하였다. 무거운 물체와 가벼운 물체가 동시에 떨어진다는 결론을 얻어낼 때에도 공기가 없다는 이상적인 가정을 도입하였다(Nersessian, 1992, p.56).

"갈릴레오가 복잡한 실제 세계에 접했을 때, 그는 좀 더 특별한 방식으로 이상화하였다. 그는 원래의 문제와 유사한 보다 간단한 상황으로 관심을 돌렸고, 따라서 문제를 보다 쉽게 해결할 수 있게 되었다. '갈릴레오 방식'의 이상화는 곧 새로운 과학의 특징을 규정짓는 요소가 되었다." (McMullin, 1985)

이러한 이상조건에는 [표 3.14]와 같이 몇 가지 유형들이 있다.

[표 3.14] 이상조건의 유형

이상조건의 유형	예
특정 요소 무시하기	표면의 마찰을 무시한다. 도선의 전기저항을 무시한다.
극한값 취하기	입자의 크기가 0이라고 하자. 거리가 무한대로 멀다고 하자.
특정 요소를 일정/균일하다고 가정하기	중력 가속도가 (높이에 무관하게) 일정하다고 하자. 전하의 분포가 균일하다고 하자.

활동 1. 다음 탐구활동에 포함된 주요 이상조건들을 찾아보자.
    (1) 건전지의 기전력 측정 실험
    (2) 행성으로부터의 탈출속도 구하기
    (3) 등온팽창, 단열팽창

이상조건을 설정함으로써, 주요한 요인의 영향을 보다 직접적으로 알 수 있다. 그러나 이러한 이상조건 하에서 얻어진 결론은 실재와 동일할 수 없다. 따라서 이상조건 하에서 얻어진 과학적 법칙과 이론은 다시 실세계에 적용되는 과정을 거쳐야 한다. 보통 그러한 과정에서 [그림 3.9]와 같이 초기의 법칙과 이론은 점점 세련화되고 정교화되게 된다(박종원, 2002).

"그(보어)의 첫 번째 모델은 원형 궤도를 도는 하나의 전자를 갖고 있는 고정된 양성자-핵에 기초를 둔 것이었다. … 보어의 값들은 고정된 원자핵 주위를 도는 전자에 입각한 대략적인 계산을 근거로 하고 있었다. (초기 보어의 원자모형에서) 전자는 공통적 중심의 주위를 돈다. 그러므로 당연히 이체(two-body) 문제를 다룰 때 행해지는 것처럼 환산질량으로 즉, $m_e{}' = m_e / (1 + m_e / m_n)$으로 대치해야 한다. 이 수정된 모델이 M_3였다. … 보어의 연구 프로그램은 그 후 계획된 대로 진행되었다. 다음 단계는 타원궤도들을 계산하는 일이었다. … (또) 전자들이 원자핵 주위를 고속으로 회전함으로써 (만일 아인슈타인의 역학이 참이라면) 전자들이 가속될 때 그 전자들의 질량이 (상대론적 질량으로) 현저히 변해야 한다. 실제로 상대성 이론에 따른 이러한 수정들을 계산함으로써 조머펠트는 에너지 준위의 새로운 배열을 얻었고 따라서 스펙트럼의 미세구조를 얻었다." (Lakatos, 1980, pp.61-64)

[그림 3.9] 보어의 원자모형이 세련화되고 정교화되어가는 과정

옴의 법칙($I = \dfrac{V}{R}$)을 이끌어 내는 과정에도 저항체의 온도가 일정하다는 이상조건이 포함되어 있다. 일반적으로는 저항체에 열이 발생하게 마련인데 이때 발생한 열의 효과를 고려하면 비저항은 온도에 따라 변하게 된다: $\rho = \rho_0 (1 + \alpha \Delta T)$.

이러한 특징은 열의 발생이 심할수록 명확하게 나타난다. 예를 들면, 3V 꼬마전구를 이용하여 전압을 올리면서 흐르는 전류의 세기를 측정하면 실제로 [그림 3.10]과 같은 그래프를 얻을 수 있다.

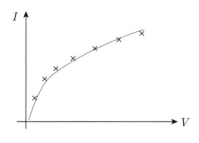

[그림 3.10] 꼬마전구의 전압과 전류

즉, 텅스텐 필라멘트인 경우에 $\alpha = 0.0045$인데, 불이 켜진 경우에는 필라멘트 온도가 약 2000℃까지 올라가므로, 저항이 약 10배 정도 커진다는 것을 의미한다. 흔히, 니크롬선

으로 실험을 많이 하는데, 니크롬선의 경우에는 $\alpha = 0.0004$이므로 1,000℃ 정도 온도가 상승해도 니크롬선의 저항이 1.4배 밖에 증가하지 않음을 알 수 있다. 따라서 니크롬선을 저항체로 이용하면 니크롬선 온도가 크게 오르지 않아 거의 이상적인 옴성 물질이라고 할 수 있다.

단진자의 주기는 다음 식으로부터 유도된다: $ml\dfrac{d^2\theta}{dt^2} = -mg\sin\theta$. 이때, $\sin\theta \approx \theta$라는 이상조건을 사용하면, 단진자의 주기는 $T_0 = 2\pi\sqrt{l/g}$와 같다. 그러나 이상조건을 사용하지 않고 구한 경우에는 다음과 같다.

$$T = 2\pi\sqrt{l/g}\left(1 + \frac{1}{4}\sin^2\frac{\theta}{2} + \frac{9}{64}\sin^4\frac{\theta}{2}\cdots\right)$$

따라서 이상조건을 사용하지 않는 경우에는 초기각도가 커질수록 주기가 길어지게 되는데 이를 나타내면 [표 3.15]와 같다.

[표 3.15] 초기각도에 따른 진자의 주기

initial angle (°)	5	10	20	30	40	50	60	70	80	90
rate of increase (%)	0.05	0.19	0.77	1.74	3.11	4.91	7.12	9.74	12.72	16.00

활동
1. 지표면 근처에서 중력가속도는 일정하다고 본다. $g = G\dfrac{M}{(R+h)^2}$를 이용하여 지표면으로부터 높이에 따른 중력 가속도의 변화를 구해 보아라. 8,000m 에베레스트 산 정상과 36,000km 높이의 정지위성에서는 중력가속도 크기가 지표면에 비해 각각 얼마나 변하는가?

2. Interactive Physics 시뮬레이션 프로그램을 이용하여, 공기저항이 있을 때 수평으로 던진 물체의 속력이 시간에 따라 어떻게 변화하는지 분석하여라.

정리
1. 이상조건에는 무시하기, 극한값 취하기, 균일/일정하다고 가정하기 등이 있다.
2. 이상조건 하에서 생성된 과학법칙과 이론은 실세계와 비교하면서 정교화되고 세련화된다.

3.3 과학적 사고와 탐구활동

과학적 사고는 크게 귀납적 사고, 연역적 사고, 귀추적 사고의 3가지로 나누어 볼 수 있다. 대체로 3가지 과학적 사고는 [그림 3.11]의 탐구과정 속에서 각각 중요한 역할을 한다. 여기에서는 물리탐구 과정 속에서 3가지 과학적 사고가 어떠한 주요 기능과 역할을 하는지, 그리고 과학적 사고의 지도방안에 대해서 알아보고자 한다.

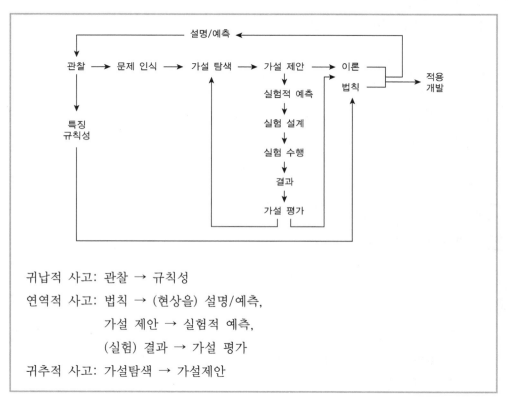

[그림 3.11] 과학 탐구과정 속의 과학적 사고

3.3.1 귀납적 사고

① 귀납적 사고의 정의와 조건

귀납적 사고란 제한된 관찰로부터 일반화된 언명(또는 과학 법칙)을 찾아내는 데 필요한 사고이다. 즉, 몇 개의 제한된 수의 관찰밖에 없음에도 불구하고, '모든'이나 '항상'이라는

보편 언명을 이끌어내는 사고가 귀납적 사고이다.

예를 들어, 순수한 물을 가열하였을 때 끓는 온도를 측정하면 100℃라는 관찰 언명을 얻을 수 있다. 만일 10번 또는 100번의 관찰이 모두 100℃에서 끓었다면, 관찰자는 '모든 순수한 물은 항상 100℃에서 끓는다.'라는 보편 언명을 주장할 수 있다. 이와 같이 10번 또는 100번의 관찰 사실만으로 '모든 순수한 물'이 '항상 100℃에서 끓는다.'는 주장을 할 때 우리는 귀납적 사고를 한 것이다.

두 변인들 간의 관계에 대한 일반화된 법칙을 이끌어내는 과정도 마찬가지이다. 예를 들어, 간단한 전기회로에서 전압을 증가시키면서 회로에 흐르는 전류의 세기를 측정한다고 하자. 건전지를 1개, 2개, … 연결하면서 회로에 흐르는 전류의 세기를 측정하고, 또 다른 회로에서 같은 실험을 반복하면서 우리는 '전류의 세기는 항상 전압의 크기에 비례한다.'라는 두 변인들 간의 관계에 대한 일반화된 법칙을 이끌어내는데, 이 과정에도 귀납적 사고가 사용된 것이다.

귀납적 사고를 통해 제한된 수의 관찰 사실들로부터 얻은 일반법칙이 정당성을 부여받기 위해서는 다음 3가지 조건을 만족해야 한다(Chalmers, 1986).

- 일반화의 기초가 되는 관찰 언명은 수적으로 많아야 한다.
- 관찰은 다양한 조건 아래에서도 반복될 수 있어야 한다.
- 받아들여진 어떠한 관찰도 도출된 보편법칙과 모순되어서는 안 된다.

따라서 학생들이 귀납적 실험을 한다면, 같은 현상에 대해서 되도록 많은 관찰을 실시하고, 조건을 달리하면서 관찰하여 일반화된 법칙을 이끌어내도록 하는 것이 필요하고, 앞으로도 계속된 관찰 사실들이 얻어진 일반법칙과 위배되지 않는지를 확인할 필요가 있다.

② 귀납적 사고의 한계

귀납적 사고가 물리 탐구 활동에서 많이 사용되는 사고임에도 불구하고, 귀납적 사고는 기본적인 한계를 가지고 있다. 그 이유는 앞서 제시한 귀납적 사고가 정당화되기 위한 3가지 조건을 실제로는 만족할 수 없기 때문이다. 즉 많은 관찰을 해야 하지만, 얼마나 많은 관찰을 하면 되는지를 결정할 수 없으며, 다양한 관찰을 해야 하지만, 어느 정도로 다양하게 관찰해야 하는지를 결정할 수 없다. 또 보편법칙과 위배되는 관찰이 없을 것이라는 보장도 하기 어렵다.

또 귀납의 조건을 만족하지 않고도 우리는 일반화된 법칙을 쉽게 제안할 수 있다. 예를 들어, '빨갛게 달구어진 난로에 손을 대면, 손에 화상을 입는다.'라는 언명은 한 번의 사례만으로도 쉽게 얻을 수 있는 일반 언명이다. 이 언명이 일반화된 법칙이 되기 위해 여러 가지 종류의 빨갛게 달구어진 난로에 여러 번 손을 댈 필요는 없는 것이다.

이러한 귀납의 한계를 통해 현대 과학 철학자들은 귀납적 사고가 일반화된 보편 언명을 찾아내는 과정, 즉 새로운 법칙을 발견하는 과정을 설명하지 못한다고 지적하였다. 따라서 포퍼 (Popper, 1968)는 과학철학에서는 새로운 이론이 발견되는 과정에 대해서는 논의할 수 없다고 하였다.

그러나 이것이 귀납적 사고가 과학적 탐구 활동에서 아무런 역할을 하지 않는다는 것을 뜻하는 것은 아니다. 단지 귀납적 사고만으로는 과학적 탐구활동을 충분히 설명할 수 없고, 귀납에 의한 결론이 참이 아니라는 것을 말해 주고 있지만, 귀납은 일반화된 규칙성을 찾는데 매우 유용한 사고방법인 것이다.

활동 다음 활동을 해 보자.

1. 다음과 같은 입사각으로 빛이 평면거울에 입사했을 때, 반사각을 측정하여라.

	입사각	반사각
측정 1	70 °	
측정 2	60 °	
측정 3	50 °	
측정 4	40 °	

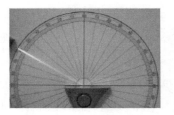

위와 같이 4번의 측정결과로부터 철수는 "평면거울에서 빛은 항상 입사각과 반사각이 같다"라는 결론을 내렸다. 정말 4번의 관찰결과만 가지고 '항상'이라는 결론을 내리는 것이 옳을까? 옳다고 생각하는 사람과 옳지 않다고 생각하는 사람들끼리 조를 나누어 의견을 발표하고 각자의 의견을 정리해 보아라.

2. 영호는 "항상"이라는 결론이 옳기 위해서는 다음의 조건이 필요하다고 제안하였다.

> (1) 조건 1: 관찰사실이 많을수록 결론이 옳을 확률이 크다.
> (2) 조건 2: 다양한 조건에서 실험을 할수록 결론이 옳을 확률이 크다.
> (3) 조건 3: 이제까지 관찰했던 것과 다른 관찰 결과가 있어서는 안 된다.

위의 3가지 조건이 만족될 수 있는지 다음과 같이 생각해 보자.

① 조건 1을 만족시키기 위해 10,000번 실험했다고 하자. 그러면 10,001번째 실험은 하지 않아도 될까?

② 조건 2를 위해 반사의 법칙 실험에서 남자와 여자가 실험하는 경우로 조건을 바꾸어 측정할 필요가 있을까?

③ 조건 3에서와 같이 입사각과 반사각이 다른 관찰이 앞으로는 절대 없으리라는 보장이 있을까?

3. 제한된 수의 관찰 사실로부터 '항상, 모든'이라는 결론을 내리는 귀납적 사고에 의해 얻은 결론은 '참'이라고 할 수 있겠는가? 만일, 귀납적 사고에 의한 결론이 '참'이라고 할 수 없다면, 물리탐구에서 귀납적 사고를 사용하지 말아야 할까?

③ 귀납적 사고를 통한 탐구활동 유형

귀납적 사고를 통해 일반법칙을 얻는 유형에는 다음 4가지가 있다.

● 유형 분류(classification): 사물이나 사건들로부터 공통적인 특징을 찾아 같은 유형으로 나누고, 다른 유형과 구분하는 사고.

유형 분류의 대표적인 예로 리트머스 종이를 이용하여 빨갛게 변하는 것과 푸르게 변하는 것으로 분류하고, 각각을 산성 물질과 염기성 물질로 분류하는 활동이 있다. 또, [그림 3.12]와 같은 간단한 전기회로를 구성하고, 전선 사이(A점과 B점 사이)에 임의의 물체를 연결하였을 때, 불이 켜지는 물질과 켜지지 않는 물질로 나누고, 각각을 도체와 부도체로 분류하는 활동도 이에 속한다.

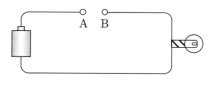

[그림 3.12] 전기회로

물리 내용이 포함되어 있지는 않지만, 잘 알려진 분류 활동으로 [그림 3.13]과 같은 활동도 있다. 이 경우에 분류하는 방식에는 여러 가지가 있을 것이다. 예를 들면,

몸체에 색이 있는 경우와 없는 경우로 나눌 수도 있고, 몸이 각진 경우와 둥근 경우로 나눌 수도 있다. 물론, 두 기준을 합쳐서 분류한다면, 몸체에 색이 있으면서 둥근 경우와 각진 경우, 그리고 몸체에 색이 없으면서 둥근 경우와 각진 경우 4가지로 분류할 수도 있을 것이다.

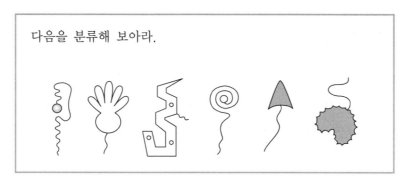

다음을 분류해 보아라.

[그림 3.13] 분류활동 (Lawson, 1996, p.88)

- 계열화(odering): 일련의 사물이나 사건들을 순서화하고, 위계적으로 나열할 수 있는 사고.

  분류된 유형들이 각각 고유한 특성을 가지게 되고, 그러한 특성들이 위계성을 가지고 있으면, 분류된 유형들을 순서화 또는 계열화할 수 있다. 예를 들어, 동물을 고등동물에서 하등동물로 분류하고, 나아가 고등동물과 하등동물 간에 위계적인 순서를 나열할 수 있는데, 이때 사용되는 귀납적 사고가 계열화이다.

- 보존(conservation): 사물이나 사건들이 겉보기에는 다르지만, 일정한 값이 있다는 것을 발견하고 그것을 사물이나 사건의 특성으로 규정하는 사고.

  보존 사고에 대한 예로 여러 가지 크기의 쇠도막 부피와 질량을 측정하여 밀도를 구하는 실험을 생각해 보자. 이때 흔히 부피와 질량을 측정한 후에 곧바로 '질량/부피'의 값을 계산하도록 안내하고 있다. 즉 질량과 부피가 변하더라도 '질량/부피' 값이 변하지 않는다는 것을 학생들이 알도록 하기 위한 것이다. 그러나 이러한 경우에 [표 3.16]과 같이 학생들이 여러 가지 시도를 통해 귀납적으로 보존값을 찾아보도록 하는 것도 필요하다.

[표 3.16] 5개 쇠도막의 질량과 부피 측정값

	쇠도막				
	1	2	3	4	5
질량					
부피					
질량 × 부피					
질량 ÷ 부피					
질량 + 부피					
질량 − 부피					

- 상관관계(correlation): 두 사물이나 사건들 간에 있을 수 있는 상관관계를 설정하는 사고.

상관관계는 두 변인 간의 관계를 나타내는 가장 초보적인 관계 중의 하나이다. 예를 들어, [표 3.17]은 운동하는 수레가 책 사이에 낀 자를 밀고 간 후 정지했을 때, 수레의 질량과 속도에 따라 자가 정지한 거리를 측정한 결과이다. 이때 질량과 자의 정지거리와의 관계, 속도와 자의 정지거리와의 관계가 상관관계에 해당된다.

[표 3.17] 수레의 질량과 속력에 따른 자의 정지거리

수레의 질량 (kg)	1	1	1	2	2	3	3
수레의 속력 (m/s)	0.5	1.0	1.5	0.5	1.0	1.5	0.5
자의 정지거리 (cm)	1.0	3.9	8.9	2.1	7.8	17.7	3.0

활동 1. 물리 교과서에서 귀납적 사고의 4가지 유형에 속하는 실험 예를 각각 찾아보아라. 반드시 일치하지 않더라도 관계가 있다고 생각되는 실험을 찾아서 어떠한 측면에서 관계가 있는지를 설명하여도 좋다.

정리 1. 귀납적 사고는 제한된 관찰사실로부터 보편적 일반법칙을 추론하는 사고이다.
2. 귀납 활동을 할 때에는 3가지 조건을 고려할 필요가 있다.
3. 귀납적 결론은 참일 수 없고, 창의적인 제안이라고 할 수 있다.
4. 귀납적 활동에는 유형분류, 계열화, 보존, 상관관계 찾기 활동이 있다.

3.3.2 연역적 사고

연역적 사고는 과학 탐구에서 다음 3가지 과정에서 중요한 역할을 한다.

- 과학적 설명과 예측
- 가설검증을 위한 실험적 예측
- 실험결과에 따른 가설의 검증

① 연역 논리의 기초

연역 논리는 두 전제로부터 결론이 도출되는 과정에서 사용되며, 간단한 형태로 삼단논법이 있다. 여러 가지 유형의 삼단논법 중에서 가언적(hypothetical) 삼단논법은 대전제가 가언명제(hypothetical proposition)이고, 소전제와 결론은 정언(categorical) 명제로 구성되어 있다.

대전제 (전제 1)의 가언 명제가 '만일 p이면, q이다.'의 형태일 때, 소전제(전제 2)의 형태에 따라 [그림 3.14]와 같이 4가지 쌍이 가능하다(박종원, 1998).

전제 1: 만일, p이면 q이다.	만일, p이면 q이다.	만일, p이면 q이다.	만일, p이면 q이다.
전제 2: 이것은 p이다.	이것은 p가 아니다.	이것은 q이다.	이것은 q가 아니다.

[그림 3.14] 4가지 삼단논법의 구조

대전제의 p를 전건(antecedent)이라고 하고, q를 후건(consequence)이라고 할 때, [그림 3.14]에서 전제 1과 2의 쌍은 전건 긍정식(affirmative mode), 전건 부정식(negative mode), 후건 긍정식, 후건 부정식이라고 한다. 전건 긍정식과 후건 부정식의 경우에 두 전제로부터 얻을 수 있는 타당한 결론은 각각 '따라서, q이다.'와 '따라서, p가 아니다.'이다. 그러나 전건 부정식과 후건 긍정식의 경우에는 두 전제로부터 결론을 내릴 수 없다.

② 과학적 설명의 연역적 구조

논리 경험주의자들에 의하면, 연역 추리는 과학 법칙과 이론들로부터 자연 현상을 설명하거나 예측할 때, 설명이나 예측의 형태가 다음과 같은 연역적인 구조를 가진다고 하였다.

전제 1: 법칙과 이론들
전제 2: 초기 조건들
결론: 자연 현상

과학적 설명의 경우에는 자연 현상이 먼저 일어났을 때, 왜 그런 현상이 일어나는지를 전제 1과 전제 2를 통하여 설명하게 되는데, 이때 설명의 형태가 위와 같은 논리적 구조를 갖는다.

헴펠(Hempel, 1966)은 결론에서의 자연 현상을 '설명되는 것(explanandum)'이라고 하였고, 전제 1과 전제 2를 '설명하는 것(explanans)'이라고 하여, 설명은 바로 이 두 가지로 이루어진 것이라고 하였다. 예를 들어, 지구 표면상에서 포물선 운동하는 물체가 있다면(explanandum), 뉴턴 운동 법칙(전제 1)을 이용하여, 물체의 질량, 물체에 작용하는 힘, 물체가 처음 던져질 때의 위치와 속도 등과 같은 초기 조건(전제 2)을 부여하여, 물체가 왜 포물선 운동을 하는지(결론)를 설명하게 되는데, 이 설명의 형태가 연역적이라는 것이다. [그림 3.15]는 연역적으로 설명을 하는 예이다.

전제 1: 질량 m인 물체가 가속도 a로 운동을 하면, 그 물체에는 F=ma만큼의 힘이 작용하고 있다(가속도와 힘과의 관계에 대한 일반법칙).

전제 2: 질량 m=5kg인 물체가 가속도 a=10m/s^{2}로 운동하고 있다(초기조건).

결론: 따라서, 이 물체에는 F=50N의 힘이 작용하고 있다(왜 물체가 가속 운동하는지에 대해 힘의 작용으로 설명).

[그림 3.15] 물체가 가속운동하는 이유를 설명하는 논리적 구조

활동 1. [그림 3.15]의 삼단논법을 [그림 3.14]와 비교해 볼 때, p와 q는 각각 무엇인가?

운동학(kinematics)에서는 물체의 운동을 기술한다. 즉, 물체의 위치, 속도, 가속도가 얼마인지를 기술한다. 시간의 함수로 물체의 위치를 알면, 미분을 통해 속도와 가속도를 알 수 있다. 반대로 시간의 함수로 가속도를 알면, 적분을 통해 속도와 위치를 알 수 있다.

활동 1. 어떤 물체의 시간에 따른 위치가 다음과 같을 때, 속도와 가속도를 구하라.

$x = x_0 + v_0 t + \frac{1}{2}at^2$, 이때 x_0, v_0, a는 모두 상수이다.

2. 어떤 물체의 가속도가 a로 일정할 때, 속도와 위치를 구하라.

$a = a_0$, 이때 a_0는 상수이다.

동역학(dynamics)에서는 물체의 운동변화(결과)가 관찰되면, 왜 그러한 운동변화가 일어나는지(원인)를 설명한다. [그림 3.15]는 동역학의 구조를 가지고 운동변화(결과)를 힘의 작용(원인)으로 설명하고 있다.

위와 같은 과학적 설명에는 정량적 설명뿐 아니라 [그림 3.16]과 같은 정성적 설명도 포함된다. 즉, [그림 3.16]에서는 물체의 운동변화를 관찰하고, 물체가 그러한 운동변화를 하는 이유가 힘이 어떤 방향으로 작용하기 때문이라고 설명하고 있다.

전제 1: 물체의 운동방향은 변하지 않고 속력이 점점 느려진다면, 그 물체에는 운동 반대 방향으로 (알짜)힘이 작용하고 있다 (운동변화와 힘의 작용과의 관계에 대한 법칙).

전제 2: 수직 위로 던진 물체는 올라가는 중, 방향이 변하지 않고 속력이 점점 느려진다 (초기조건과 운동변화에 대한 기술).

결론: 따라서, 수직 위로 던진 물체는 올라가는 중, 물체에는 아랫방향으로 (알짜)힘이 작용하고 있다(왜 운동이 변화하는지에 대해 힘의 작용으로 설명).

[그림 3.16] 운동변화로부터 힘의 작용을 설명하는 논리적 과정

[그림 3.16]의 전제 1에 제시되는 일반법칙은 운동변화의 종류에 따라 다음 4가지 유형으로 나누어볼 수 있다.

I형: 만일, 물체의 운동방향은 변하지 않고 속력이 빨라진다면,
　　　 그 물체에는 운동방향과 같은 방향으로 (알짜)힘이 작용하고 있다.
II형: 만일, 물체의 운동방향은 변하지 않고 속력이 느려진다면,
　　　 그 물체에는 운동방향과 반대 방향으로 (알짜)힘이 작용하고 있다.

III형: 만일, 물체의 속력은 변하지 않고 운동방향이 변한다면,
　　　그 물체에는 운동방향과 수직인 방향으로 (알짜)힘이 작용하고 있다.

IV형: 만일, 물체가 turning point에서 오던 길로 되돌아간다면,
　　　turning point에서도 그 물체에는 되돌아가는 방향으로 (알짜)힘이 작용하고
　　　있다.

　위 일반법칙을 적용하기 위해서는 먼저 물체의 운동이 어떻게 변화하는지를 분석해야
한다. 예를 들어, 진자가 최하점을 지나는 순간에 운동의 변화는 무엇일까? 이때 운동의
변화를 알기 위해서는 이전과 이후를 비교해야 하므로, 최하점 직전과 최하점 직후의
운동을 비교하면 된다. 즉 최하점에서는 속력의 변화는 없고 운동방향만 변한다는 것을
알 수 있다.

　이러한 방식으로 단진자가 내려올 때 연역적 설명을 적용해 보면 [그림 3.17]과 같다.

[진자가 내려오는 중]

전제 1: 만일, 물체의 속력이 빨라지고 운동방향이 변한다면, 그 물체에는 운동방향과
　　　　같은 방향과 수직인 방향으로 각각 힘이 작용하고 있다.

전제 2: 단진자는 내려오는 중, 속력은 빨라지고 운동방향은 변화한다.

결론: 따라서, 단진자가 내려오는 중, 진자에는 운동방향과 같은 방향과 수직인 방향으
　　　로 각각 힘이 작용하고 있다.

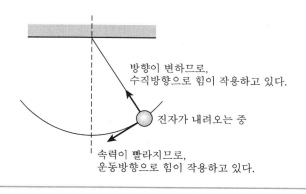

[그림 3.17] 진자가 내려오는 중, 진자에 작용하는 힘

활동
1. 진자가 최고점에 있는 순간, 일반법칙 IV형을 이용한 논리적 설명을 삼단논법으로 쓰시오.
2. 진자가 최하점을 지나는 순간, 적절한 일반법칙을 이용하여 논리적 설명을 삼단논법으로 쓰시오.

③ 과학적 예측의 연역적 구조

과학적 예측의 연역적 구조는 과학적 설명의 연역적 구조와 동일하다. 즉 [그림 3.18]과 같이 전제 1에 일반법칙이 오고, 전제 2에 초기조건이 오면, 논리적으로 결론에서 예측하게 된다.

전제 1: 어떤 저항(R)에 전압(V)이 걸리면, V/R만큼의 전류가 흐른다(일반법칙).

전제 2: 이 회로에서 이 소자의 저항은 R=5Ω이고, 소자에 걸린 전압은 V=10V이다 (초기조건).

결론: 따라서, 이 소자에는 10/5=2A 만큼의 전류가 흐를 것이다(예측).

[그림 3.18] 과학적 예측의 논리적 적용 예

과학적 설명의 경우에는 일어난 현상(결과)이 전제 2에 제시되고, 그 현상이 일어난 원인을 결론에서 설명한다. 그러나 과학적 예측의 경우에는 전제 2에 원인이 제시되고, 결론에서 어떤 현상이 일어날지(결과) 예측하게 된다.

과학적 예측의 논리적 구조를 물체의 운동에 다시 적용해 보면, [그림 3.19]와 같다.

전제 1: 물체에 운동방향과 반대방향으로 (알짜)힘이 작용하면, 물체의 속력은 점점 느려진다(일반법칙).

전제 2: 지표면에서 물체를 수직 위로 던지면, 위로 올라가는 중 물체에는 운동방향과 반대방향으로 중력이 작용하고 있다(초기조건으로 힘의 작용(원인)이 기술).

결론: 따라서, 지표면에서 물체를 수직 위로 던지면, 위로 올라가는 중 물체의 속력은 점점 느려질 것이다(어떤 운동변화가 일어날지(결과)를 예측).

[그림 3.19] 물체의 운동변화를 예측하는 연역적 구조의 예

[그림 3.19]의 예측의 구조를 [그림 3.16]의 설명의 구조와 다시 비교해 보면, [표 3.18]과 같은 차이점이 있다.

[표 3.18] 과학적 설명과 과학적 예측의 논리적 구조에서의 차이

	과학적 설명	과학적 예측
전제 1	결과와 원인의 순으로 기술	원인과 결과의 순으로 기술
전제 2	일어난 운동의 변화(결과)가 기술	힘의 작용(원인)이 기술
결론	일어난 현상을 힘의 작용(원인)으로 설명	일어날 현상(결과)을 예측

활동 1. [그림 3.18]의 과학적 예측의 연역적 구조를 과학적 설명의 연역적 구조로 바꾸어 보아라.

모든 과학적 설명과 과학적 예측을 이러한 삼단논법으로 정리하는 것은 복잡한 일이다. 그러나 설명과 예측을 하고자 할 때에는 반드시 [표 3.19]와 같은 내용을 먼저 찾아서 기술해야 한다.

[표 3.19] 과학적 설명과 예측을 할 때 필요한 준비

과학적 설명을 하고자 할 때	과학적 예측을 하고자 할 때
어떤 현상이 일어났는지와 초기조건을 기술한다. (예) 자석에 종이가 달라붙었다(현상). 종이 속의 전자들이 핵 주위를 돌고 있다. 전자의 회전에 의해 자기장이 형성되고, 그 정도는 회전속도가 클수록 크다(초기조건).	초기조건과 함께 어떤 원인이 작용했는지를 기술한다. (예) 헬륨 풍선이 하늘 높이 올라갔다(초기조건). 높이 올라갈수록 풍선에 작용하는 기압이 낮아진다(원인).
그러한 현상을 설명하는 데 필요한 일반법칙을 찾는다. (예) $\vec{F} = g\vec{v} \times \vec{B},\ F = \dfrac{mv^2}{r}$ (법칙)	그러한 원인이 작용했을 때, 어떤 현상이 일어날지 예측하는 데 필요한 일반법칙을 찾는다. (예) $PV = $ 일정 (법칙)

활동 1. [표 3.19]의 예를 이용하여 각각 과학적 설명과 예측을 해 보아라.

위의 설명에서는 구체적인 현상을 일반 법칙으로 설명하거나, 일반법칙으로부터 현상을 예측하는 경우를 예로 들었다. 그러나 법칙이 다시 큰 이론으로 설명되는 경우와 그 이론이 다시 더 포괄적인 이론에 의해 설명되는 경우에도 그러한 설명은 연역적인 형태를 갖게 된다.

정리
1. 연역적 사고의 간단한 형태는 삼단논법이다.
2. 과학적 설명은 일반법칙과 초기조건(일어난 현상, 결과에 대한 기술 포함)으로부터 연역적 결론(원인을 설명)을 이끌어내는 과정이다.
3. 과학적 예측은 일반법칙과 초기조건(원인의 작용에 대한 기술 포함)으로부터 연역적 결론(일어날 현상을 예측)을 이끌어내는 과정이다.
4. 운동변화와 작용하는 (알짜)힘의 방향과의 관계로부터 과학적 설명/예측을 할 때, 필요한 일반법칙으로 4가지 유형이 있다.

④ 가설 반증과정의 연역적 구조

가설 검증을 위해서는 가설 자체를 검증하기보다는 ① 가설을 통해 실제 관찰/실험 가능한 상황을 먼저 예측하게 되고, ② 예측된 현상이 실제로 일어나는지를 직접 관찰/실험함으로써 가설을 평가하는 두 단계 과정을 거치게 된다.

첫 번째 단계인, 가설로부터 가능한 실험 현상을 예측하는 과정도 연역적인 구조로 되어 있는데, 예를 들면, [그림 3.20]과 같다.

전제 1: (가설) 모든 중성자는 입자이다(모든 A는 B이다).

전제 2: 모든 입자는 슬릿을 지날 때 간섭을 일으키지 않는다(모든 B는 C이다).

결론: 따라서, 모든 중성자는 슬릿을 지날 때 간섭을 일으키지 않는다(모든 A는 C이다).

[그림 3.20] 가설로부터 실험가능한 현상을 예측하는 연역적 과정(가설검증의 첫 번째 단계)

이와 같이 가설로부터 실험 가능한 예측을 하게 되면, [그림 3.21]과 같이 실제 실험을 통해 예측과 비교하는 두 번째 단계를 거치게 된다.

전제 1: 모든 중성자가 입자라면(가설), 중성자가 슬릿을 지날 때에는 간섭을 일으키지 않을 것이다(가설에 의한 실험적 예측).

전제 2: 실험에 의하면, 중성자가 슬릿을 지날 때 간섭을 일으킨다 (실제 실험결과).

결론: 실험에 의하면, 중성자는 입자가 아니다(실험결과에 의한 가설의 평가).

[그림 3.21] 실제 실험결과에 의해 가설을 평가하는 연역적 과정(가설검증의 두 번째 단계)

이때 [그림 3.21]에서 가설이 반증되는 단계는 [표 3.20]과 같이 삼단논법(연역)의 후건 부정식 구조를 가지고 있다.

[표 3.20] 가설검증의 두 번째 단계의 연역적 구조

	가설검증의 두 번째 단계	후건 부정식
전제 1	가설과 가설에 의한 실험적 예측	p(가설)이면, q(가설에 의한 실험적 예측)이다.
전제 2	실제 실험 결과	이것은(실험에 의하면), ~q(실험적 예측의 반증)이다.
결론	가설의 평가	이것은(실험에 의하면), ~p(가설)이 틀렸다.

이와 같이 후건 부정식에 의해 가설이 틀렸음을 밝히는 과정은 포퍼가 말한 반증의 과정과 같다.

"여기서 언급된 추리의 반증 양식, −즉, 결론의 반증이 그로부터 그것이 도출된 체계의 반증을 함의하는 방식− 은 고전 논리학의 후건 부정식이다. 그것은 다음과 같이 기술될 수 있다. 이론들과 초기 조건들 (단순성을 위해 필자는 그것들의 차이를 구별하지 않을 것이다)로 이루어진 언명들의 체계 t의 결론을 p라고 하자. 그러면, 우리는 p가 t로부터 도출될 수 있는 가능한(분석적 함축) 관계를 't → p'로 기호화할 수 있고, 'p는 t로부터 따라 나온다'고 읽을 수 있다. p가 거짓이라고 하자. 그것은 ~p라고 쓰고, 'p가 아니다'

라고 읽을 수 있다. t→p라는 가능한 도출 관계와 ~p라는 가정이 함께 주어지면 우리는 ~t(t가 아니다)를 추리할 수 있다. 즉, 우리는 t가 반증된 것으로 간주한다."(Popper, 1968, p.76)

⑤ 가설 확증의 연역적 구조

만일 실험결과가 가설에 의한 실험결과와 일치하면, 실험결과가 가설을 지지한다고 한다. 예를 들면, [그림 3.22]와 같다.

> 전제 1: 만일, 뉴턴 운동법칙이 옳다면(가설), 목성도 태양을 중심으로 타원궤도를 돌 것이다(실험적 예측).
> 전제 2: 관측에 의하면(실험에 의하면), 목성이 태양을 중심으로 타원궤도를 돈다(실험적 예측과 일치하는 실험결과).

[그림 3.22] 가설을 지지하는 실험결과가 얻어진 경우

그러나 [그림 3.22]와 같은 연역적 구조는 삼단논법의 후건 긍정식과 같고, 후건 긍정식의 경우에는 논리적인 결론을 내릴 수가 없으므로, '따라서, 관측에 의하면, 뉴턴 운동법칙은 옳다'라는 결론을 논리적으로 내릴 수 없다. 이를 가리켜, Popper(1968)는 논리적으로 가설을 반증하는 것은 가능하지만, 가설을 확증하는 것은 불가능하다고 하였다.

" … 필자의 제안은 확증가증성과 반증가능성 간의 비대칭성에 근거한 것이다. 즉, 보편 언명들의 논리적 형식에서 비롯되는 비대칭성을 말하는 것이다. 이것들은 결코 단칭 언명들로부터 도출될 수는 없지만, 단칭 언명들과 모순될 수는 있다. 결과적으로, 순수한 연역적 추리들에 의해(고전 논리학의 후건 부정식에 힘입어) 참된 단칭 언명들로부터 보편 언명들이 거짓이라는 것을 추론하는 것은 가능하다."(Popper, 1968, p.41)

그러나 탐구 활동에서 학생들은 (과학자들조차도) 종종 가설을 지지하는 실험결과를 얻었을 때, '가설이 옳다'라는 논리적인 오류를 범하는 경우가 많은데, 이러한 오류를 '후건 긍정의 오류'라고 한다. 후건 긍정에 의한 결론이 오류인 이유는 [그림 3.23]의 예를 보면 알 수 있다.

전제 1: 천동설에 의하면(가설), 아침에 해가 동쪽에서 뜰 것이다(실험적 예측).

전제 2: 아침에 관찰해 보니, 아침에 해가 동쪽에서 떴다(실험결과).

결론: 아침에 관찰해 보니, 천동설이 옳다(?)

[그림 3.23] 후건 긍정의 오류에 의한 결론

후건 긍정에 의한 결론이 오류인 이유는, 실험결과를 설명할 수 있는 또 다른 가설이 가능하기 때문이다. 즉, [그림 3.23]에서 아침에 해가 뜬 현상은 천동설이 아닌 지동설로도 설명이 가능하다. 결국, 가설을 지지하는 실험결과가 얻어졌을 때는 "가설이 지지되었다"고 할 수는 있지만, "가설이 옳다"고는 논리적으로 주장할 수 없다. 오히려 또 다른 가설의 가능성을 탐색해 보는 태도가 중요하다.

활동
1. 가설을 지지하는 실험결과를 얻었음에도 불구하고 가설이 참이라고 할 수 없다고 할 때, 학생이 "그러면 실험은 왜 하나요?"라고 질문했다. 이 학생의 질문에 어떻게 답변해 주는 것이 좋을까? 창의성과도 연관지어 생각해 보자.

정리
1. 가설검증과정은 가설로부터 실험적 예측을 하는 첫 번째 과정과 실험결과에 의해 가설을 평가하는 두 번째 과정으로 구성된다.
2. 가설검증과정의 첫 번째 과정과 두 번째 과정은 연역적 과정이다.
3. 가설을 평가하는 두 번째 단계는 전제 1에 가설과 가설에 의한 실험적 예측이, 전제 2에 실험결과가 제시된다.
4. 가설 반증과정은 연역논리의 후건 부정식에 의해 가설이 틀렸다는 논리적 결론을 내릴 수 있다.
5. 가설 확증과정은 연역논리의 후건 긍정식에 따르므로, 가설이 옳다는 논리적 결론을 내릴 수 없다. 그 이유는 동일한 실험결과를 예측할 수 있는 또 다른 가설이 가능하기 때문이다.

⑥ 과학자의 가설 검증활동

컨 등(Kern et al., 1983)은 실제 과학자들이 가설의 검증과정에서 필수적이라고 가정해왔던 형식 논리의 원리를 얼마나 잘 이해하고 있는지를 조사하였다. 그 결과, 문제 상황에 따라 27-28%의 과학자들도 후건 긍정의 논리적 부당성을 인식하지 못했으며, 31-59%의 과학자들은 후건 부정의 논리적 타당성을 인식하는 데 실패하였음을 관찰하였다. 그리고 이러한 논리적 부족은 문제 상황을 추상적인 상황과 구체적인 상황으로 달리하여도 별 차이가 없었다.

그리고 미트로프(Mitroff, 1974)도 40명의 NASA 지질학자들과 면담을 한 결과, 과학자들은 자신의 이론적 입장을 지지하는 것에 몰두하는 것이 과학의 진보에 있어 필요하고 바람직한 것이라고 보고 있었으며, 그러한 몰두 없이는 유용하고 새로우면서도 아직 덜 발달된 많은 가설들이 미숙한 반증에 의해 너무나도 쉽게 포기될 수 있다고 생각하고 있음을 발견하였다.

이와 관련하여 물리학자 디락(Dirac)은 반증 사례가 있어도 이론을 폐기하지 않는 것이 오히려 현명하다고 다음과 같이 말했다(Gorman, 1989, p.42).

> "가장 중요한 것은 아름다운 이론을 만드는 것이다. 만일 어떤 관찰 사실이 그 이론을 지지하지 않는다고 하여도 상심하지 말고 기다리면, 그 관찰 사실에 잘못이 있었음이 판명될 것이다."

그리고 아인슈타인의 중력 이론을 예로 들면서, "만일 이론을 적용한 결과 어떤 불일치가 나타난다면, 아인슈타인은 그러한 불일치는 적용할 때 생긴 부차적인 문제를 아직 적절하게 해결하지 못해서이지, 이론의 일반 원리가 잘못되었기 때문이라고 생각하지 않을 것이다. 아인슈타인이 중력 이론을 만들었을 때 그는 어떤 관찰 결과를 설명하려고 한 것이 아니다. 아름다운 이론, 자연이 선택한 이론을 찾기 위한 것이었다." 라고 하였다(Dirac, 1979). 또 디락[19]은 실험 결과에 의존하여 이론을 폐기한 것이 결국

[Dirac]

---

19) 디락(P. A. M. Dirac, 1902-1984): 영국의 물리학자로 슈뢰딩거 방정식을 더욱 발전시켜 물질에 대한 상대론적 파동방정식을 개발하여 1933년 노벨 물리학상을 받았다.
  사진 출처: https://www.nobelprize.org/nobel_prizes/physics/laureates/1933/dirac-bio.html

중대한 실수였던 예를 들기도 하였다(Dirac, 1963). 슈뢰딩거는 전자에 대한 비상대론적 파동 방정식을 그의 이름을 붙여 발표한 사람이다. 후에 슈뢰딩거는 전자의 상대론적 방정식을 발견하였으나 발표하지 않았다(후에 전자의 상대론적 방정식은 클레인 고든 방정식이라고 불렸다). 그는 상대론적 방정식이 이전의 비상대론적 방정식에 의해 해석되었던 실험 결과와 잘 맞지 않기 때문에 발표하지 않은 것이다. 그러나 그러한 이론과 실험 간의 괴리는 실험 결과를 잘못 해석하였기 때문이지 상대론적 방정식이 틀렸기 때문이 아니라는 것이 훗날 밝혀졌다.

과학사에서도 과학자들이 포퍼의 반증과정을 그대로 따르지 않았던 예들을 찾아볼 수 있다. 예를 들면, 찰머스(Chalmers, 1986)는 그의, 'What is this thing called science?' 라는 책에서, 뉴턴의 중력 이론이 처음에 나온 지 얼마 되지 않아 달의 궤도에 대한 관찰에 의해 반증되었지만, 뉴턴의 중력 이론은 폐기되지 않았고 결국 50년 뒤에 반증의 원인이 이론에 있지 않고 다른 곳에 있다는 것이 밝혀진 바 있다는 것을 예로 들었다(Chalmers, 1986, p.66).

또, 코페르니쿠스의 탑의 논증도 예로 들었다. 즉, 코페르니쿠스가 지구는 지축을 중심으로 상당한 속도로 자전한다고 하였을 때, 그 이론을 반대하는 사람들은 탑 위에서 물체를 떨어뜨리면 물체가 떨어지는 동안 지구가 자전하므로 물체가 수직 아래로 떨어지지 못하고 멀리 다른 곳에 떨어져야 하지만 실제로는 수직 아래로 떨어지므로 지구는 자전하지 않는다고 반박하였다. 또, 회전하는 곳에 있는 물체는 회전 중심에서 튕겨 나가려고 하는 데 지표면 위의 어떤 물체도 튕겨 나가지 않으므로 역시 지구는 자전하지 않는다고 반박하였다. 그 당시 코페르니쿠스 지지자들은 심각한 곤경에 직면하게 되었고, 코페르니쿠스 자신도 그러한 반론에 적절한 대답을 하지 못하였다. 그럼에도 불구하고 그 이론은 수학적으로 단순하다는 이점과 함께 폐기되지 않았고 결국은 옳은 이론으로 판명되었다(Chalmers, 1986, p.67).

[표 3.21]은 보어의 원자모형이 반대되는 증거에 의해 초기 이론이 폐기되기보다는 오히려 세련화되고 정교화되는 과정을 잘 보여준다.

[표 3.21] 보어의 원자모형의 변화과정 (Lakatos, 1995, pp.61-64)

불일치 사례	원자모형의 수정
	보어의 1913년 원자모형
피커링은 1896년 별 자리 스펙트럼에서 수소 원자 이론으로 설명할 수 없는 계열을 발견. 파울러는 1898년 태양 스펙트럼에서도 발견한 후에 수소와 헬륨이 든 방전관에서 직접 실험으로 확인.	이온화된 헬륨 원자 모델을 제시함으로써 이 결과들을 설명하고 새로운 현상도 예측
파울러의 반박	핵도 질량중심을 중심으로 공전운동한다는 모델로 수정
공전궤도가 원형궤도라는 점이 한계	전자의 타원형 궤도로 수정
예상치 못한 불일치 스펙트럼이 관찰	조머펠트가 1915년 상대론적 효과를 도입하여 전자 질량을 수정
왜 전자가 정해진 궤도에만 있어야 하는지 의문	1923년 드브로이의 물질파 개념으로 이론적 설명이 가능

이와 같이 이론에 대한 반증사례들과 반박들은 이론을 폐기시키는 데 역할하기보다 이론을 보다 더 확장시키고 세련화시키고 정교화시키는 데 공헌하였으며, 결국에 가서는 반증사례들이 이론의 확증사례로 변화되고 말았다. 라카토스는 이에 관해 다음과 같이 말하였다.

"새로 싹트기 시작한 연구 프로그램이 진보적 문제 교체로서 합리적으로 재해석될 수 있는 한, 이 프로그램은 강력하게 확립된 라이벌 프로그램으로부터 당분간 보호되어야 한다." (Lakstos, 1995, p.71)

파우스트(Faust, 1984)는 "The limit of scientific reasoning" 이라는 책에서 과학자들의 행동에는 비논리적인 측면이 있음을 지적하고, 이러한 논리적인 결점에 대한 많은 증거들을 제시한 바 있다. 즉, 반증보다는 확증을 선호하며, 종종 반증 증거가 나오더라도 그것을 무시하거나 무시하기 위한 이유를 만드는 예들이 많다고 하였다. 또, 컨 등(Kern, et. al., 1983)은 논리실증주의자들이 과학에서의 핵심이라고 말하는 명제적 논리를 과학자들은

[라카토스]

실제로 거의 사용하지 않는다고 하였다. 포퍼가 말한 과학적 발견 논리의 핵심이 되는 반증 원리도 과학자들이 체계적으로 사용하지 않는다는 것이다(Shadish & Neimeyer, 1987, p.17). 이에 대해 라카토스[20]는 다음과 같이 말하기도 하였다.

"과학자들의 얼굴은 말할 수 없이 두껍다. 그들의 이론이 단지 사실과 어긋난다고 해서 그것을 포기하지는 않는다. 통상적으로 그들은 단지 변칙사례라고 부르는 것을 설명하기 위해 임시방편적인 가설을 만들어 내거나 그러한 변칙을 설명하지 못하는 경우에는 아예 그것을 무시하여 버리고 다른 문제에 정신을 쏟는다. 〈중략〉. 물론 과학의 역사에는 결정적인 실험이 이론을 폐기시킨 사례도 무수히 많이 존재한다. 그러나 그러한 설명은 이론이 포기된 후에 꾸며낸 이야기이다."(Lakatos, 1995, p.4)

심리학자들도 문제 해결에 있어서 자료를 확증하는 방식으로 처리하는 경향이 있음을 발견하고, 구체적인 실험과학 측면에서 가능한 반응을 다음과 같이 요약하였다: ① 선호하는 가설에 대해서는 반증하는 증거를 찾지 않는다. ② 일단 반증된 가설일지라도 포기하지 않는다. ③ 선호하는 가설에 대한 대안을 만들고 검증하지 않는다. ④ 선호하는 가설을 지지하는 증거가 대안적인 다른 가설도 마찬가지 방식으로 지지하는지를 고려하지 않는다 (Tweney, Doherty, & Mynatt, 1981, p.115).

활동
1. 가설 검증과정에서 과학자들의 행동 특성을 정리하고, 왜 그러한 행동 특성을 보이는지 나름대로 해석해 보아라.
2. 라카토스의 핵과 보호대로 이루어진 연구 프로그램에 의하면, 반증증거로부터 어떻게 핵이 보호되는가?
3. 반증증거에 대해서도 이론을 폐기하지 않는 것이 좋은가? 그렇다면, 잘못된 과학 이론은 어떻게 폐기될 수 있다고 생각하는가?

⑦ 과학적 설명에서 학생의 연역 논리 사용

실제 학생들이 실험 상황에서 논리를 어느 정도로 사용하는지를 조사한 연구로는 패디글

---

20) 라카토스(I. Lakatos, 1922-1974): 헝가리 출신의 철학자로 과학사에 기초하여 핵과 보호대로 구성된 과학 연구프로그램으로 과학이론의 점진적 발달과정을 설명하였다.

리온과 토라카(Padiglione & Torracca, 1990)의 논문이 있다. 그들은 15-17세 학생을 대상으로 실험 상황에서 학생이 따르는 논리적 과정에 대한 정보와 학생들이 결정을 할 때 얼마나 논리에 의존하는지에 대한 정보를 얻고자 하였다. 그 결과, 학생들은 여러 가지 수용할만한 설명들 중에서 옳은 선택을 하는 데 있어 논리가 큰 도움을 주지 못한다는 것을 발견하였다. 예를 들어, 실험 사실과 현상에 대한 설명(이론)이 서로 논리적으로 불일치한다는 것을 지적할 수 있는 학생들조차도 실제로 옳은 설명이 무엇인지를 결정하는 데에는 논리적 사고를 사용하지 않는다는 것을 발견하였다.

박종원 등(1994)은 연직 상방 운동에 대해 오개념을 가지고 있는 중학생을 대상으로 추상적 과제에서 연역논리 능력을 조사한 후, 구체적으로 물체가 수직 위로 올라가는 중과 최고점에서 논리적으로 힘의 방향을 옳게 찾을 수 있는 연역논리 과제를 제시하였다. 조사 결과, 힘과 운동에 대한 연역 논리 과제를 통해 개념이 변화한 경우는 62% ~ 24%로 나타났다. 그러나 개념이 변화한 경우와 변화하지 않은 경우에 추상적 상황에서의 논리점수에는 차이가 없었다. 즉, 추상적 상황에서의 논리적 사고 능력이 구체적 상황에서의 논리 과제 수행에 별 영향을 주지 않는 것으로 나타났다.

서정아 등(1996)의 연구에서는 박종원 등(1994)의 연구와 동일한 과제를 고등학생에게도 적용시켜 중학생의 경우와 비교하였다. 그리고 정량적인 비교를 위해 연역과제 수행에 있어서 선개념의 영향 지수(α)와 논리적 사고의 영향 지수(β)를 조작적으로 정의하여 산출한 결과가 [표 3.22]와 같이 나타났다.

[표 3.22] 연역과제 수행에서 선개념과 논리적 사고의 영향

	중학생	고등학생
α (선개념 영향지수)	0.30 ~ 0.63	0.35 ~ 0.68
β (논리적 사고 영향지수)	0.42 ~ 0.17	0.40 ~ 0.19

이에 Park & Han(2002)은 구체적으로 어떠한 요소들이 학생들의 논리적 사고에 방해 역할을 하는지를 조사하였다. 조사 결과, 학생들이 연역적 사고를 하지 않은 이유가 첫째, 단순히 연역적인 사고를 하지 않기 때문, 둘째, 연역 과제에서 주어진 전제 1과 전제 2 자체를 잘 이해하지 못해 연역적인 사고를 못하기 때문, 셋째, 주어진 연역 과제가 연역적 구조를 가지고 있다는 것을 알지 못해 연역적인 사고를 하지 않기 때문으로 밝혀졌

다. 이러한 결과에 기초하여 그러한 방해 요소들에 대해 간단한 처치를 해 주면 논리적 사고에 도움을 주는지를 조사하였다. 그 결과, 거의 대부분의 학생들이 논리적으로 사고하였고, 그 결과 자신의 오개념을 버리고 올바른 결론을 얻게 되었음을 관찰할 수 있었다.

⑧ 가설의 반증과정에서 학생의 연역논리 사용

학생의 오개념을 밝혀내고, 오개념을 수정하기 위해 제시된 실험이나 관찰 증거에도 불구하고 학생들이 자신의 선개념을 폐기시키기보다는 다른 보조가설을 제시하거나, 실험 결과 자체를 의심하거나 거부하는 반응들도 많이 관찰되어 왔다.

예를 들면, Gunstone 등(1988)은 음식이 부패하면 사라지거나 무게가 줄어든다고 생각하는 학생들에게 항아리에 상한 고기를 넣고 밀봉하여 무게를 측정하는 시범을 보였을 때, 무게가 일정한 것을 발견하고도 자신의 생각을 바꾸기보다는 시범에서의 다른 측면에 관심을 가지고, 그러한 측면의 영향 때문이라고 함으로써 다른 보조가설을 생성하여 관찰을 거부하는 경우가 있음을 발견하였다.

빛과 그림자에 대한 박종원 등(박종원, 장병기, 윤혜경, 박승재, 1993)의 연구에서는 [그림 3.24]와 같은 과제를 이용하여 학생의 선개념을 조사하였다.

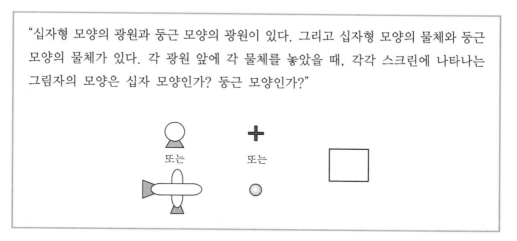

"십자형 모양의 광원과 둥근 모양의 광원이 있다. 그리고 십자형 모양의 물체와 둥근 모양의 물체가 있다. 각 광원 앞에 각 물체를 놓았을 때, 각각 스크린에 나타나는 그림자의 모양은 십자 모양인가? 둥근 모양인가?"

[그림 3.24] 그림자 모양에 대한 학생의 선개념 조사 문항

그 결과, 63.5%의 학생들은 광원의 모양은 그림자 모양에 영향을 주지 않고, 물체의 모양만이 그림자 모양에 영향을 준다고 응답하였다.

이후에 이러한 생각을 가진 학생을 대상으로 자신의 생각과 불일치하는 그림으로 그려진 증거(십자형 광원과 둥근 모양의 물체일 때 십자형 그림자가 생긴 경우)를 제시하고, 학생들이 증거를 보고 평가하는 과정을 조사하였다. 그 결과 증거를 보지도 않고 자신의 생각에만 기초하여 반응한 경우가 58.8%였고, 증거에 기초한 반응 중에서도 40%는 증거가 잘못되었거나 틀렸다고 증거를 거부하였다. 즉 선개념에 대한 믿음 때문에 불일치 증거가 나왔다고 하더라도 반증의 논리를 사용하지 않고 증거 자체를 거부하거나 의심하는 행동으로 나타난 것이다.

그림으로 그려진 증거와 달리, 실제 학생들이 시범을 관찰한 경우에 학생의 반응을 알아보기 위해 박종원과 박문주(1997)는 [그림 3.25]와 같이 물체의 가속도 방향을 직접 관찰할 수 있는 시범장치(물속의 탁구공이 가속도 방향으로 기울어진다)를 고안하였다.

그리고 시범을 통해 인지적 갈등을 인식할 수 있도록 구조화된 면담을 실시하여 학생의 반응을 조사하였다. 이때, POE(Prediction – Observation – Explanation) 방법을 사용하여 시범 전에 일어날 현상을 먼저 예측하게 하고(오개념: 탁구공이 가속도 반대방향으로 기울어진다), 직접 시범을 관찰한 후에 자신의 선개념과 비교하여 관찰 현상을 설명하도록 하는 면담을 실시하였다.

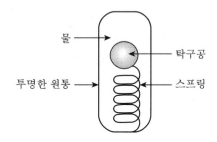

[그림 3.25] 가속도 방향을 관찰할 수 있는 시범장치

면담 결과, 시범에 의해 옳은 개념으로 변화한 경우가 55%이었으며, 시범에 의해서도 선개념을 그대로 유지하거나 다른 오개념으로 변화시킨 경우가 35%로 나타남을 알 수 있었다. 이때 35%의 반응들에는 다음과 같은 반응들이 포함되어 있었다.

① 시범 관찰에 의해 갈등을 인식하였음에도 불구하고 관찰 결과 자체를 거부하는 반응

② 시범 결과를 자신의 선개념과 조화시켜 다른 오개념으로 변화시킨 반응(수직 위로 던진 물체가 올라가는 중, 힘의 방향이 위라고 생각하는 학생이 시범을 통해 탁구공이 아래로 움직이는 것을 보고, 아래로 작용하는 힘과 위로 작용하는 힘이 모두 있으며, 위로 작용하는 힘이 아래로 작용하는 힘보다 크다고 한 경우)

③ 시범 장치의 작동 방식을 의문시하는 반응

④ 관찰 결과에 대해 조작적인 해석을 함으로써 관찰 사실과 선개념을 동시에 받아들이는 반응(수직 위로 던진 물체가 올라가는 중, 탁구공은 아래 방향의 힘을 받고, 시범장치는(자신의 원래 생각과 같이) 윗방향의 힘을 받는다고 한 경우)

나아가, Park et al.(2001)은 [그림 3.26]과 같은 유전분극 현상에 대해 학생의 오개념을 조사한 후에(오개념: 검전기와 대전체 사이에 나무막대가 있을 때에는 검전기가 벌어지지 않는다), 일련의 증거(여기에는 자신의 생각을 지지하는 증거와 반증하는 증거들이 함께 들어있다)들을 제시하면서 학생의 반응을 분석하여, 학생의 가설(여기에서는 학생의 선개념을 가설로 보았다) 확증과정과 반증과정에 어떤 유형들이 있는지를 밝혀내었다.

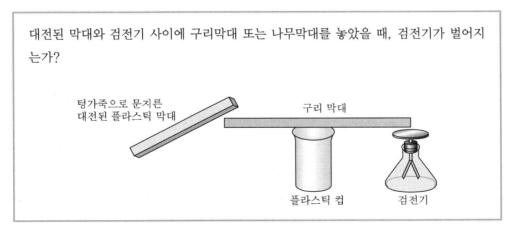

[그림 3.26] 유전분극 현상에 대한 학생의 선개념 조사 문항

[그림 3.27]은 반증증거(부도체 막대의 경우에도 검전기가 벌어지는 현상)에 의해서도 핵심이론을 버리는 않는 반응들을 정리한 것이다(Park, et al., 2001).

[반증증거를 거부하지는 않았으나, 핵심원리를 폐기하지 않고 관련이론을 수정한 경우]

유형 1. 관찰된 반증증거(유리막대의 경우에 검전기가 벌어진 현상)에 대해서만 관련 보조 이론을 수정하고(유리가 도체이다), 나머지 증거들은 자신의 원래 생각과 같을 것이라고 결론지었다. 그리고 더 이상 관찰하지 않았다. (즉, 관찰된 현상의 경우에만 특별한 이유 때문이라고 하면서 보조 이론을 수정한 경우이다)

유형 2. 반증증거들을 모두 관찰하고, 관찰된 반증증거에 대해서만 보조이론을 수정하고(관찰한 막대들은 도체이다), 다른 부도체의 경우에는 자신의 생각대로 검전기가 벌어지지 않을 것이라고 하였다.

유형 3. 반증증거를 관찰한 후, 관찰되지 않은 현상까지 일반화시키는 방식으로 관련 보조 이론을 완전히 수정하였다(모든 물체는 도체이다).

[그림 3.27] 반증증거에 대해 핵심이론을 버리지 않는 학생 반응

활동 1. 무거운 물체가 가벼운 물체보다 먼저 떨어질 것이라고 예상하는 학생에게 무거운 쇠공과 가벼운 쇠공을 이용하여 두 물체가 동시에 떨어지는 현상을 보여주었다. 이때 원래 이론을 버리지 않고 학생이 보일 수 있는 다양한 반응들을 정리해 보아라.

그렇다면, 학생의 오개념을 반증하는 관찰이나 자료에 의해서 학생의 오개념이 변화되기 위해서는 무엇을 고려해야 할까?

Park & Kim(1998)은 전류에 대한 학생의 오개념을 조사하고, 학생의 오개념을 반증하는 실험 증거에 대한 학생의 반응을 조사하였는데, 이때 실험 증거의 종류를 두 가지로 달리하여 학생의 반응을 비교하였다: 관찰에 의해 얻어진 실험 결과와 변인통제에 의해 얻어진 실험 결과. 그 결과, 단순한 관찰에 의해서만 얻어진 실험 결과에 대해서는 55%가 증거를 거부하고 자신의 생각을 그대로 유지시켰지만, 변인통제에 의해 얻어진 실험 결과에 대해서는 단지 9%만이 증거를 거부하였을 뿐 나머지 모든 학생들은 증거를 받아들이고 자신의 선개념을 포기하였다. 이에 대해 연구자들은 단순 관찰에 의해 얻어진 경우에 비해 변인통제에 의해서 얻어진 결과를 해석하기 위해서는 추가적인 인지적 노력이 요구된다는 측면에서, 반증증거를 통한 개념 변화를 위해서는 인지적 노력이 중요하다는 주장을 하였다.

또 Kim & Park(1995)은 인지적 능력이 높은 학생의 경우에는 자신의 선개념(가설)과

반대되는 증거를 실험을 통해 얻었을 때, 오히려 쉽게 개념을 폐기하는 경우도 발견하였는데, 그 이유는 학생들이 스스로 대안적 이론을 만들어 낼 수 있었기 때문에 나타난 현상이라고 해석하였다.

앞서 [그림 3.26]의 유전분극 현상을 이용하여 학생의 반응을 분석한 연구(Park et al. 2001)에서도 학생들이 반증증거를 관찰하고, 자신이 핵심이론을 버린 반응들이 있었는데, [그림 3.28]과 같이 모두 새로운 대안 개념을 도입하면서 기존의 이론을 버리는 반응들이었다.

[반증증거에 의해 자신의 핵심원리를 폐기한 경우]

유형 1. 첫 번째 반증증거에 의해서도 새로운 개념의 도입 없이 핵심원리를 폐기한 후에, 계속적인 반증증거를 관찰하여 새로운 개념을 도입하게 되었다.

유형 2. 첫 번째 반증증거에 의해 새로운 개념을 도입하면서 핵심원리를 폐기하고, 계속적인 증거를 관찰하여 새로운 개념을 확인하였다.

유형 3. 처음 반증증거에 대해서는 관련이론을 수정하거나 실험결과에 미칠 수 있는 여러 가지 요인들을 고려하다가, 반증증거가 누적되자 새로운 이론을 도입하면서 핵심원리를 폐기하였다.

[그림 3.28] 반증증거에 대해 대안 개념을 도입하면서 핵심이론을 버린 학생 반응

이와 관련하여 라카토스와 쿤도 반대 증거만으로는 기존의 이론이 폐기되지 않지만, 반대 증거를 설명할 수 있는 대안이론이 나타났을 때에는 기존의 이론이 폐기될 수 있다고 하였다.

"즉, 일단 과학이론이 패러다임의 지위를 성취하면 그 이론에 대치될 다른 후보가 나타날 때에만 무용하다고 선언된다. 아직까지 과학에 관한 연구에 의해 발견된 어떤 과정도 이론을 자연현상과 직접 비교하여 허위를 입증하는 방법론의 공식을 따른 경우는 없었다."(Kuhn, 1970, p.77)

"소박한 반증주의와는 반대로, 실험, 실험보고, 관찰 진술 또는 잘 확증된 저차원의 반증 가설 등은 어느 것이나 그것만으로는 결코 반증에 이르지 못한다. 보다 나은 이론이

나타나기 전에는 결코 어떤 반증도 존재하지 않는다."(Lakatos, 1995, p.35).

정리
1. 학생들은 논리적 사고 능력이 있음에도 불구하고, 논리적 사고를 사용해야 하는 탐구활동에서 논리를 사용하지 않는 경우가 있다.
2. 학생들은 지지되는 실험결과에 대해 후건 긍정의 오류를 범하는 경우가 많다.
3. 학생들은 반증 결과에도 불구하고, 다양한 반응을 보이면서 자신의 원래 선개념을 폐기시키지 않고 유지하는 경우가 많다.
4. 학생의 오개념이 변화되기 위해서는 반증사례뿐 아니라, 반증사례를 설명할 수 있는 새로운 대안 이론(가설)이 제안되어야 한다.

3.3.3 귀추적 사고

The American College Dictionary(Barnhart, 1953)는 가설과 설명을 다음과 같이 정의하였다.

"(가설이란) 어떤 특정한 현상들의 출현을 설명하기 위해 제안된 명제(또는 명제들)"
"(설명이란) 원인이나 이유를 명확하게 하는 것, 이유를 대는 것"

따라서 가설이란 어떤 현상에 대한 질문에 대해 설명을 제안하는 것, 또는 어떤 특정한 관찰이나 관련된 관찰에 대해 임시적으로 원인을 제안하는 것이다. 여기에서 과학적 설명과 과학적 설명가설과의 차이는 다음과 같다.

과학적 설명: 잘 알려진 일반법칙을 이용하여 어떤 현상이 왜 일어났는지 연역 논리적으로 결론을 이끌어내는 과정
과학적 가설: 어떤 현상이 왜 일어났는지에 대해 임시적 설명을 제안하는 과정

과학적 설명을 할 때 연역적 사고가 사용된다면, 과학적 설명가설을 제안할 때에는 귀추적 사고가 사용된다. Peirce는 1903년 강연에서 "귀추(abduction)는 (새로운) 설명가설을 형성하는 과정이다. 그것은 새로운 생각을 도입하는 논리적 작용이다"라고 하였다(Peirce, 1998, p.216). 그리고 "모든 (새로운) 과학적 아이디어는 귀추의 방식을 통해서 온다."라고 하였다(Peirce, 1998, p.205). 즉 세 번째 과학적 사고인 귀추적 사고는 [그림

3.29]와 같이 새로운 현상을 설명하기 위해 새로운 아이디어나 가설을 제안할 때 적용되는 사고를 뜻한다.

1. 어떤 새로운 현상 P가 관찰되었다.
    (예) 자석이 구리에 붙지 않음에도 불구하고, 구리봉 안에서 자석이 천천히 떨어졌다.

2. P는 H로 설명이 가능하다.
    (예) 자석이 떨어지면서 구리에 유도전류가 생긴다고 생각하면, 자석이 천천히 떨어지는 것을 설명할 수 있다.

3. 따라서 H가 맞다고 생각할 만하다.
    (예) 자석이 떨어질 때 구리봉에 생긴 유도전류 때문에 자석이 천천히 떨어진다는 설명이 맞는 것 같다.

[그림 3.29] 귀추적 사고의 사고단계 (Hanson, 1961, p.86)

귀추적 사고는 현재의 상황을 설명하기 위해, 현재의 상황과 유사한 다른 상황에서의 설명방식을 도입하는/빌려오는 사고로 정의할 수 있다(Lawson, 1995, p.7). [그림 3.30]은 귀추적 사고의 예를 제시하고 있다.

- 가젤은 사자가 가까이 오면 재빠르게 도망간다.
- 그러나 어떤 경우에는 가젤이 모여 있을 때 사자가 가까이 와도 도망가기보다는 흰 엉덩이를 보이면서 제자리에서 뛰기만 한다.
- 그러면 왜 가젤이 그러한 이상한 행동을 하는지 질문이 야기된다.

- 이때 비둘기 둥지로 뱀이 가까이 갔을 때의 상황을 떠올린다.
- 그 상황에서 비둘기는 알과 새끼가 둥지에 있음에도 불구하고, 둥지로부터 도망을 가는데, 날개가 부러진 것처럼 기어서 도망을 간다.
- 그러자 둥지로 가던 뱀이 어미 비둘기를 쫓아가기 시작한다.

- 결국 어미 비둘기는 새끼를 보호하기 위해 자신의 위험을 무릅쓴 것이다.
- 그렇다면 가젤도 주변의 어린 가젤에게 위험을 알리기 위해 도망가지 않은 것으로 생각해 볼 수 있다.

[그림 3.30] 귀추적 사고가 적용된 예

위의 예에서 제시한 귀추적 사고를 단계별로 다시 정리하면 [표 3.23]과 같다.

[표 3.23] 귀추적 사고에 의한 가설 제안 단계

단계	내용
1단계	흥미로운/이상한 현상의 관찰 (예: 구리봉 안에서 자석이 천천히 떨어짐) (예: 가젤이 사자가 등장해도 도망가지 않고 제자리에서 뛰는 이상한 행동을 함)
2단계	왜 그런지에 대한 인과적 질문 제기 (예: 구리가 자석에 붙지 않는데, 왜 구리봉 안에서 자석이 천천히 떨어질까?) (예: 왜 가젤은 위험한 상황에서 도망가지 않을까?)
3단계	현재 상황과 유사한 다른 상황의 탐색 (예: 코일에 자석이 움직이면 코일에 유도전류가 생겨 자석의 운동을 방해함) (예: 비둘기 어미가 새끼를 보호하기 위해 위험을 무릅씀)
4단계	다른 상황에서의 설명방식을 빌려와서 현재 상황을 설명하기 위한 가설을 제안 (예: 구리봉 안에서 자석이 움직이므로 구리봉에서도 유도전류가 생겨 떨어지는 자석의 운동을 방해하는 것 같음) (예: 가젤의 경우도 주변의 어린 가젤들에게 위험을 알리기 위해 도망가지 않고 위험을 무릅쓰는 것 같음)

활동

1. 유리잔에 물을 넣고 유리잔을 치거나 문지르면 소리가 난다[21]. 이때 유리잔에 물이 많으면 낮은 소리가 난다(보통 물이 든 공기 기둥에서는 물이 적어 공기 기둥이 더 길 때 낮은 소리가 난다). 이 현상을 설명하기 위한 가설을 제안하는 과정을 [표 3.23]과 같은 단계별로 정리해 보아라.

이러한 귀추에 의한 가설 제안단계에서 중요한 것은 3단계와 4단계이다. 즉, 현재의 현상을 설명하는 데 적절한 다른 현상을 먼저 찾고(3단계), 그 현상으로부터 설명을 빌려와야 한다(4단계). 이때 Park(2006)은 다른 현상을 찾을 때 현재 상황과 다른 상황 간의 유사성에 의해서 적절한 다른 상황을 찾을 수 있고, 설명방식도 유사성을 이용할 수 있다고 하였다(그림 3.31).

I: 현재 관찰한 이상한/흥미로운 현상에 특징 a, b, c가 있다.

II: 배경지식에도 비슷한 특징 a', b', c'이 있다.

III: 따라서 현재 관찰한 현상과 배경지식 간에는 유사한 특징이 있다.

IV: 배경지식에는 또 다른 특징 d'가 있다.

V: 그렇다면, 관찰한 현상에도 아직 확증되지는 않았지만, 특징 d가 있다고 생각할 만하다.

[그림 3.31] 유사성에 기초한 추론

[그림 3.31]의 유사성에 기초한 추론을 구리봉에서 떨어지는 자석 상황에 적용해 보면, [표 3.24]와 같다.

[표 3.24] 유사성에 기초한 추론에 따른 가설제안과정

단계	내용
I	구리봉이 원통형(a)이고, 도체이며(b), 구리봉 안에서 자석이 떨어지고 있다(c).
II	코일도 원통형(a')이고, 도체이며(b'), 코일 안에 자석이 움직인다(c').
III	따라서 코일에 자석을 넣었다 뺐다가 하는 상황과 구리봉 안에서 자석이 떨어지는 상황은 서로 유사하다.
IV	코일 상황에서는 코일에 유도전류가 생긴다는 또 다른 특징(d')이 있다.
V	그렇다면, 아직 확인하지는 못했지만, 구리봉에도 유도전류가 생긴다고 생각할 만하다. 그러면 유도전류가 자석의 운동을 방해하여 자석이 천천히 떨어질 것이다.

일반 못에는 클립이 달라붙지 않는데, 자석을 못에 문지르고 나면 못에 클립이 달라붙는

---

21) 유리잔 연주 사진 출처: http://www.kbs.co.kr/2tv/sisa/topsecret/vod/1489713_20220.html

현상이 있다고 하자. 이 현상을 설명하기 위해 유사성에 기초한 추론을 이용하여 가설을 제안하는 과정은 [표 3.25]와 같다.

[표 3.25] 단계별 가설제안 과정

단계		내용
관찰		자석에 문지른 못에는 클립이 달라붙는다.
인과적 질문 제기		왜 못에 클립이 달라붙을까?
유사성에 기초한 추론을 사용한 가설탐색과 제안	I	못에는 처음에 클립이 붙지 않다가(a), 자석으로 문지르고 나면(b), 못에 클립이 달라붙는다(c).
	II	깨진 자석을 시험관에 넣고 흔들면 깨진 자석에 클립이 달라붙지 않지만(a'), 깨진 자석 주위를 자석으로 문지르고 나면(b'), 깨진 자석에도 클립이 달라붙는다(c').
	III	따라서 못 현상과 깨진 자석 현상은 서로 유사하다.
	IV	깨진 자석은 작은 자석 알갱이로 되어 있는데, 자석을 문지르면 깨진 작은 자석 알갱이들이 정렬이 되는 것을 볼 수 있다(d').
	V	확인은 아직 안 되었지만, 못 속에도 작은 자석들이 있어서 자석을 문지르면 정렬이 되어서(d) 자성이 나타나 클립이 붙는 것 같다.

활동 1. 유리잔에서 물이 많을 때 낮은 소리가 나는 현상을 설명하기 위해 가설을 제안하는 단계를 다음 단계로 정리해 보아라.

단계		내용
관찰		
인과적 질문 제기		
유사성에 기초한 추론을 사용한 가설탐색과 제안	I	
	II	
	III	
	IV	
	V	

정리

1. 귀추적 사고는 과학적 가설을 제안하는 과정에서 사용된다.
2. 과학적 설명은 알려진 법칙으로부터 연역적 사고를 통해 설명하는 과정이지만, 과학적 설명가설은 귀추적 사고를 통해 현상에 대한 설명을 제안하는 과정이다.
3. 귀추에 의한 가설은 관찰–인과적 질문제기–가설탐색–가설제안의 과정을 거쳐 제안된다.
4. '가설탐색'과 '가설제안'은 유사성에 기초한 추론과정으로 세분화될 수 있다.

3.4 물리탐구 과정

앞 절에서 물리탐구의 과정을 [그림 3.32]와 같이 요약한 바 있다.

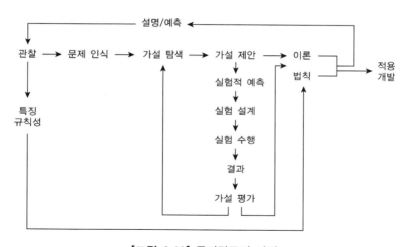

[그림 3.32] 물리탐구의 과정

[그림 3.32]와 같은 물리탐구과정은 탐구과정을 이해하고 분석하는데 기본 방향을 제시해 주고 있으므로 매우 유용하다. 그러나 [그림 3.32]와 같은 과정은 실제 물리탐구의 과정을 간단하게 모형화한 것이므로, 실제 물리 탐구의 과정과 다를 수 있다. 따라서 본 절에서 실제 물리학자를 대상으로 한 연구를 바탕으로 실제 물리 탐구의 과정을 좀 더 구체적으로 살펴보고자 한다.

3.4.1 물리학자의 탐구동기

먼저 몇몇 연구자들이 제시한 물리학자의 연구 동기를 소개하면 [표 3.26]과 같다.

[표 3.26] 물리학자의 연구 동기

연구자	연구동기
Zichichi (1999)	① 실험 기술의 새로운 발견(고안), ② 새로운 아이디어의 제안, ③ 대규모 물리 연구실에서의 새로운 프로젝트, ④ 새로운 과학 환경을 위한 국제적 협력, ⑤ 지구적인 규모의 긴급한 문제 (예: 대체 에너지)
Wilson (1990)	① 어떤 분야에서의 강한 관심/호기심, ② 새로운 아이디어나 이론적 도구, ③ 전문적 경험, ④ 독자적인 장비, ⑤ 중요하지만 아직 탐구되지 않거나 다루어지지 않은 영역

박종원, 장경애(Park & Jang, 2005)는 물리학자들과의 면담을 실시하고 그들의 연구 논문을 분석하여 물리학자의 연구 동기를 [표 3.27]과 같이 정리하였다.

[표 3.27] 물리학자의 연구 동기 유형

구분	세부 내용
M1: 미완성	M11: 실험의 부정확성 M12: 미확인/미개발된 영역 M13: 이론에서 증명되지 않은 부분
M2: 발명/개발	M21: 새로운 데이터/현상의 발견 M22: 새로운 이론의 제안 M23: 새로운 소재의 개발 M24: 새로운 실험기술/장비의 개발
M3: 불일치	M31: 이론과 실험과의 불일치 M32: 이론들 간의 내적 불일치

- M11(실험의 부정확성)의 예로는, 물리학자들이 정확한 값을 얻기 위한 탐구를 들수 있다. 빛의 속도를 보다 정확하게 얻기 위한 연구, 시간을 보다 정확하게 측정하기 위한 연구 등이 그렇다. 또는 "~의 값을 구하는 과정에서 오차가 심했는데, 이러한 오차를 최대한 줄이기 위해 연구를 시작하였다"와 같은 경우도 이에 해당된다.

- M12(미확인/미개발된 영역)의 예로는, 1911년 액체 헬륨을 이용해 매우 낮은 온도에서 수은의 저항을 측정하려 했던 오너스[22]의 연구를 들 수 있다. 이와 관련해 Shamos (1959, p.238)는 톰슨[23]이 전자의 질량과 전하비를 처음으로 측정하고자 한 경우, 그리고 그 다음에 전자의 전하량과 질량을 각각 처음으로 측정하고자 한 경우를 예로 들었다.

[J. J. Thomson]

- M13(이론에서 증명되지 않은 부분)의 예로는, 이론에서 "~한다고 가정한다"라고 한 부분을 증명하거나 그러한 가정을 제거하기 위한 연구를 들 수 있다. 실제로 아인슈타인은 특수 상대성 이론은 등속으로 운동하는 좌표계에서만 성립하므로, 그렇지 않은 경우까지 확장하여 알아보고자 일반 상대성 이론을 시작하였다고 하였다(Ono, 1982, p.243).

이러한 연구동기가 학생들의 탐구활동에 그대로 적용되기는 쉽지 않지만, 중등학교 수준의 탐구활동에서 찾아본다면 [표 3.28]과 같다.

[표 3.28] 중등학생 수준에서의 M1 탐구동기의 예

탐구 동기	내용
M11: 실험의 부정확성	코일 안에서 자석을 움직이는 속도에 따라 유도전류의 세기가 바뀌는 것을 정성적으로 관찰하고, 코일 안의 자석의 속도와 유도전류의 세기와의 관계를 정량적으로 알아보고자 하였다.
M12: 미확인/미개발된 영역	소금물에 구리판과 아연판을 담가 만든 소금물 전지의 경우에 소금물의 농도, 두 금속판의 간격, 두 금속판이 소금물에 잠긴 면적 등에 따른 단자전압의 변화에 대한 결과가 보고된 바 없어, 이를 알아보고자 하였다.
M13: 이론에서 증명되지 않은 부분	중등학생 수준에서 이론적 증명을 위한 탐구는 쉽지 않음.

---

22) 오너스(H. K. Onnes, 1853-1926): 네덜란드 물리학자로 저온 물리학자의 개척자로 1913년 노벨 물리학상을 받았다.

23) 톰슨(J. J. Thomson, 1856-1940): 영국의 물리학자로 음극선관을 이용한 실험으로 음극선이 빛과 다른 물질이라는 것을 발견하였고, 이후 이것이 전자임을 알게 되었다. 1906년 노벨 물리학상을 받았다.
    사진 출처: https://www.britannica.com/biography/J-J-Thomson/images-videos

활동 $\vdots$ 1. 중고등학교 물리교과서 내용을 기반으로 하여, 탐구문제 M11과 M12의 예를 각각 제안해 보아라.

- M21(새로운 데이터/현상의 발견)의 예로는, 베크렐[24]이 음극선 관의 유리벽에 전자빔이 부딪혀 밝게 빛나는 점에서 X선이 나온다는 소식을 듣고, 인광물질의 경우에도 X선이 나올 수 있다는 생각에 실험을 시작한 경우를 들 수 있다(Gribbin, 2003).
- M22(새로운 이론의 제안)의 예로는, 뉴턴 이론이 제안되고 나서 이를 혜성에 적용하여 언제 다시 혜성이 돌아올 지 예상한 헬리[25]의 연구를 들 수 있다.
- M23(새로운 소재의 개발)의 예로, Gribbin(2003)은 "과학사에서 가장 큰 혁명은 19세기 중반의 새로운 진공 펌프 개발과 함께 시작되었다"고 한 경우이다. 최근에 탄소나노튜브[26]가 개발되고 그것이 전기 소재로 활용될 수 있게 되면서 나노튜브를 이용한 많은 관련 연구들이 시작된 것도 M23의 예가 될 수 있다.

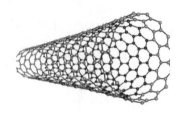

[탄소나노튜브]

- M24(새로운 실험기술/장비의 개발)의 예로, 마그네트론(magnetron)이 개발된 이후, 마이크로파 분석(microwave spectroscope) 연구가 활발해진 경우를 들 수 있다(Wilson, 1990).

이러한 연구 동기를 중등 학생 수준에 적용해 보면 [표 3.29]와 같다.

---

24) 베크렐(A. H. Becquerel, 1862-1908): 프랑스의 물리학자로 뢴트겐이 발견한 X선이 인광물질이 내는 빛과 비슷하다고 생각하고 실험을 하였지만, 서로 무관하다는 것을 알게 되었다. 그러나 우라늄염에서 X선과 비슷한 성질의 광선이 나온다는 것을 발견하고 베크렐선이라고 하였는데, 후에 방사선으로 밝혀졌다. 1903년 퀴리 부부와 함께 노벨 물리학상을 받았다.

25) 헬리(E. Halley, 1656-1742): 영국의 천문학자, 기상학자, 물리학자, 수학자. 1705년 "혜성 천문학 총론"이라는 책에서 1682년에 나타났던 혜성이 1758년 다시 나타날 것을 예측하였다.

26) 탄소나노튜브 그림 출처: https://www.theregister.co.uk/2015/06/12/carbon_nanotube_memory _tech_gets_great_big_cash_dollop/

[표 3.29] 중등학생 수준에서의 M2 탐구동기의 예

탐구 동기	내용
M21: 새로운 데이터/현상의 발견	두 고리자석의 같은 극이 마주보고 있을 때, 위의 고리자석을 떨어뜨리자 진동하는 것을 보고, 자석의 세기나 질량, 간격 등에 따른 진동수의 변화를 알아보고자 하였다.
M22: 새로운 이론의 제안	중등학생 수준에서는 새로운 이론을 적용하는 탐구가 쉽지 않음.
M23: 새로운 소재의 개발	구리판을 불에 구워 만든 Cu_2O판과 구리판을 소금물에 넣어 태양전지가 된다는 것을 보고, 빛의 세기에 따른 전압의 변화를 이용하여 빛의 세기를 측정할 수 있는 장치를 개발하고자 하였다.
M24: 새로운 실험 기술/장비의 개발	아두이노 장치로 소리의 속도를 정밀하게 측정할 수 있게 되어, 파이프 안의 공기 온도를 달리하면서 파이프 안에서 전달되는 소리의 속도 변화를 알아보고자 하였다.

활동 1. 중고등학교 물리교과서 내용을 기반으로 하여, 탐구문제 M21 ~ M24의 예(M22는 제외)를 각각 제안해 보아라.

- M31(이론과 실험과의 불일치)의 예로는, 1990년 여름, Rubense가 그 당시 알려진 Wein의 공식과 불일치하는 측정결과를 Plank[27])에게 알려주었고, Plank는 그 즉시 Wein의 공식을 대체할 공식을 찾기 위한 연구를 시작하였다(Langley, et al., 1987, p.49). 이외에도 이러한 사례는 과학사에서 많이 찾아볼 수 있다.

- M32(이론들 간의 내적 불일치)의 예로는, 중력의 법칙 $F = G\dfrac{Mm}{r^2}$ 에서 $r \rightarrow 0$인 경우에 중력의 크기가 무한대로 되는데, 이러한 무한대가 존재한다는 것은 이론 자체에 불완전함이 있다는 것을 의미한다. 사고 실험을 통해 제안된 불일치도 이론들 간의 불일치로

---

27) 플랑크(M. K. E. L. Plank, 1858–1947): 독일의 물리학자로 양자역학의 장을 열게 하였다.

볼 수 있다. 갈릴레오의 사고실험을 예로 들면, 무거운 것이 가벼운 것보다 먼저 떨어진다는 아리스토텔레스의 이론에 의한다면, 무거운 물체와 가벼운 두 물체를 줄로 묶어서 떨어뜨릴 때, 전체 무게가 커진 만큼 빨리 떨어진다는 결론과 가벼운 물체가 천천히 떨어지려고 하기 때문에 그만큼 속도가 빨라지지 못한다는 결론을 얻게 되는데, 이 두 결론 사이에 모순이 있게 된다(Gilbert & Reiner, 2000).

이러한 연구 동기를 중등 학생 수준에 적용해 보면 [표 3.30]과 같다.

[표 3.30] 중등학생 수준에서의 M3 탐구동기의 예

탐구 동기	내용
M31: 이론과 실험과의 불일치	학생이 오개념을 가지고 있는 경우에 관련 물리 현상을 관찰한 경우는 모두 해당된다. 예를 들어, 검전기와 대전체 사이에 나무막대를 놓으면 나무막대가 부도체이므로 검전기가 벌어지지 않을 것이라고 생각하는 경우에 실제로 검전기가 벌어지는 현상을 보면 이 현상을 알아보고자 탐구를 시작할 수 있다.
M32: 이론들 간의 내적 불일치	중등학생 수준에서는 이론들 간의 불일치에 의한 탐구는 쉽지 않다. 단, 동일한 현상에 대해 서로 다른 의견을 가지고 있는 경우를 이 항목으로 볼 수도 있다. 예를 들면, 동일한 재료의 쇠공이 있을 때, 큰 쇠공과 작은 쇠공을 공기 중에서 떨어뜨리면, A는 무거운 쇠공이 빨리 떨어진다고 생각할 수 있고, B는 무거운 쇠공이 단면적이 넓어서 더 천천히 떨어진다고 생각할 수도 있다. 이 경우에 누구의 생각이 옳은지 알아보기 위한 탐구를 시작할 수 있다.

활동 1. 중고등학교 물리교과서 내용을 기반으로 하여, 탐구문제 M31과 M32의 예를 각각 제안해 보아라.

Park & Jang(2005)은 탐구 동기에 미치는 다른 요인들에 대한 조사도 하여 [표 3.31]과 같은 결과를 얻었다.

[표 3.31] 물리탐구의 동기에 영향을 주는 요인

요인	내용
B1	문제 해결자보다는 문제 발견자로서의 태도
B2	최근의 논문을 읽고 관련 정보를 수집함
B3	다른 분야와 상호작용함
B4	연구 분야에서 미래 전망을 인식함
B5	자신의 재능과 능력을 인식함
B6	재정적 지원

- B1(문제 해결자보다는 문제 발견자로서의 태도)와 관련하여, 아인슈타인은 "종종 문제를 만드는 것이 해결하는 것보다 더 핵심적이다"라고 하였다(Runco & Nemiro, 1994).

- B2(최근의 논문을 읽고 관련 정보를 수집함)와 관련하여, Bulman(1982, p.19)은 Hanson(1964, p.66)의 주장을 인용하면서, 과학자들이 논문만 읽는 데 일주일에 약 5시간을 사용한다고 하였고, Chen(1974)은 미국 보스턴 지역의 6개 대학(Harvard, MIT, Brown 포함)의 물리학자를 대상으로 한 연구에서 물리학자들의 57%가 일주일에 1~3개의 논문을 읽고, 34%가 4~6개의 논문을 읽는다고 하였다. 이에 Wellington & Osborne(2001, p.41)은 "실제 과학자들은 읽기에 많은 시간을 소비하고 있다"고 하였다.

- B3(다른 분야와 상호작용함)은 Park(2004)이 과학적 창의성을 정의하면서 '연관적 사고'를 강조한 것과 관련이 있다. 즉, 관련 없어 보이는 다른 내용과 관련을 지을 때 새로운 탐구가 시작될 수 있다는 것이다. 예를 들어, 다윈이 진화 개념을 맬서스[28]의 인구론과 연관 지은 경우, 케쿨레[29]가 벤젠의 구조를 뱀 꿈과 연관 지은 경우 등이 그렇다. 이를 가리켜 Rothenberg(1996)는 새로운 창의적 발견은 겉보기에 연결되지 않은, 또는 상반되어 보이는 개념들을 서로 연결 짓는 것이라고 하였다.

- B4(연구 분야에서 미래 전망을 인식함)와 관련하여, 장경애(2004)는 과학자들이 직업을 선택할 때 앞으로의 발전 가능성과 같은 사회적인 전망을 가장 중요한 요인 중의 하나로 보고 있다고 하였다.

---

28) 맬서스(T. R. Malthus, 1766-1834): 영국의 성직자이며 인구통계학자, 정치경제학자. 1798년 인구의 원리가 미래의 사회발전에 미치는 영향에 대한 책을 발간하였다.
29) 케쿨레(F. A. Kekule, 1829-1896): 독일의 유기화학자로 1857년 탄소의 원자가가 4라고 주장하였다.

- B5(자신의 재능과 능력을 인식함)와 관련하여, 물리학자들은 자신들에게 가장 경쟁력 있는 분야가 무엇인지 찾아야 한다고 하고, 종종 관심이 있더라도 세계적으로 경쟁력을 갖추고 있지 못하다면 포기한다고도 하였다(Park & Jang, 2005, p.406).
- B6(재정적 지원)은 물리 연구가 사회적 활동의 일환이라는 것을 의미한다.

정리
1. 물리탐구의 동기는 크게 미완성, 새로운 발견, 불일치로 나눌 수 있고, 각각 세부적인 동기 유형들이 있다.
2. 물리탐구에 미치는 다른 요인들도 물리탐구를 시작하는 데 중요한 역할을 할 수 있다.

3.4.2 물리학자의 연구 과정

Park, Jang & Kim(2009)는 물리학자를 대상으로 한 연구로부터 물리학자의 연구과정을 조사하여 연구 동기, 연구과정, 연구결과의 3단계를 [그림 3.33]과 같이 정리하였다.

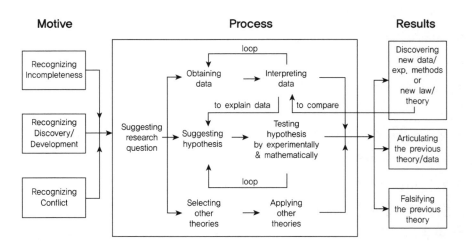

[그림 3.33] 물리학자의 전체 연구과정

그리고 연구과정에 포함된 탐구기능을 [표 3.32]와 같이 5가지 영역으로 구성된 18개로 정리하였다.

[표 3.32] 연구과정에 포함된 탐구기능

범주	탐구기능
과정 1: 연구문제의 정의와 준비	P11: 연구문제 정의하기 P12: 연구 계획 논의하기 P13: 역할과 책임 정하기
과정 2: 가설 생성	P21: 가능한 원인 추론하기 P22: 가설 제안하기 P23: 제안된 가설에 따른 결과 예측하기
과정 3: 연구 설계	P31: 실험과정 설계하기 P32: 수학적 검증방법 제안하기
과정 4: 실험 수행	P41: 샘플 만들기 P42: 데이터 얻기 P43: 계산하기 P44: 가설 검증하기 P45: 가설/이론에 포함된 가정/보조조건 검증하기
과정 5: 결론 도출	P51: 결과 해석하기 P52: 실험과 이론적 결과를 비교하기 P53: 전문가와 논의/논쟁하기 P54: 결과 수정 보완하기 P55: 가설을 일반화하기

[표 3.32]의 18개 탐구기능들에 대한 설명은 다음과 같다.

- P11(연구문제 정의하기)은 다음 절에서 '탐구문제 발견에 유용한 사고전략'에서 좀 더 구체적으로 다룰 것이다.
- P12(연구 계획 논의하기)는 물리학자들이 공동연구를 할 때 연구의 의미를 점검하고 세련화시키며, 불완전한 부분들에 대해서 논의하는 것을 의미한다.
- P13(역할과 책임 정하기)도 공동연구에서 나타나는 탐구기능으로, 예를 들어 이론적인 예측을 실험적으로 검증하는 경우에 샘플 제작, 측정기구 설계, 자료 수집 등으로 역할을 나누는 것을 의미한다.

첫 번째 탐구기능 영역인 '연구문제의 정의와 준비'에서 특징적인 것은 실제 물리탐구에서는 공동연구가 일상적이기 때문에 공동연구와 관련된 탐구기능 P12와 P13이 포함되어 있다는 것이다.

활동 1. 다음은 태양전지를 만들어 태양전지의 특성을 알아보기 위한 탐구활동 내용이다.

'구리판을 불에 가열하여 Cu_2O 판을 만들고, 이것과 구리판을 소금물에 담가 만든 태양전지를 이용하여, 빛의 세기와 소금물의 농도, 그리고 구리판의 면적에 따라 전지의 기전력이 각각 어떻게 달라지는지 알아보려고 한다.'

  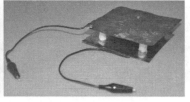

위 탐구활동을 위해 (1) 부족한 부분이나 좀 더 완성도를 높이기 위한 부분들을 찾아 수정 보완해 보아라. (2) 그리고 실제 탐구를 할 때 필요한 공동연구원의 수를 정하고, 각각의 역할을 분담해 보자.

- P21(가능한 원인 추론하기)에는 어떤 현상의 원인을 추론하기 위해서는 모든 현상에 항상 존재하는 요인이 무엇인지를 탐색하거나, 어떤 특정 현상에는 존재하지만 다른 현상에는 존재하지 않는 요인이 무엇인지를 탐색하는 활동들이 포함된다(Wilson, 1990). 또 종속변인의 변화에 영향을 줄 수 있는 가능한 독립변인들을 추론하는 활동도 포함된다. 예를 들면, 공기 중에서 낙하하는 물체의 속도에 미치는 영향으로 물체의 질량뿐 아니라, 물체의 단면적, 공기의 밀도 등을 생각해 볼 수 있을 것이다.
- P22(가설 제안하기)는 앞 절에서 논의한 귀추적 사고에 의한 가설제안 활동으로 이해할 수 있다.
- P23(제안된 가설에 따른 결과 예측하기)은 앞서 가설검증과정의 단계의 첫 번째 단계로 이해할 수 있다.

활동 1. 구리봉에서 자석이 천천히 떨어지는 현상을 관찰한 후, 자석의 낙하 속도에 미치는 가능한 요인들을 모두 추론해 보아라.

- P31(실험과정 설계하기)은 실제 실험을 수행하기에 앞서 변인을 설정하고, 변인을 통제하며, 변인을 측정하는 방법과 단계 등을 설계하는 과정을 의미한다. 이와 관련된 실험설계의 구체적인 방법과 안내는 다음 절에서 자세하게 다룰 것이다.
- P32(수학적 검증방법 제안하기)는 물리 탐구과정이 실험적 과정뿐 아니라, 이론적/수학적 과정도 포함된다는 것을 의미한다. 즉, 이 탐구기능은 실험적 자료를 수학적으로 분석하는 활동뿐 아니라, 수학적으로 특정 값을 유도하거나, 특정 문제를 수학적으로 해결하거나, 이론적 가정을 수학적으로 증명하는 등의 활동을 의미한다.

활동 1. 다음은 어떤 탐구 설계 내용의 일부이다.

> **탐구문제:** 부직포와 비닐 중 어느 것이 겨울에 더 따뜻할까?
>
> **실험과정:**
> (1) 부직포와 비닐로 각각 온도계를 싼다.
> (2) 각각의 온도계를 냉동실에 넣고, 일정한 시간 간격으로 온도를 측정한다.
> (3) 측정결과를 표와 그래프로 그린다.
> (4) … (계속)

위 실험과정에서 다음과 같은 부족한 부분들을 완성해 보아라.
제목은? 필요한 가설은? 필요한 준비물의 종류와 규격은? 변인에 대한 값은?
변인통제는? 반복측정은?

- P41(샘플 만들기)은 실험연구에서 종종 나타난다. 예를 들어, 탄소나노튜브의 전기적 특성을 조사하는 연구를 할 때, 먼저 탄소나노튜브의 샘플을 만드는 과정이 필요하다.
- P42(데이터 얻기)는 실험을 통해 실험 데이터를 얻는 과정을 의미한다.
- P43(계산하기)는 이론적/수학적 연구뿐 아니라, 실험적 연구에서도 데이터를 분석하고 해석하는 과정에서 계산하기가 필요할 수 있다. 예를 들어, 중등학교 실험에서 물체의 이동거리를 측정하여, 속도와 가속도를 구하는 과정에 '계산하기'가 포함된다.
- P44(가설 검증하기)는 가설에 의해 예측된 실험적 결과를 실제 실험을 통해 확인하기 위한 과정으로 이해할 수 있다.

- P45(가설/이론에 포함된 가정/보조조건 검증/점검하기)는 모든 과학적 과정과 이론에는 가정과 보조조건이 포함되어 있기 때문에 필요하다. 즉 사용된 다양한 가정과 조건이 탐구과정에서 적절한지를 검토하는 과정이다. 예를 들어, 중등학교 실험에서 기체에 압력을 가하면서 부피 변화를 보고자 할 때, 온도가 일정해야 한다는 조건이 있으므로, 부피를 변화시키는 과정에서 온도변화가 없도록 부피 변화를 천천히 수행했는지를 점검하는 것이 필요하다.

활동

1. Interactive Physics 프로그램을 이용하여 공기 중에서 물체를 떨어뜨린 후, 물체의 위치를 일정 시간 간격으로 측정하여라. 그리고 일정 거리를 낙하하는 동안 공기 저항력이 한 일을 계산을 통해 구하여라.
2. 구리봉에서 자석이 천천히 떨어지는 이유에 대해서 철수는 "공기 저항력 때문"이라고 하였고, 영희는 "구리봉에 생긴 유도전류 때문"이라고 하였다. 각각의 가설을 검증하기 위한 실험방법을 제안해 보아라.

- P51(결과 해석하기)에서는 실험결과가 실험적 예측과 일치하는지를 검토하고, 자료 수집과정에서 기술적인 문제는 없었는지 등을 점검한다. 즉 수집된 결과가 신뢰할 수 있는지를 점검하는 활동도 여기에 포함된다.
- P52(실험과 이론적 결과를 비교하기)에서 이론적 결과는 기존의 이론뿐 아니라 새롭게 제안된 가설에 의한 결과를 포함한다. 즉, 이론에서 말하고 있는 것이나 가설로부터 예측된 실험적 결과를 실제 실험결과와 비교하는 과정을 의미한다.
- P53(전문가와 논의/논쟁하기)는 실제 물리학자의 연구 활동에서 매우 활발하게 일어나는 과정이라고 할 수 있다. 또한 이 탐구기능은 과학탐구가 사회적 활동이라는 것을 의미하기도 한다. "동일한 결과에 대해서 다양한 해석이 가능하다"는 과학 탐구의 본성이 말하듯이, 동일한 결과에 대해서 다른 해석의 가능성을 타진하고, 실제로 다른 해석을 하고 있는 전문가와 논쟁을 벌이는 과정을 의미한다.
- P54(결과 수정 보완하기)는 초기 결과가 논의와 논쟁을 통해, 또 실험결과의 신뢰도나 실험과정에 포함된 조건이나 가정의 점검 등을 통해 수정 보완되는 과정을 의미한다. 예를 들어, 온도가 일정하다는 조건을 설정하고 실험을 하였지만, 점검 결과 특정 부분 이상부터 온도가 변하였다면, 실험결과는 온도가 변하기 이전과 이후에 대해서 각기 다른 해석을 해 주어야 한다.

- P55(가설을 일반화하기)는 초기 실험에서 가설을 지지하는 결과를 얻은 후에, 다른 샘플을 이용하여 추가 결과를 얻거나, 방법을 달리하여 동일한 결과를 얻는 등의 활동을 통해 가설을 일반화하는 과정을 의미한다.

정리 1. 실제 물리학자의 연구 과정은 크게 '연구문제의 정의와 준비 – 가설 생성 – 연구 설계 – 실험 수행 – 결론 도출'의 과정으로 정리할 수 있다.
2. 실제 물리학자의 연구과정에는 공동연구를 하면서 필요한 탐구 기능들이 포함되어 있다.
3. 실제 물리학자의 연구과정에는 실험연구뿐 아니라, 이론연구의 과정도 포함되어 있다.

3.4.3 클로퍼(Klopfer)의 과학 탐구과정

Klopfer는 1990년 "Learning Scientific Enquiry in the Student Laboratory"라는 글에서 탐구 기능을 [표 3.33]과 같이 제시하였다.

[표 3.33] Klopfer가 제시한 탐구기능

탐구 기능
목표 A : 실험실 활동을 통해 과학적 정보를 수집하는 기능
A.1. 사물이나 현상을 관찰하기
A.2. 적절한 언어로 관찰을 기술하기
A.3. 사물이나 변화를 측정하기
A.4. 적절한 측정 도구 선택하기
A.5. 실험 자료와 관찰 자료를 처리하기
A.6. 실험실과 야외에서 사용하는 일반적 도구를 사용하는 기능 개발하기
A.7. 일반적인 실험실 기술(techniques)을 조심스럽고 안전하게 수행하기
목표 B. 적절한 과학적 질문을 하고, 실험실 실험을 통해 답을 하기 위해 무엇이 포함되는지를 알 수 있는 능력
B.1. 문제 인식하기
B.2. 작용가설을 형성하기(formulating a working hypothesis)
B.3. 적절한 가설 검증 방법 선택하기
B.4. 검증 실험을 수행하기 위한 적절한 절차 설계하기

목표 C. 실험에서 얻어진 관찰과 자료를 구조화하고, 해석하고 의사소통하는 능력
    C.1. 자료와 관찰을 조직하기
    C.2. 자료를 기능적 관계로 제시하기
    C.3. 실제 관찰을 넘어서서 기능적 관계를 외삽(외연), 내삽하기
    C.4. 자료와 관찰을 해석하기

목표 D. 자료와 관찰, 실험으로부터 추론하거나 결론을 이끌어 내는 능력
    D.1. 관찰과 실험 자료에 비추어 검증받고자 하는 가설 평가하기
    D.2. 발견된 관계로부터 정당화될 수 있는 적절한 일반화, 경험 법칙이나 원리를 형성하기

목표 E. 과학 이론의 발달에서 관찰과 실험실 실험의 역할을 깨달을 수 있는 능력
    E.1. 현상이나 경험 법칙 또는 원리들과 관련짓기 위해 이론이 필요함을 인식하기
    E.2. 알려진 현상이나 원리들을 조절하기 위해 이론을 형성하기
    E.3. 이론을 만족하거나 이론에 의해 설명되는 현상이나 원리들을 명시하기
    E.4. 실험이나 직접 관찰로 이론을 검증할 수 있는 새로운 가설을 연역해 내기
    E.5. 이론을 검증하기 위한 실험 결과를 해석하고 평가하기
    E.6. 새로운 관찰과 해석에 의해 보장받을 수 있다면, 수정된, 세련된 또는 확장된 이론을 형성하기

[표 3.33]에서 두 개의 목표(A, C)는 과학적 탐구의 '조작적(hand-on)' 측면을 강조하고 있으며, 이러한 종류의 기능은 실험실 활동과 자료의 조작(manipulation)에 참여함으로써 길러질 수 있다. 이것과 달리 나머지 3개의 목표는 과학적 탐구의 반성적(reflective) 측면을 더 강조하고 있다. 이와 같이 기본적으로 조작적인 목표와 반성적 목표를 구분한 것은 결코 임의적인 것이 아니다. 이 두 가지 종류의 목표는 실제 과학적 탐구에서 종종 교대로 나타난다. A, B, C 목표와 D 목표의 몇 가지 부분들은 탐구의 실험 단계와 관련된다. D의 나머지 부분은 과학 법칙이나 원리의 형성을 다루고, E 목표는 이론의 형성 단계를 다룬다.

① 목표 A: 실험실 활동을 통해 과학적 정보를 수집하는 기능

목표 A에는 과학적 정보의 수집 기능의 요소로서 다음과 같은 학생 활동들이 있다.

A.1. 사물이나 현상을 관찰하기

A.2. 적절한 언어로 관찰을 기술하기

A.3. 사물이나 변화를 측정하기

A.4. 적절한 측정 도구 선택하기

A.5. 실험 자료와 관찰 자료를 처리하기

A.6. 실험실과 야외에서 사용하는 일반적 도구를 사용하는 기능 개발하기

A.7. 일반적인 실험실 기술(techniques)을 조심스럽고 안전하게 수행하기

이러한 활동의 범위와 내용을 나타내기 위해서 열 현상과 관련된 탐구 활동에서 몇 가지 예시들을 쉽게 이끌어낼 수 있다. 사물이나 현상을 관찰하는 활동 A.1.의 대표적인 예는 학생들이 따뜻한 방에서 컵 속의 얼음을 보는 것이나 비커의 물을 가열하면서 나타나는 변화를 보고 있는 경우이다. 이러한 상황에서는 몇 분 안에 몇 가지 특징적인 것이 관찰될 수도 있다. 이러한 관찰을 말로 하거나 글로 적어 의사소통하는 것은 다음 활동인 적절한 언어로 관찰을 기술하는 활동 A.2.에 해당된다. 여기에서 강조하는 것은 관찰을 기술하는 데 사용한 언어의 형태보다는 관찰에 대한 의사소통의 효과에 대한 것이다. 의사소통의 효과는 학생이 얻은 것의 복잡성의 정도에 따라 다르겠지만, 나름대로 관찰한 것을 정확하게 의사소통할 수는 있다. 얼음이 든 유리컵의 경우에 고학년 학생들은 '컵의 바깥 표면에 물방울이 응결되었다'라고 기술하지만, '유리컵의 바깥 면이 젖었다'라는 기술도 8-9세의 어린 아동에게는 적절한 기술이다.

단순한 셈이나 단순한 기술을 넘어서는 관찰의 경우에는, 어떤 도구들이 사용되는데, 이때 학생들은 사물이나 변화를 측정하는 활동 A.3.를 하게 된다. 물 컵에 든 얼음의 경우, 처음 물의 온도가 온도계로 22℃로 나타났다. 가열하고 있는 비커의 물의 온도는 1분 만에 22℃에서 24℃로 변하였고, 2분 후에는 27℃로, 그리고 3분 후에는 30℃로 변화하였다. 측정에서 기대되는 자료를 얻기 위해서 학생들은 적정한 측정 도구를 선택해야 한다(A.4.). 즉 학생은 기대되는 양을 측정하는데 적절한, 그리고 측정될 양의 전 범위에서 잘 작동하는 적절한 도구를 선택해야 한다. 초시계는 비커의 물의 온도를 측정하는 데에는 적절한 도구가 아니다. 수은 온도계도 열풍로 안에서 녹는점을 측정하는 데에는 적절하지 않다. 자료는 학생이 관찰이나 측정을 기록함으로써 얻어지는 것이며, 학생들은 보통 이러한 자료들을 처리하여 어떤 양으로 값을 나타낸다. 활동 A.5.인 관찰이나 측정 자료를 처리하는 활동은 학생들이 관찰이나 측정한 것을 수학적으로 조작하고 조절하는 것에 해당된다. 납을 가열할 때 납이 얻는 에너지(줄)의 양을 구하는 전형적인 열용량 실험에서는 납의 질량, 납의 처음 온도와 나중 온도가 측정되어 기록된다. 그리고 이러한 자료들로부터 나중 온도에서 처음 온도를 빼고 납의 질량과 납의 비열을 곱하는 자료의 처리 과정을 거쳐 납이 얻은 에너지(줄)를 구하게 된다.

나머지 두 개의 학생 활동은 특별히 더 설명이 필요 없다(self-explanatory). 그것은

본 장의 앞부분에서 이미 자세하게 논의한 기술적 기능(technical skills)에 해당된다.

② 목표 B: 적절한 과학적 질문을 하고, 실험실 실험을 통해 답을 하기 위해 무엇이 포함되는지를 알 수 있는 능력

목표 B에는 학생들이 자료를 수집하고 처리하는 등의 표면적인 기능을 넘어서서 경험적 탐구에서 절차의 기능에 대한 통찰력을 어느 정도 가질 것을 제안하고 있다. 다음의 활동들은 통찰력이 필요한 활동들이다.

B.1. 문제 인식하기
B.2. 작용가설을 형성하기(formulating a working hypothesis)
B.3. 적절한 가설 검증 방법 선택하기
B.4. 검증 실험을 수행하기 위한 적절한 절차 설계하기

이러한 활동들의 의미를 명확하게 하기 위해, 우리는 다시 열 현상에 대한 탐구 활동의 예를 들어 볼 수 있다.

비커의 물이 80℃로 가열되었다. 온도계를 꽂은 채로, 불을 끄고 비커를 책상 위에 놓았다. 5분 후에 온도계 눈금이 72℃를 가리켰다. 아무런 작용도 하지 않았는데 물이 약간의 에너지를 잃었으므로, 학생들은 문제가 있다는 것을 인식하게 된다. 학생들은 액체의 열 현상에 대한 탐구를 계속하기를 원했고, 액체로부터 주위 공기로 에너지가 자발적으로 손실되는 것을 막는 것이 어렵다는 것을 깨닫게 될 것이다. 학생들이 탐구를 수행하기 위해서는 이러한 에너지 손실을 최소화시켜야만 했다. 어떤 물질이 액체를 담기 위한 그릇으로 사용될 수 있을까? 그릇의 벽을 통해 일어나는 에너지 손실은 모든 물질에 대해 똑같을까?

문제를 인식하는 활동 B.1.은, 앞선 예에서 보았듯이, 문제를 인식하여 실험적으로 탐구되어야 할 특정한 문제를 규정하게 되는 데까지 몇 단계를 지날 수도 있다. 문제는 어떤 한 수준(기술적, 정성적, 정량적, 기호적인 수준 등)에 있을 수도 있고 몇 가지 수준을 같이 포함할 수도 있다. 앞 절의 마지막 질문은 실험적 탐구에 대한 질문이며, 학생들로 하여금 탐구의 방향을 제시해 줄 작용가설을 설정하는 활동 (B.2.)으로 이끌어 줄 수 있다. 예를 들어, 학생들은 에너지가 어떤 물질의 경우에는 다른 물질보다 더 잘 전달된다는 가설을 세울 수 있다. 또는 전달된 에너지의 양은 그릇을 만든 재질의 종류뿐 아니라,

그릇 벽의 두께에 의존한다고 다른 가설을 세울 수도 있다. 이러한 두 가지 가설은 모두 정성적 이해 수준에 있는 것이다. 만일, 탐구할 문제에 더 적절하다고 생각되면, 정량적이거나 기술적 수준을 나타내는 가설도 역시 가능하다. 가설이 무엇이든 간에 학생들은 그 가설이 수용될 것인지 폐기될 것인지를 결정하기 위한 다음 단계로 나아가야 한다.

적절한 가설 검증 방법을 선택하는 활동, B.3.에는 특별한 실험적 접근법이나 가설을 검증하기 위해 논리적으로 사용할 수 있는 일련의 실험들을 선택하는 활동이 포함된다. 이러한 활동은 제안된 실험이 가설을 검증하는 데 타당한지 아닌지에 대한 것이며, 실험의 자세한 조작방법이나 장치들의 구성에 관한 것이 아니다. 그러한 것들은 다음 활동인, 검증 실험을 수행하기 위해 적절한 절차를 고안하는 활동 B.4.에 관한 것이다. 열에너지의 전달이 그릇을 만든 재질의 종류뿐 아니라 그릇의 벽 두께에 따라 달라진다는 가설을 검증하기 위해서 학생은 2가지 실험 방법을 사용할 것이다. 첫째, 재질은 같지만, 두께가 다른 두 개의 그릇에서 에너지의 전달을 측정하는 것이 필요하다. 둘째, 그릇의 벽두께는 같지만, 재질이 다른 2개의 그릇에서 에너지 전달을 측정할 필요도 있다.

계획된 실험을 수행하기 전에, 학생들은 여러 가지 재질로 된 그릇에서의 에너지 전달을 측정하기 위한 적절한 절차를 설계하고 고안해야 한다(B.4). 그러한 절차에는 다음과 같은 활동이 포함된다: (1) 크기와 모양이 정확하게 같지만 재질이 다른 그릇, 예를 들면, 금속, 유리, 플라스틱, 종이 그릇 등을 만들거나 구한다. (2) 각 그릇에 같은 양의 끓는 물을 넣는다. (3) 온도계를 꽂고 잘 관찰하면서 물의 온도를 기록한다. (4) 계속 관찰하면서 30분 동안 매 1분마다 물의 온도를 기록한다. 이러한 예에서 사용되는 도구와 절차는 매우 간단하지만, 학생들이 수행하게 될 다른 많은 실험에서는 그렇지 않을 수 있다. 빛이나 전자기파의 속도를 결정하기 위해서는 복잡한 장치와 공들인 과정이 필요하다.

학생들이 이러한 활동들을 보이게 되면, 그들이 실험적 탐구에서 실험 활동의 기능에 대해 어느 정도 통찰력을 가지고 있다는 것을 나타낸 것이라고 할 수 있다. 그러한 통찰력을 얻는 것이 목표 B의 핵심 내용이다.

③ 목표 C: 실험에서 얻어진 관찰과 자료를 구조화하고, 해석하고 의사소통하는 능력

목표 C는 정보를 수집하고 자료를 처리한 후의 실험적 탐구 단계이다. 이 단계에서 학생들은 처리된 자료를 조직하고 그것을 분석하기 위해 수학적 기능을 적용하게 된다. 이 목표에 대한 활동 요소들은 다음과 같다.

C.1. 자료와 관찰을 조직하기

C.2. 자료를 기능적 관계로 제시하기

C.3. 실제 관찰을 넘어서서 기능적 관계를 외삽하기(외연하기), 그리고 관찰들 사이를 내삽하기

C.4. 자료와 관찰을 해석하기

이 활동의 첫 번째에 포함된 자료와 관찰을 조직하는 활동에는 표나 도표로 정보를 나타내 보이는데 포함된 여러 가지 단계들이 있다. 이러한 활동의 산물은 쉽게 판독할 수 있는 것이어야 하고, 탐구가 수행되는 과학 분야에서 사용되는 전통적인 관례를 따라야 한다. 예를 들어, 숫자 자료를 표로 나타내 보일 때에는 모든 측정값의 단위를 표시해야 하고, 적절한 유효숫자를 사용해야 한다.

다음 2개의 활동들은 학생들의 그래프 사용과 준비에 관련된 것이다. 압력이 일정할 때 온도 변화에 따른 공기 부피의 변화를 측정하는 실험에서, 학생들은 주어진 공기의 부피가 100℃에서는 18.7cc이고, 20℃에서는 14.6cc, 0℃에서는 13.7cc, −40℃에서는 11.6cc라는 것을 알게 된다. 이러한 자료를 기능적 관계로 나타내기 위해서 학생들은 자료를 절대 온도와 부피를 축으로 하는 그래프에 점을 찍는 활동 C.2.를 하게 된다. 점들은 원점으로부터 직선으로 서로 연결되어지므로, 그래프에 의해 두 변인의 기능적 관계가 나타날 수 있다. 즉, 공기의 부피는 절대 온도에 비례한다.

관계가 선형적이 아니고, 여러 형태의 곡선 그래프로 나타날 수도 있다. 적절하게 금이 그어진 그래프용지를 사용하여 학생들은 변인에 대한 관찰값들을 연결함으로써 어떤 종류의 기능적 관계인지를 나타내 보일 수 있다. 실제 관찰을 넘어서서 기능적 관계를 외삽하거나, 관찰값 사이를 내삽하는 것도 그래프에서 행해질 수 있는 활동 (C.3.)이다. 앞의 예에서 20℃(293K)와 0℃(273K)에서는 공기의 부피를 측정하였지만, 10℃(283K)에서는 측정하지 않았다. 그래프를 내삽하면 관계에 의해 공기의 부피가 10℃(283K)에서 14.2cc라는 것을 알 수 있다. 그리고 가장 높은 온도의 측정값 위와 낮은 온도의 측정값 아래를 간단히 외삽하여(외연하여) 보면, 152℃(425K)에서 21.2cc이고, −100℃(173K)에서 8.6cc임을 알 수 있다. 내삽과 두 개의 외삽(외연) 모두는 온도와 공기 부피와의 기능적 관계에 영향을 미친 아무런 외부 조건이 없을 때에는 보장받을 수 있다. 그러나 73K에서의 외삽은 보장받을 수 없다. 왜냐하면, 공기가 그 온도에 다다르기 전에 기체에서 액체로 변할 것이며, 따라서 온도와 부피와의 관계는 이러한 조건을 만족시키지 않기 때문이다. 마지막으로

실험 자료와 관찰을 해석하는 활동 C.4.는 학생이 실험의 결과를 분석하는 첫 번째 단계가 된다.

④ 목표 D: 자료와 관찰, 실험으로부터 추론하거나 결론을 이끌어 내는 능력

실험적 탐구에서 가설을 설정하고 자료를 모으고, 조직화하여 해석하는 단계를 거친 후에는 학생에게 발견 사실들이 가설을 지지하는지 아닌지를 조사해 볼 시간이 주어져야 한다. 그렇게 할 때 학생들은 자료들을 사용하여 가설의 수용가능성에 대해 논리적 추론을 하게 된다. 필수적으로 학생들은 다음과 같은 질문에 답해야 한다: '증거들이 가설과 일치 하는가?' 만일 그 답이 긍정적이면, 학생들은 가설이 지지되었다는 결론을 내릴 수 있다. 부정적인 답이 나오면, 가설이 폐기되어야 한다는 결론을 내리게 된다. 예를 들어, 여러 그릇에서의 열에너지 전달을 탐구하는 경우, 만일, 똑같은 시간 간격 동안에 플라스틱 그릇의 경우보다 금속 그릇의 경우에 온도가 더 많이 떨어졌다는 자료가 나왔다면, 이 증거는 열에너지가 특정한 재질의 그릇에서 더 잘 이동한다는 가설과 일치하는 것이 된다. 검증하려는 가설이 지지되면, 학생은 그 가설이 받아들여질 수 있다고 결론 내린다. 자료가 정량적인 경우뿐 아니라 정성적인 경우에도 똑같은 논리적 과정이 가설의 수용가능성에 대한 결론을 내리는데 포함된다. 그러나 논리적 과정 자체에는 양적인 기능이 아닌 언어적 추론 기능이 포함되어 있다.

실험적 탐구는 계속되어 특정한 가설의 수용 가능성에 대한 결론뿐 아니라 발견사실들의 일반화로 가게 된다. 수학적 관계가 종종 이러한 일반화 단계에서 중요하게 사용된다. 예를 들어, 공기의 부피가 온도에 따라 어떻게 변화하는지에 대한 탐구에서, 학생들은 압력이 일정할 때 공기의 부피가 절대 온도의 증가에 따라 선형적으로 증가한다는 것을 발견하였다. 이러한 발견이 모든 공기에 대해 적용될 수 있는 일반화된 법칙을 나타내는 것일까? 이것은 공기 외의 모든 기체에도 적용될 수 있는 경험 법칙인가? 아니면 공기에만 적용되는 법칙인가? 이러한 질문에 답하는 과정에서 학생들은 발견한 관계에 의해 보장받을 수 있는 적절한 일반화나 경험법칙을 형성하게 된다. 더욱이, 학생들은 다른 공기로 실험한 결과를 고려하거나, 다른 기체로 수행한 비슷한 탐구 보고서를 조사하게 된다. 만일, 원래 발견사실과 일치하면, 학생이 경험적 일반화를 형성하는 것이 정당화될 수 있다. 즉, 압력이 일정할 때 모든 기체의 부피는 절대 온도에 비례한다. 탐구의 이러한 단계에서 학생들은 몇 가지 다른 탐구 결과들을 비교하고, 가용한 증거들로부터 관련 현상에 대한 추상적 관계를 이끌어 내는 활동들을 하게 된다. 학생 추론의 결과로 형성된 일반화는 여러 가지 결과들을 간결한 형태로 종합한 것이 된다.

이러한 논의를 요약하면, 이 절에서 강조하는 목표는 다음과 같은 요소 목표들로 기술될 수 있다.

D.1. 관찰과 실험 자료에 비추어 검증받고자 하는 가설 평가하기
D.2. 발견된 관계로부터 정당화될 수 있는 적절한 일반화, 경험 법칙이나 원리를 형성하기

⑤ 목표 E: 과학 이론의 발달에서 관찰과 실험실 실험의 역할을 깨달을 수 있는 능력

목표 E는 과학적 탐구의 또 다른 중요한 측면으로서, 이론의 발달에 있어서 경험 절차의 기능에 대한 학생의 통찰력에 관한 것이다. 다시 말해서, 이것은 경험적 탐구에서 이론을 만들어가는 과정에 대해 학생들이 얼마나 통찰력을 가지고 있는지를 알려줄 수 있는 일련의 활동들을 세우는 데 유용하다. 이러한 활동들을 위한 적절한 상황은 이론을 세우고, 검증하고 수정하는 상황이며 다음과 같은 활동들이 포함된다.

E.1. 현상이나 경험 법칙 또는 원리들과 관련짓기 위해 이론이 필요함을 인식하기
E.2. 알려진 현상이나 원리들을 조절하기 위해 이론을 형성하기
E.3. 이론을 만족하거나 이론에 의해 설명되는 현상이나 원리들을 명시하기
E.4. 실험이나 직접 관찰로 이론을 검증할 수 있는 새로운 가설을 연역해 내기
E.5. 이론을 검증하기 위한 실험 결과를 해석하고 평가하기
E.6. 새로운 관찰과 해석에 의해 보장받을 수 있다면, 수정된, 세련된 또는 확장된 이론을 형성하기

이러한 활동의 대부분은 학생들로 하여금 복잡한 정신적 과정에 몰두하게 한다. 여러 가지 현상을 실험법칙이나 원인과 관련짓기 위해 이론이 필요하다는 것을 인식하는 것(E.1)은 학생이 이론을 형성하는 것이 과학적 탐구에서 정규적인 부분이라는 것을 받아들이는 것에 관한 것이다. 물론 이론의 형성이 항상 과학에서 정규적인 것으로 받아들여지는 것은 아니다. 19세기 동안 많은 화학자들은 원자론이나 물질에 대한 다른 어떤 가설적

모델도 심각하게 고려하기를 거부하였다. 그들은 화학에서의 적절한 관심사는 단지 거시적인 양상이며, 관찰될 수 있는 변화뿐이라고 주장하였으며, 어떤 복잡한 생각 등은 회피하고 화학은 실험 경험으로부터 일반화된 여러 가지 화학 법칙이나 원리들에 기초한다고 주장하였다. 한편, 오늘날에는 화학도 다른 과학과 마찬가지로 실험법칙만으로는 모든 알려진 현상을 조직화하고 연관 짓는 것이 부족하다는 것을 깨닫고, 과학에서 3가지 중요한 기능을 할 이론의 형성에 몰두하고 있다. 그 기능 중 첫째는 이론이 여러 가지 현상과 일반화를 일관적이고, 합리적으로 서로 묶어준다는 것이다. 둘째, 설명적(explanatory) 기능을 가지고 있는 이론은 관찰과 그 분야에서 이루어진 일반화를 설명하는 데 사용된다. 셋째, 발견론적(heuristic) 기능을 가지고 있는 이론은 새로운 문제와 가설, 실험을 제안하여 앞으로의 탐구 방향을 제시하여 준다. 이러한 기능을 깨닫고 있는 학생은 관찰과 경험적 일반화를 넘어서 이론을 형성하고 검증하는 수준까지 올라갈 수 있다.

알려진 현상이나 원리들을 조절하기 위해 이론을 형성하는 활동(E.2.)에는 추상적인 관계를 개발하기 위해 학생의 지식을 종합하는 것이 포함되며 높은 수준의 추상화를 다루게 된다. 학생들은 탐구 영역에서의 현상들에 대해 보다 넓고, 일반적인 언명을 형성하려고 시도한다. 이러한 언명들은 몇 개의 가정들(assumptions or postulates)로 이루어져 있다. 예를 들어, 열 현상을 탐구하느라 시간을 보낸 후, 어떤 학생은 여러 가지 관찰들이나 만들어진 일반화가 열을 유체라고 보는 이론에 의해 설명될 수 있다고 제안할 수 있다. 열에 대한 이러한 이론은 다음과 같은 몇 개의 가정들로 되어 있다: (1) 열은 색깔이나 냄새가 없고 보이지 않는 유체이다, (2) 열 유체는 다른 물질들과 마찬가지로 부피와 질량을 가지고 있지만, 매우 작은 질량을 가지고 있다, (3) 열 유체는 많이 모여 있는 곳에서 적게 모여 있는 곳으로 자발적으로 흘러간다, (4) 열 유체는 항상 물질과 관련되어 있으며, 물질을 이루는 입자의 배열을 무질서하게 한다, (5) 열 유체는 어떤 기체나 액체, 고체로는 쉽게 들어갈 수 있지만 다른 고체나 액체 기체에는 쉽게 들어가지 못하기도 한다, (6) 물질이 고체에서 액체, 또는 액체에서 기체로 상태가 변화할 때에는 열 유체를 흡수하고, 물질의 상태가 반대로 변화할 때에는 열 유체를 방출한다. 만일 열에 대한 이러한 이론이 장점을 가지고 있다면, 학생은 여러 가지 열 현상을 설명하는 데 그 이론을 사용할 수 있다. 이러한 방식으로 설명될 수 있는 원리나 현상을 명시하는 것이 활동 E.3.이다.

이러한 활동, 즉 이론에 의해 설명되거나, 이론에 의해 만족되는 현상이나 원리들을 명시하는 활동 하에서 학생들이 하게 되는 분석은 가설을 평가할 때(D.1.)의 분석과 매우 비슷하다. 그러나 여기에서는 학생들이 추상화 단계에서 조작하고 있다. 가설을 평가할 때, 학생들은 가설과 관찰 증거 간의 관계를 분석하지만, 여기서의 분석에는 관찰뿐 아니라, 경험 법칙이나 원리로 표현된 일반화된 증거와 이론과의 관계가 포함되어 있다. 열에 대한 위의 이론에 의해 만족되는 경험 법칙과 관찰의 예는 다음과 같다: 금속은 열의 좋은 도체이지만 플라스틱은 그렇지 않다는 것은 가정 5에 의해 설명된다. 60℃ 물에 20℃의 물을 더하면 물의 나중 온도는 20℃보다 높다는 것은 가정 3에 의해 설명된다. 주어진 고체, 기체, 기체에 열을 가하면 부피가 증가한다는 것은 가정 2, 3, 4에 의해 설명된다. 100℃의 물을 100℃의 증기로 변화시키기 위해서는 추가적인 열이 필요하다는 것은 가정 6에 의해 설명된다. 일정한 압력 하에서 기체의 부피는 절대온도에 비례한다는 것은 가정 2, 4에 의해 부분적으로 설명된다. 이론에 의해 설명될 수 있는 관찰이나 원리가 많을수록, 그 이론은 통합적이고 설명적 기능을 더 많이 가지게 된다. 학생들이 형성된 이론에 의해 만족될 수 있는 많은 현상을 명시하는 것은 이론의 적절성에 대한 학생의 믿음을 증가시켜 줄 것이다.

이론적 모델이 가지고 있는 발견적 기능, 즉 앞으로의 탐구방향을 제시하여 줄 가설이나 문제, 실험들을 제안하여 주는 기능은 활동 E.4.에 예시되어 있다. 즉, E.4.는 이론으로부터 이론 검증을 위한 새로운 실험이나 관찰을 안내해 주는 새로운 가설을 연역해 내는 것이다. 이러한 이론 형성 단계에는 2개의 정신적 조작이 포함된다. 첫째, 이론에 대한 언명으로부터 시작하여 학생들은 이론을 논리적으로 제안하거나 의미하는 것을 연역하여 내는 추론을 하게 된다. 이러한 정신적 과정은 기하학의 공리들로부터 새로운 명제를 연역 논리적으로 이끌어내는 것과 다르지 않다. 새로운 가설을 연역해 내면, 학생들은 그 가설을 검증하게 될 관찰이나 실험의 계획을 제안하게 된다. 이러한 정신적 과정에는 또한 앞에서 언급한 활동 B.3., 즉, 가설에 대한 적절한 검증 방법을 선택하는 활동이 포함되어 있다. E.4.와 B.3.의 중요한 차이점은 E.4.에서는 탐구 계획의 제안이 가설의 수용여부를 검증하게 할 뿐 아니라, 가설을 일반화한 이론의 적절성도 검증하게 된다는 것이다. 예를 들어, 열 이론에 대한 가정 2에서는 열 유체가 다른 물질과 마찬가지로 매우 작지만 질량을 가지고 있다고 하였다. 이러한 가정 2와 뜨거운 물체는 차가운 물체보다 많은 열을 가지고 있다는 가정 3으로부터 학생들은 물체가 뜨거워지면 더 많은 질량을 가지게 될 것이라는 가설을 연역해 낼 수 있다. 가정 2에 의하면, 열 유체의 질량은 매우 작으므로, 뜨거운 물체와 차가운 물체의 질량을 비교하기 위해서는 온도 차이가 매우 커야 할 것이다.

학생들이 열 유체에 대한 이론으로부터 연역해 낼 수 있는 또 다른 가설로 가정 5에 의해 제안된 것이 있다. 이 가정에 의하면, 열 유체는 어떤 물질로는 쉽게 들어갈 수 있지만, 다른 물질에는 쉽게 들어가지 못한다는 것이다. 학생들은 이로부터 물질마다 다르게 가지고 있는 특징들에 의해 똑같은 양의 열이 주어졌을 때 물질의 온도가 상승하는 정도가 다르게 나타난다고 연역할 수 있다. 예를 들면, 그 가설은 금속의 각 물질들은 비열이 있어 그것에 의해 온도 상승의 차이가 나타난다는 것이다. 열 유체 이론으로부터 연역되어 질 수 있는 많은 가설들과 마찬가지로 이러한 예시적 가설들에 대해, 학생들은 다음 단계로, 가설이 지지될 수 있는지 없는지를 결정할 수 있게 하는 실험이나 관찰들을 제안하게 된다. 그러한 탐색에는 A에서 D까지 기술된 탐구 과정들이 포함된다. 분명히, 새로운 탐구의 과정이 이론에 의해 자극되며, 그것이 바로 발견적 기능을 충족시켜 주는 것이다.

　활동 E.3.와 마찬가지로 가설 검증을 위해 실험 결과를 해석하고 평가하는 활동 E.5.에도 관계를 분석하는 것이 포함된다. 여기서 학생들은 검증될 가설에 의해 얻어진 실험 증거와 가설로부터 연역된 실험 증거나 이론과의 관계를 분석한다. 더욱이 이러한 분석을 직접 하는 경우에는 학생들이 이론 자체의 적합성에 대한 판단을 하게 된다. 이론의 적합성에 대한 판단을 할 때에는 일반적으로 이론적 구조의 일관성과 정확성에 대한 증거에 기초하기도 할 뿐 아니라, 과학자들이 말하는 좋은 이론이라고 하는 것에 대한 범주에 얼마나 만족되는 가에도 기초한다. 과학자들은 공통적으로 이론의 평가를 두 종류의 범주에 기초하여 실시한다. 즉, 이론이 얼마나 통합적(correlative)이고 설명적(explanatory)이고 발견적인(heuristic) 기능을 충족하고 있는가에 기초하며, 이론의 우아함(elegancy)과 설득력(persuasiveness)과 같은 미적인 고려(aesthetic considerations)에도 기초한다. 활동 E.5.에서 말한 바와 같이, 이론을 형성하는 단계에서 학생들은 다른 사람과 함께 논의할 기회를 갖게 되고, 이론의 가치에 대해서도 논쟁을 벌이게 된다. 왜냐하면, 경쟁적인 이론을 평가할 때에는 과학자들 사이에서도 추구하고자 하는 것에 대해 서로 논란이 있는 것이 보통이기 때문이다.

　학생들이 여러 가지 많은 금속들로 실험을 하여 모든 금속의 비열이 금속의 종류마다 다르다는 것을 알게 되었다고 가정하자. 이러한 결과는 각 종류의 금속들은 특정한 비열을 가지고 있다는 학생들의 가설을 지지해 주며, 이러한 지지는 가설을 연역해 이끌어 내어진 이론에 대한 믿음을 강화시켜 준다. 그런데 다른 학생들은 뜨거운 물체가 차가운 물체보다 질량이 더 많다는 가설을 검증하기 위해 많은 조심스러운 실험을 수행하였다고 하자.

이 경우에는 어떠한 실험도 500℃ 이상의 온도를 올렸음에도 불구하고 질량의 증가를 보지 못했다. 이러한 결과는 학생의 가설이 증거에 의해 지지되지 않는다는 것을 보이는 것이며, 이러한 실패는 열 유체가 질량을 가지고 있다는 가정 2가 옳지 않음을 확인시켜 주는 것이다. 이제 학생은 열이 유체라고 보는 이론 전체를 문제 삼아 추론하게 될 수도 있다. 만일, 열 유체가 질량이 없다면, 열이 물질이라고 가정하는 것은 비일관적이라고 말할 수 있다. 왜냐하면, 질량이 없는 물질은 아직 발견되지 않았기 때문이다. 그러나 이론에 대한 이러한 반박은 결정적인 것이 아니다. 처음 학생과 같이, 열 유체 이론에 확신을 가지고 있는 경우에는, 열 유체의 질량이 예상했던 것보다 훨씬 작아서 단지 500℃ 정도의 온도 증가만으로는 질량의 증가를 보이기 어렵다고 생각할 수도 있다. 이러한 면에서, 활발한 논의가 진행될 수 있으며, 각 학생들은 증거들을 정렬하면서 반박에 대해 추론하고, 이론을 평가하고, 실험 결과를 해석하는 과정에서 판단을 하게 된다.

새로운 관찰이 축적되고, 실험 결과에 대한 해석과 재해석을 통해, 그리고 논쟁과 논의를 통해 과학의 어떤 이론들은 수정되며 때로는 폐기되기도 한다. 경험적 탐구에 참여하여 과학을 배우는 학생은 오래지 않아 이론을 형성할 단계에 직면하게 되고, 전에 접했던 이론을 재형성할 필요를 느낄 수도 있다. 이때, 학생은 활동 E.6.을 하고 있는 것이다. 재형성하는 과정이야 어떻든 학생은 새로운 이론이 통합적이고 설명적이며 발견적 기능을 가지고 있어야 하며, 우아함과 설득력의 범주를 만족해야 한다는 것에 확신이 있어야 한다. 우리는 마지막 몇 페이지에서 관찰과 실험이 – 조심스러운 사고와 인간적 상호작용과 마찬가지로 – 어떻게 이론을 형성하는 경험적 탐구 과정에 기여하는지를 논의하고 예시화하여 살펴보았다. 그러나 이론을 세우고 좋은 이론을 성공적으로 검증하려 할 때 가장 만족스러운 것을 찾기 위해 과학자는 폭넓은 현상들을 간결하면서도 종합적인 방식으로 설명하고 연관 짓고 포괄하는 활동을 하게 된다(학생이 과학 이론을 개발하고자 할 때 학생들도 그러한 느낌을 받을 수 있다). 가설을 세우고 관찰하고 해석하는 과정을 반복적으로 순환하면서 과학자들은 공들여 만든 이론을 자랑스럽게 내 보이게 될 것이다. 그들은 자연의 중요한 일부분을 설명하는 어떤 이론의 강점을 표현하는 언어적 또는 수학적 언명들을 지적해 낼 수 있다. 그들은 새롭게 고안된 이론으로 이론이 나타내는 영역에 대해 보다 깊은 이해를 하게 되었으며, 전에 가능했던 설명보다 더 많은 생각들과 연관되어 있다는 것에 기뻐한다. 생각들이 망으로 연관된 것은 이론을 세우는 계속된 과정에서 점점 더 중요하게 된다. 그 결과로 과학자들은 여러 분야에서 매우 폭넓은 조망을 가지며, 생각들이 서로 연관되어 있는 특정한 이론들을 개발하게 되었으며, 그로 인해 기본적이라고 생각될 수 있는 많은 과학 영역들을 설명할 수 있게 되었다.

3.5 물리 자유 탐구의 지도

학생의 물리 탐구 활동은 물리학습에 대한 흥미와 호기심을 위해서, 개념의 이해를 돕기 위해서, 또는 세부적인 탐구기능을 기르기 위해서 수행된다. 또한 학생이 어린 물리학자(little physicist)처럼 스스로 탐구를 수행할 수 있도록 하기 위해서도 탐구활동이 수행되는데, 이러한 탐구활동을 자유 탐구 또는 열린 탐구라고 한다. 교과서에서 탐구과정을 잘 안내해 주는 일반적인 안내된 탐구활동과 비교할 때, 자유탐구는 [표 3.34]와 같은 차이점들이 있다.

[표 3.34] 열린/자유탐구와 일반적인 안내된 탐구활동

	열린/자유 탐구	안내된 탐구
탐구동기	왜 탐구를 하게 되었는지 학생이 제시할 수 있어야 한다.	교과서 내용을 학습하는 데 관련되어 있다.
탐구목적	탐구목적을 학생이 발견하여 정한다.	탐구목적이 주어져 있다.
탐구과정	탐구과정을 학생이 설계해야 한다.	탐구과정이 주어져 있다.
결론도출	결론이 정해져 있지 않고, 때로는 결론을 얻지 못할 수도 있다.	결론이 정해져 있다.
탐구 보고서	엄격하지는 않지만 기본적으로 물리학자의 논문 형식을 따른다.	제시된 보고서에서 빈칸을 채우도록 되어 있다.

3.5.1 탐구문제의 발견

박종원(2005)은 학생들에게 탐구문제를 발견하도록 과제를 제시하고, 탐구문제를 발견하는 과정을 조사하여, 학생들이 탐구문제 발견을 위해 사용하는 전략들을 발견하였다. 그리고 이 전략들을 다른 학생들의 탐구문제 발견을 돕기 위해 적용하였다(Park, 2013). [그림 3.34]는 탐구문제를 발견하기 위해 주어진 상황이고, [표 3.35]는 탐구문제 발견을 위해 사용된 사고전략과 예이다.

다음은 건전지에 꼬마전구를 연결하고 꼬마전구에 걸린 전압과 꼬마전구에 흐르는 전류, 그리고 꼬마전구의 밝기를 측정한 결과이다.

전압 (V)	전류 (mA)	전구의 밝기 (Lux)
1.5	198	45
2	232	170
3	283	752

[그림 3.34] 탐구문제 발견을 위한 상황

[표 3.35] 탐구문제 발견을 위해 사용된 사고전략

전략	내용	예
전략 1: 특징	주어진 현상을 관찰하면서 어떤 특징들이 있는지를 찾아본다.	(관찰 예) 전압이 1.5V에서 3V로 2배 증가했는데, 전류는 198mA에서 283mA으로 약 1.5배가 증가하였다. (탐구문제 예) 전압과 전류와의 관계를 새로 알아보자.
전략 2: 배경지식	주어진 현상에 대한 관찰로부터 자신이 알고 있는 배경지식이나 경험을 떠올려 본다.	(예) 전력은 전압 곱하기 전류이다. (탐구문제 예) 전력과 빛의 밝기는 비례할까?
전략 3: 변화	주어진 현상에서 상황이나 조건, 재료 등을 바꾸어 본다.	(예) 꼬마전구 대신에 다른 종류의 전구로 바꾸어 해 본다면… (탐구문제 예) LED로 바꾸어 해 보면, 전압과 전류, 밝기가 어떤 관계일까?
전략 4: 숨겨진 변인	주어진 관찰에 영향을 줄만한 숨겨진 변인들을 생각해 본다.	(예) 전구에서 발생되는 열이 영향을 주지 않을까? (탐구문제 예) 전구에서 발생되는 열의 양은 어떻게 측정할 수 있을까?

활동 1. 다음은 2개의 고리 자석을 같은 극끼리 마주보게 하여 하나의 자석이 공중에 뜨도록 한 장치이다.
이 장치를 관찰하고 탐구할만한 가치가 있다고 생각되는 탐구문제를 발견하려고 한다. [표 3.35]의 4가지 사고전략을 사용하여 탐구문제를 제안해 보아라.

전략	탐구문제
전략 1: 특징	
전략 2: 배경지식	
전략 3: 변화	
전략 4: 숨겨진 변인	

　탐구문제 발견을 위해서는 흔히 신기하고 일상적이지 않은 상황에서 출발하는 경향이 있다. 그러나 실제 물리학자들은 자신이 공부하고 연구해 온 상황에서 새로운 탐구를 시작하게 된다. 따라서 중등학생들도 자신이 공부하고 배웠던 교과서 내용으로부터 새로운 탐구문제를 찾아볼 필요가 있다.

활동　1. 자신이 배웠던 물리(과학)교과서에서 설명이나 그래프/그림, 또는 실험내용으로부터 새로운 탐구문제를 찾아보아라. 이때에도 다음과 같이 위의 4가지 사고전략을 활용한다.

탐구상황	스프링에 물체를 매달면, 스프링의 늘어난 길이가 물체의 무게에 비례한다.	
전략 1: 특징	(추가 좌우로도 진동하는 것을 보고) 좌우로 진동하는 주기에 영향을 주는 요인을 알아보자.	
전략 2: 배경지식	(자석은 척력이 작용하므로) 하나의 자석은 스프링에 매달고, 다른 자석은 바닥에 놓은 후, 같은 극이 마주보게 하고 위아래로 진동할 때 주기를 알아보자.	
전략 3: 변화	막대로 바꾸어 수평막대 끝에 매달린 물체의 무게에 따라 막대가 휘는 정도를 알아보자.	
전략 4: 숨겨진 변인	(열이 쇠의 성질에 영향을 줄 것 같으므로) 같은 무게일 때 온도에 따라 늘어난 길이의 변화를 알아보자.	

　탐구문제를 발견할 때, 다양한 유형의 탐구문제를 발견하도록 하는 것도 필요하다. 왜냐하면 다양한 유형의 탐구문제로부터 다양한 유형의 새로운 발견도 가능해 질 수 있기

때문이다. [표 3.36]은 학생들이 발견한 탐구문제의 유형들이다(박종원, 2005). 이때 탐구 상황은 [그림 3.34]에서 꼬마전구의 전압과 전류 및 밝기를 측정한 상황이다.

[표 3.36] 탐구문제의 유형

유형	내용	예
유형 1	새로운 결과를 알아보기 위한 탐구문제	(예) (탐구상황에서는 전압, 전류, 밝기만 있으므로) 여러 가지 종류의 전구에 대해 각각 효율 $(\dfrac{밝기}{전기에너지})$을 구해보면 어떨까?
유형 2	변인들 간의 관계를 알아보기 위한 탐구문제	(예) 전력과 빛의 밝기와는 무슨 관계일까?
유형 3	원인을 알아보기 위한 탐구문제	(예) 전구에서 전류의 세기가 전압에 비례하지 않는 이유는 무엇일까?
유형 4	다른 상황에 적용해 보기 위한 탐구문제	(예) 전구에서 발생되는 열을 활용할 수 있는 방법이 있을까?

활동   1. 고리자석 상황에서 제안한 탐구문제들을 유형별로 다시 정리해 보고, 빠진 유형이 있다면 그 유형에 해당되는 탐구문제를 추가로 제안해 보자.

유형	탐구문제
유형 1: 새로운 결과	
유형 2: 변인간의 관계	
유형 3: 원인 추론	
유형 4: 적용	

처음에 제안된 탐구문제들은 거칠고 미완성된 경우가 많아 [표 3.37]의 예와 같이 수정할 필요가 있다.

[표 3.37] 탐구문제의 수정 예

처음 탐구문제	수정이 필요한 이유	수정된 탐구문제
전구의 온도를 낮추면 어떻게 될까?	변인이 분명하지 않음	일정한 전압에서 전구의 온도를 낮추면 전류와 전구의 밝기가 어떻게 변할까?
고리자석에 빛을 비추면 간격이 어떻게 변할까?	나름대로 근거가 있어야 함	고리자석에 열을 가하면 간격이 어떻게 변할까?
동일한 스프링 2개를 병렬로 연결하면 늘어난 길이가 어떻게 달라질까?	익히 잘 알려져 있음/결과가 쉽게 예상됨	스프링의 무게를 고려하면, 물체를 매달았을 때 늘어난 길이가 어떻게 달라질까?
중력이 다른 행성에서는 고리자석의 간격이 어떻게 변할까?	(학생 수준에서) 실험하기 어려움	고리자석을 엘리베이터 안에서 하면 (중력의 크기를 변화시키면) 간격이 어떻게 달라질까?
고리자석 위에 다른 고리자석을 추가해서 자석의 세기를 달리하면 간격이 어떻게 달라질까?	변인통제가 안 되어 있거나 하기 어려움	아래의 고리자석을 코일로 바꾸어 코일에 의한 자기장의 세기를 바꾸면 간격이 어떻게 달라질까?
스프링 총을 어떻게 만들 수 있을까?	위험하지 않고, 윤리적 문제나 환경오염이 없어야 함	스프링을 이용한 충격완화 운동화를 어떻게 만들 수 있을까?

활동 1. [고리 자석] 상황에서 제안한 탐구문제들 중에서 (또는 동료들의 탐구문제들 중에서) 미완성된 탐구문제를 아래에 쓰고, [표 3.37]에 따라 수정해 보아라.

수정 이유	원래 탐구문제	수정된 탐구문제
변인 불확실		
타당한 근거		
잘 알려짐		
실험가능성		
변인통제		
위험/윤리/환경오염		

이제 탐구문제를 제안하고 적절하게 수정했으면, 동료들과 함께 의논하면서 가장 하고 싶거나 필요한 탐구문제를 선정하면 된다.

정리 1. 탐구문제 발견을 위해서는 4가지 사고전략을 활용하면 좋다.

2. 탐구문제는 다양한 유형을 제안할 필요가 있다.

3. 탐구문제는 배운 내용이나 탐구활동을 해 보았던 상황에서 출발하는 것이 좋다.

4. 초기의 탐구문제는 몇 가지 방향에 따라 수정될 필요가 있다.

3.5.2 탐구 설계하기

Yang & Park(2017)은 학생들에게 주어진 탐구문제로 실험을 하기 위한 실험과정을 설계하도록 하였을 때, 학생들이 잘 하지 못하는 부분들을 고려하여 실험설계를 위한 점검표를 개발하였다. [표 3.38]은 그러한 점검표를 수정한 것이다.

[표 3.38] 실험 설계를 위한 점검표

구분	점검내용
목적과의 적합성	1. 제목과 탐구목표 및 실험설계가 서로 일치하는가?
	2. (필요한 경우에) 가설이나 예측 등이 적절하게 제시되어 있는가?
실험 준비	3. 필요한 준비물이 모두 제시되어 있는가?
	4. 실험 준비물이 무엇인지(종류 등) 구체적인가?
	5. (필요한 경우에) 준비물의 규격이 표시되어 있는가?
변인 설정	6. 필요한 독립변인, 종속변인, 통제변인을 모두 설정하였는가?
	7. (필요한 경우에) 변인에 대한 값(value)을 명시했는가?
	8. 변인통제가 잘 되어 있는가?
측정	9. 무엇을 측정하는지가 분명하고, 측정방법이 명확한가?
	10. 측정방법에 오류가 없고, 의도한 결과를 얻기 위해 적절한 측정방법인가?
	11. (필요한 경우에) 가정이나 조건들이 제시되어 있는가?
	12. (필요한 경우에) 반복실험과정이 포함되어 있는가?
기록 및 분석	13. 필요한 표와 그래프 양식을 제시하고 있는가?
	14. 측정결과를 어떻게 분석하는지 분석방법이 제시되어 있는가?
	15. (필요한 경우에) 공식과 계산방법이 제시되어 있는가?
실행 가능성	16. 실험준비물이 실제 활용가능한가?
	17. 실험방법이나 변인통제가 불가능한 것은 아닌가?
	18. 실험과정에서 시간적인/공간적인/실제적인 어려움은 없는가?
명확성	19. 실험과정을 단계별로 제시하고, 표현이 명확한가?
	20. 필요한 그림이 제시되어 있고 그림에 대한 설명이 충분한가?

[표 3.38]의 탐구 설계 점검표에 따라 [그림 3.35]의 탐구 설계를 수정해 보면 [표 3.39]와 같다.

탐구문제: 부직포와 비닐 중 어느 것이 겨울에 더 따뜻할까?

실험과정:

(1) 부직포와 비닐로 각각 온도계를 싼다.

(2) 각각의 온도계를 냉동실에 넣고, 일정한 시간 간격으로 온도를 측정한다.

(3) 측정결과를 표와 그래프로 그린다.

(4) … (계속)

[그림 3.35] 수정이 필요한 탐구 설계

[표 3.39] [그림 3.35]의 탐구 설계에 대한 수정

수정 방향	수정된 내용	점검표 번호
제목이 없다.	부직포와 비닐의 보온 효과 비교	1
가설/예측이 제시될 필요가 있다.	가설: 부직포가 공기층이 많아 보온효과가 더 커서 온도가 천천히 낮아질 것이다.	2
준비물이 없다.	냉동고, 온도계, 부직포, 비닐, 초시계	3
준비물의 종류가 불명확하다.	디지털 온도계	4
준비물의 규격이 없다.	부직포와 비닐 30(폭)×300(길이)×2(두께)mm 각각 5장	5
변인의 값이 없다.	일정시간은 30초로 정한다.	7
변인통제가 불명확하다.	온도계 2개를 부직포와 비닐로 각각 길이 3cm, 두께 4mm로 동일하게 감싼다.	8
반복 측정이 없다.	위의 과정을 5회 반복 측정한다.	12
필요한 표의 양식이 없다.	측정결과를 아래 표에 기록한다.	13

[표 3.39]의 수정 내용에 대한 추가 설명은 다음과 같다.

첫째, 가설을 제시할 때에는 나름대로 근거를 제시하여 이유를 설명할 수 있으면 좋다.

예를 들어, 단순하게 "부직포가 온도가 천천히 떨어질 것이다"보다, "부직포에 공기층이 많아 보온효과가 높아 온도가 천천히 떨어질 것이다"가 좋다.

둘째, 준비물의 종류와 규격을 정하기 위해서는 실험 상황을 구체적으로 예상해 보는 것이 필요하다. 예를 들어, 부직포나 비닐로 싼 온도계를 냉동실에 넣고 일정 시간 간격으로 온도변화를 보기 위해 냉동실 문을 연다고 생각하면, 이때 외부 공기가 들어가면서 오차가 생길 수 있으므로, 문을 열지 않고 온도를 측정하기 위해 디지털 온도계를 이용하면 좋을 것이다. 즉, 센서는 냉동실 안에 넣고 외부에서 문을 열지 않고 온도를 측정할 수 있으면 좋을 것이다.

셋째, 변인의 값을 정하기 위해서는 사전 실험이 필요할 수 있다. 즉, 온도 변화가 5초 만에 빠르게 일어날지, 1분 정도 되어야 일어날지 정하기 위해서는 사전 실험을 해서 온도변화를 측정하기 위해 적절한 시간간격을 정할 필요가 있다.

넷째, 필요한 표에는 [표 3.40]과 같이 반복 측정결과를 기록하고, 그에 따른 평균값과 표준편차를 함께 기록할 수 있으면 좋다. 이 값은 그래프로 나타내면서 오차막대를 표시하기 위해서도 필요하다.

[**표 3.40**] [그림 3.35] 실험에 필요한 표의 양식

		시간 (분)					
		0.5	1.0	1.5	2.0	2.5	3.0
온도 (℃)	1회						
	2회						
	3회						
	4회						
	5회						
	평균						
	표준편차						

[그림 3.36]은 또 다른 부족한 실험 설계의 예이다. 이를 [표 3.38]의 점검표에 따라 수정한 내용은 [표 3.41]과 같다.

탐구문제: 자석의 세기에 따라 두 자석 사이의 간격이
            어떻게 변할까?

실험방법:

(1) 처음에 고리자석 사이의 간격을 측정한다.

(2) 위의 고리자석 위에 하나, 둘, 셋 … 동일한 고리자석을 추가로 올려놓으면서
    두 자석 사이의 간격을 측정한다.

(3) …

[그림 3.36] 미완성된 실험 설계

[표 3.41] [그림 3.36]의 실험 설계 수정 내용

수정 방향	수정된 내용	점검표 번호
제목이 없다.	자석의 세기에 따른 두 자석 사이의 간격 변화	1
준비물이 없다.	고리 자석 10개, 자, 수직으로 세운 봉, 저울	3
변인통제가 안 되었다.	(고리자석을 위에 올려놓으면 무게도 함께 증가하므로) 아래에 동일한 고리 자석의 수를 하나, 둘, … 증가시키면서 …	7
가정이나 조건이 없다.	고리자석의 자기력 크기는 모두 동일하고, 고리 자석의 개수에 비례하여 자석의 세기가 증가한다고 가정한다.	11

[표 3.41]의 수정내용에 대한 추가 설명은 다음과 같다.

첫째, 가정이나 조건이 없어서 필요한 가정과 조건을 추가하였지만, 자석의 개수에 비례하여 자석의 세기가 증가하는지, 모든 고리자석의 세기가 동일한지는 사전에 점검해 보아야 한다. 이때 실제로 점검해 보면, 자석의 개수에 따라 자석의 세기가 증가하지 않는다는 것을 알 수 있다. 따라서 자석의 세기를 직접 가우스미터로 측정하는 단계를 추가하거나, 실험방법 자체를 다음과 같이 변화시킬 수도 있다.

변화된 실험방법: 아래 고리 자석 대신에 코일을 놓고, 코일의 전류를 변화시키면서 코일과 자석 사이의 간격 변화를 측정한다.

이때에도 간단하게 사전 실험을 통해, 코일의 전류값을 얼마씩 변화시킬 것인지를 정할 필요가 있고(점검표 8), 전류와 자기력의 세기와의 관계에 대해 어떠한 관계식을 사용하였는지(점검표 15)를 제시할 필요가 있다.

[가우스 미터]

활동 1. 다음은 불완전한 실험 설계 내용이다.

탐구목적: 그림과 같이 클립을 실에 묶어 바닥에 연결하고 자석으로 클립을 공중에 띄웠을 때, 클립과 자석 사이의 간격에 따라 자석이 클립을 당기는 힘이 얼마나 변할까?

실험방법:
(1) 클립의 무게를 측정한다.
(2) 그림과 같이 설치하고, 자석을 조금씩 올리면서 클립이 떨어지는 순간에 자석과 클립 사이의 간격을 측정한다.
(3) 이번에는 다른 클립을 하나 더 클립 아래에 연결하고, (2)와 같은 방법으로 자석과 클립 사이의 간격을 측정한다.
(4) 아래에 연결할 클립의 개수를 증가하면서 (3)의 과정을 반복한다.

---

2. 위의 실험설계 내용을 아래의 점검내용에 따라 수정하여라.
   (1) 독립변인의 측정방법이 쉬운지 점검해 보고, 그렇지 않다면 좀 더 쉽고 정확하게 측정할 수 있는 방법을 고안해 본다.
   (2) 실험결과를 기록하기 위한 표의 양식을 제안한다.
   (3) 결과를 분석하는 데 필요한 그래프의 양식을 제안한다.

[그림 3.37]은 또 다른 미완성된 실험 설계 내용이다. 이를 점검표에 따라 수정한 내용은 [표 3.42]와 같다.

탐구목적: 전류계가 연결된 코일에 자석을 넣었다 뺐다 하여 검류계 바늘이 움직일 때, 전류계 바늘의 움직임에 영향을 주는 요인들은 무엇일까?

실험방법:

(1) 자석이 떨어지는 속도가 영향을 주는지 알아보기 위해 다음과 같은 방법으로 실험을 수행한다.
   - 코일 위 2cm 높이에서 자석을 떨어뜨리고, 전류계가 움직이는 최대 눈금을 측정한다.
   - 코일 위 4, 6, 8cm, …로 높이를 달리하면서 자석을 떨어뜨리고, 그때마다 전류계가 움직이는 최대 눈금을 측정한다.
   - 높이와 전류계 최대 눈금과의 관계 그래프를 그린다.
   - 그래프로부터 자석이 코일 속에서 떨어지는 속도와 전류계 바늘의 최대 눈금 사이의 관계를 알아본다.

(2) 중력의 크기가 영향을 주는지 알아보기 위해 다음과 같은 방법으로 실험을 수행한다.
   - 코일 위 5cm 높이에서 자석을 떨어뜨리고, 전류계가 움직이는 최대 눈금을 측정한다.
   - 중력이 다른 곳에서 위와 동일한 실험을 실시한다.
   - … (생략)

(3) 검류계의 종류가 영향을 주는지 알아보기 위해 다음과 같은 방법으로 실험을 수행한다.
   - 전류계 최대 눈금이 500mA인 것으로 설치하고, 코일 위 5cm 높이에서 자석을 떨어뜨리고, 검류계가 움직이는 최대 눈금을 측정한다.
   - 전류계 최대 눈금이 1A인 것으로 바꾸어 설치하고, 위와 동일한 실험을 실시한다.
   - … (생략)

[그림 3.37] 미완성된 실험 내용

[표 3.42] 점검표에 따라 수정된 실험 설계 내용

수정 방향	수정 내용	점검표 번호
실험목표와의 적합성	(3)의 실험은 실험 도구가 적절한지를 점검하는 데에는 필요하지만, 원래 목적인 검류계 바늘의 움직임에 영향을 주는 물리적 요인을 찾는 실험으로는 적절하지 않다.	1
측정방법의 불명확성 실제 실험상의 어려움	(2)의 실험에서 중력이 다른 곳을 찾는 것이 쉽지 않으므로, 엘리베이터 안에서 실시하면서 그때 엘리베이터의 가속도도 함께 측정하도록 한다.	9, 18
오류 가능성	보통 바늘이 움직이는 검류계의 경우에는 자석이 빨리 지나갈 때 바늘이 충분히 움직이기도 전에 자석이 빠져나가는 경우가 생긴다. 따라서 디지털 검류계를 사용하고, 최댓값을 측정하도록 세팅한다.	10
오류 가능성	자석을 떨어뜨려 코일 안을 지나게 할 때, 오류가 많을 것으로 예상되므로, PVC 관에 코일을 끼우고, PVC관 안으로 자석을 떨어뜨리도록 한다.	10
분석에 필요한 계산	(1)에서 $v = \sqrt{2gh}$ 의 식이 필요하다.	15

활동 1. 앞 절에서 선택한 탐구문제를 위한 실험과정을 설계하고, 점검표에 따라 수정하여라. 이때 처음 설계 내용과 수정된 내용을 함께 기록하도록 한다.

정리 1. 탐구 설계를 위해서는 7개 영역의 총 20개 항목을 고려할 필요가 있다.
2. 탐구 설계를 위해서는 사전 실험이 필요할 수도 있다.
3. 탐구 설계는 사전에 점검하는 과정에서도 수정되지만, 탐구를 수행하는 과정에서도 수정될 수 있다.

3.5.3 탐구 보고서 작성하기

학교에서 수행하는 탐구활동의 경우에는 대부분 보고서의 양식이 미리 제시되어 있고, 학생은 보고서에서 안내하는 내용이나 질문에 대해 답하는 방식으로 보고서를 작성한다. 그러나 자유탐구의 경우에는 보고서도 학생이 직접 모든 내용을 작성해야 하므로 학생들이 보고서 작성에 어려움을 겪는 경우가 많다. 여기에서는 물리학자의 학술논문의 형식을 간단하게 도입하여 자유탐구의 보고서를 작성하는 과정을 안내하고자 한다.

먼저 대략적으로 탐구 보고서에 포함되는 기본 영역은 [표 3.43]과 같다(김덕영과 박종원, 2015).

[표 3.43] 탐구 보고서에 포함될 항목과 주요 내용

항목	내용
제목	논문의 전체 내용을 잘 나타낼 수 있도록 하되 최대한 간략하게 제시한다. 필요하면 부제를 붙일 수도 있다.
저자 및 소속	저자의 이름과 함께 소속(학교)과 지역 및 나라명을 쓴다. (예) 박종원(전남대학교 사범대학 물리교육과, 광주, 대한민국)
초록	논문의 전체 내용을 요약한 것으로 다음 내용을 포함하여 약 300 ~500자 정도로 한다: 연구배경/동기 및 연구목적, 연구방법, 주요 연구결과, 결론 및 시사점
키워드	연구를 분류할 때 기준이 되는 단어를 3~5개 정도 제시한다.
서론	연구배경(이론적 배경을 포함할 수도 있고, '서론' 다음에 별도의 절로 따로 제시할 수도 있다)과 연구동기, 연구 목적
연구방법	실험설계에서 고려해야 할 항목(표 3.38)을 참고하여 단계별로 제시한다.
결과	연구 결과를 연구목적과 일치하게 제시하고, 연구 결과에 대한 해석을 함께 제시한다.
결론	주요 연구결과를 요약하고, 연구의 가치와 시사점 및 연구의 제한점을 논의하고 앞으로 필요한 연구를 제안한다.
참고문헌	학술지에서 요구하는 양식에 따라 기술한다.

[그림 3.38]은 Cu_2O와 Cu판을 소금물에 담가 만든 태양전지이고, 이 태양전지를 이용한 실험결과의 일부를 나타낸 것이다.

(1) H(밝기)에 따른 태양(太陽)전지의 V(단자전압)
   … 생략

(2) C(소금물 농도)와 H(구리판이 소금물에 담긴 깊이)에 따른 태양전지의 V(단자전압)
   … 생략

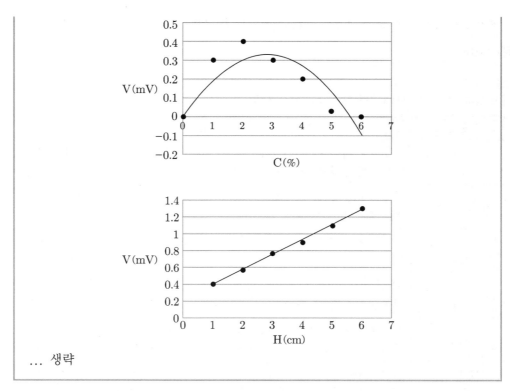

[그림 3.38] Cu_2O-Cu 태양전지를 이용한 측정 결과의 일부

[그림 3.38]의 예시를 이용하여 서론에서 다루어야 할 내용을 제시하면 다음과 같다.

첫째, 탐구 보고서의 제목으로 제시한 [그림 3.39]와 같은 예를 보면, 첫째의 경우는 부제를 제시한 경우이고, 두 번째의 경우는 제목이 구체적이지만 너무 길다고 볼 수 있다. 이런 경우에는 세 번째와 같이 제시할 수도 있다.

- Cu_2O-Cu 태양전지의 단자전압 측정: 빛의 밝기, 소금물 농도, 구리판 면적에
  따른 영향
- 빛의 밝기, 소금물 농도, 구리판 면적에 따른 Cu_2O-Cu 태양전지의 단자전압 측정
- 빛의 밝기와 제작 조건에 따른 Cu_2O-Cu 태양전지의 단자전압 측정

[그림 3.39] 탐구 보고서 제목의 예

둘째, 탐구 보고서의 연구 목표는 [그림 3.40]과 같이 전체적인 목표를 쓰고, 세부

목표를 개조식으로 나타내는 것이 편리하다.

본 연구는 Cu_2O-Cu 태양전지의 단자전압에 미치는 요인들을 알아보기 위한 것으로 세부 연구목적은 다음과 같다.
첫째, 빛의 밝기 변화에 따른 Cu_2O-Cu 태양전지의 단자전압을 측정한다.
둘째, Cu_2O-Cu 태양전지의 제작 조건(소금물의 농도, 구리판이 소금물에 담긴 깊이)의 변화에 따른 단자전압을 측정한다.

[그림 3.40] 연구 목표 진술의 예

셋째, 탐구의 배경을 생각해 본다. 즉 Cu_2O-Cu 태양전지와 관련해서 이전에 어떤 연구나 관심들이 있었고, 현재의 연구가 어떤 면에서 유용하거나 가치가 있을지에 대해서 서술하면 좋다. [그림 3.41]은 신재생 에너지에 대한 관심과 함께 Cu_2O-Cu 태양전지의 장점에 대해서 서술한 예이다.

에너지 고갈과 관련해서 신재생 에너지 또는 클린 에너지에 대한 관심이 높아지고 있고, 관련연구들도 활발하게 진행되어 왔다(참고문헌). ... (중략)
특히 태양전지는 클린 에너지로 태양으로부터 제공되는 거의 무한대에 가까운 에너지를 사용할 뿐 아니라, 전기 에너지 생산 후에 발생되는 찌꺼기도 전혀 없다. ... (중략)
이에 Cu_2O-Cu 태양전지는 기존의 태양전지에 비해 상대적으로 저렴한 가격에 재료를 쉽게 구할 수 있고, 에너지 생산과정에서 인체나 환경에 미치는 해가 거의 없다고 할 수 있다(참고문헌). ... (중략)

[그림 3.41] 탐구의 배경을 진술한 예

넷째, 위의 배경을 기반으로 연구 동기를 서술한다. [그림 3.42]는 연구 동기의 예이다. 즉 [그림 3.42]에서는 Cu_2O-Cu에 대한 관련연구가 부족하여 이에 대한 연구가 필요하다고 연구 동기를 제시하고 있다. 이것은 앞 절에서 설명했던 연구 동기들 중, "M12: 미확인/미개발된 영역"에 해당된다고 할 수 있다.

이에 구리판을 이용한 태양전지에 대한 연구들을 살펴보면 다음과 같다. 첫째, …
(중략)

그러나 Cu_2O-Cu와 소금물을 이용한 태양전지에 대한 연구들은 상대적으로 매우 적다. 예를 들어 000의 연구 …. 등이 있을 뿐이다. … (중략) 실제로 구글(google)에서 관련 학술논문을 찾아보아도 00개 정도로 매우 적고, 그 내용들도 000 등에 한정되어 있다. … (중략)

이에 본 연구에서는 Cu_2O-Cu 태양전지의 특성을 좀 더 구체적으로 알아볼 필요가 있다고 보았다.

[그림 3.42] 연구 동기의 예

이상의 예시를 바탕으로 탐구 보고서의 앞부분을 정리해 보면 [그림 3.43]과 같다.

빛의 밝기와 다양한 제작 조건에 따른 Cu_2O-Cu 태양전지의 단자전압 측정

김00
00 고등학교, 광주, 대한민국

초록

태양전지는 최근 신재생 에너지로 관심을 받으면서 많은 연구가 진행되어 왔다. 특히 Cu_2O-Cu 태양전지는 여러 가지 장점으로 인해 발전 가능성이 많지만, 효율이 낮다는 문제로 연구가 매우 적은 편이다. 이에 본 연구에서는 Cu_2O-Cu 태양전지를 제작하고, 빛의 밝기, 소금물의 농도, 구리판이 소금물에 잠긴 면적에 따른 단자전압의 변화를 측정하여, Cu_2O-Cu 태양전지의 효율성을 높이기 위한 조건을 탐색해 보고자 하였다. 이를 위해, … (연구 방법 소개). 그 결과, … (주요 연구 결과 제시). 이러한 결과에 기초하여, Cu_2O-Cu의 효율을 높이기 위한 적당한 소금물의 농도와 제작 조건(면적)을 알 수 있어, 본 연구의 주요 결과들은 앞으로 Cu_2O-Cu의 실용적 개발에 기여할 수 있다고 본다.

키워드: 태양전지, Cu_2O-Cu, 소금물, 태양전지의 효율

I. 서론

최근 화석 에너지 고갈과 관련해서 신재생 에너지 또는 클린 에너지에 대한 관심이 높아지고 있고, 관련연구들도 활발하게 진행되어 왔다(참고문헌). ... (중략)

특히 태양전지는 클린 에너지로 태양으로부터 제공되는 거의 무한대에 가까운 에너지를 사용할 뿐 아니라, 전기 에너지 생산 후에 발생되는 찌꺼기도 전혀 없다. ... (중략)

Cu_2O-Cu 태양전지는 기존의 태양전지에 비해 상대적으로 저렴한 가격에 재료를 쉽게 구할 수 있고, 에너지 생산과정에서 인체나 환경에 미치는 해가 거의 없다고 할 수 있다 (참고문헌). ... (중략)

이에 구리판을 이용한 태양전지에 대한 연구들이 수행되어 왔는데, 주요 내용을 살펴보면 다음과 같다. 첫째, ... (중략)

그러나 Cu_2O-Cu와 소금물을 이용한 태양전지에 대한 연구들은 상대적으로 매우 적다. 예를 들어, ㅇㅇㅇ의 연구 .... 등이 있을 뿐이다. ... (중략) 실제로 구글(google)에서 관련 학술논문을 찾아보아도 ㅇㅇ개 정도로 매우 적고, 그 내용들도 ㅇㅇㅇ 등에 한정되어 있다. ... (중략)

이에 본 연구에서는 Cu_2O-Cu 태양전지의 특성을 좀 더 구체적으로 알아볼 필요가 있다고 보았다. 따라서 본 연구는 Cu_2O-Cu 태양전지의 단자전압에 미치는 요인들을 조사하여, Cu_2O-Cu 태양전지의 효율을 높이기 위한 조건들을 알아보기 위한 것으로 세부 연구목적은 다음과 같다.

첫째, 빛의 밝기 변화에 따른 Cu_2O-Cu 태양전지의 단자전압 변화를 측정한다.

둘째, Cu_2O-Cu 태양전지의 제작 조건(소금물의 농도, 구리판이 소금물에 담긴 깊이)의 변화에 따른 단자전압 변화를 측정한다.

[그림 3.43] 탐구 보고서의 앞부분 예

활동 1. 다음은 레이저 빛이 슬라이드 글라스에서 반사할 때, 슬라이드 글라스의 개수를 달리하면서 반사율을 측정한 결과의 일부이다.

슬라이드 글라스 개수(장)	측정값 (lux)	반사율 (%)
1	260	3.20
2	545	6.70
3	845	10.40
4	1135	14.18
5	1312	16.40
6	1657	20.71

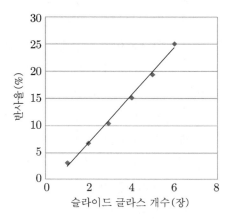

위 측정결과를 바탕으로 주요 실험결과와 결론은 제외하고, 제목부터 서론까지의 내용을 써 보아라.

탐구 보고서에서 연구방법을 쓸 때에는 앞 장에서 설명한 [표 3.38]과 같은 연구 설계를 위한 점검표를 활용하면 좋고, 보고서에서는 [표 3.44]와 같은 항목이 포함되도록 한다.

[표 3.44] 탐구 보고서의 연구방법에 포함되는 항목

항목	내용
주요 측정도구의 설치와 도구의 사용법	사용된 주요 측정도구가 무엇이고 어떻게 설치하였는지, 그리고 어떻게 사용하였는지 등을 그림이나 사진과 함께 기술한다.
주요 측정방법	측정을 위해 사용한 측정도구의 사용방법이나 단계, 측정방법 등을 기술한다.
측정과정에서 가정과 조건 및 유의 사항	측정과정에서 사용한 가정이나 조건 또는 제한점 등을 기술한다. 그리고 위험한 요소 등이 있으면 기술한다.

[그림 3.44]는 슬라이드 글라스의 개수에 따른 레이저 빛의 반사율 측정방법에서 주요 측정도구와 도구 사용에 대한 내용이고, [그림 3.45]는 측정방법에 대한 내용, 그리고 [그림 3.46]은 측정과정에서 사용한 가정이나 조건에 대한 내용이다.

[그림 1]과 같이 스탠드 2개를 평평한 바닥에 놓고 각각의 스탠드에 레이저와 스마트폰을 고정시켜 설치하였다. 레이저와 스마트폰의 조도센서 사이에는 높낮이 조절이 가능한 스탠드를 놓고 위에 슬라이드 글라스 1장을 고정시킨다. 이후 자와 각도기를 이용하여 슬라이드 글라스와 스마트폰, 그리고 슬라이드 글라스와 레이저 사이의 거리를 각각 30cm로 유지하고, 수평선과는 각각 30° 각도가 되도록 한다. 슬라이드 글라스의 개수를 증가시킬 때 30° 각도와 30cm 거리가 변화하지 않도록 슬라이드 글라스가 추가된 후 추가된 글라스의 두께만큼 스탠드의 높이를 낮추었다.

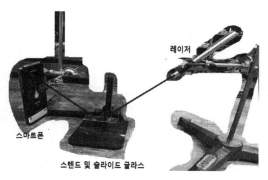

[그림 1] 측정 장치 설치도

[그림 3.44] 측정 도구의 설치 그림과 측정 장면

유리(슬라이드 글라스)에 입사시켜 반사되는 빛을 스마트폰 조도센서에 비추고 이를 스마트폰 실험 어플인 "과학저널"로 측정하였다[그림 2]. 어플로 빛의 세기를 측정할 때, 측정값이 계속 변화하므로 5초간 측정하여 평균값을 사용하였다.

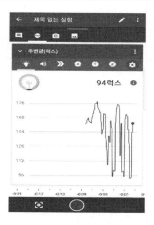

[그림 2] 과학저널 측정 장면

[그림 3.45] 주요 측정방법에 대한 내용

전등에 의한 오차를 줄이기 위하여 암실에서 진행하였다. 그리고 실험에 사용된 슬라이드 글라스와 글라스 사이의 공기층에 의한 굴절은 무시하고, 유리 표면이 매끄럽지 못하여 생긴 난반사로 생긴 영향도 무시하였다.

[그림 3.46] 측정과정에서 사용된 가정이나 조건 및 유의사항

활동 1. 사진은 수평으로 걸친 스프링 중앙에 추를 매달고 추가 위아래로 진동할 때, 추의 무게에 따른 진동주기 변화를 측정하는 장면이다.

실제로 설치하여 측정해 보고, [표 3.44]의 항목별로 실험과정 내용을 정리해 보아라.

항목	내용
주요 측정도구의 설치와 도구의 사용법	
주요 측정방법	
측정과정에서 가정과 조건 및 유의 사항	

다음으로 실험결과를 제시할 때 고려할 사항은 [표 3.45]와 같다.

[표 3.45] 탐구 보고서의 실험결과 제시할 때 고려할 내용

항목	내용
표와 그래프	표와 그래프를 제시할 때에는 앞 장에서 표와 그래프 작성 시 고려할 내용을 참고한다. 이때 표 제목은 표의 위에 제시하고, 그림 제목은 그림의 아래에 제시한다.
주요 결과	표나 그래프로부터 얻을 수 있는 주요 특징을 요약하여 제시한다. 이때 중요한 측면이 아니고, 표나 그래프를 보면 쉽게 알 수 있는 내용은 굳이 서술하지 않아도 된다.
계산 과정	측정값으로부터 계산을 통해 측정값을 변형하는 과정을 제시한다.
해석	결과에 대한 해석을 실시한다. 이때 기존 이론에 의한 해석이나 수학적 검증과정이 포함될 수 있고, 오차에 대한 해석도 포함된다.

[그림 3.47]은 측정결과에서 실시한 계산 과정을 제시한 예이고, [그림 3.48]은 주요 결과를 표와 그래프로 나타낸 예이다. 그리고 [그림 3.49]는 측정 결과에 대한 해석 (오차 해석 포함) 내용에 대한 예이다.

레이저를 반사시키지 않고 반사조건과 동일한 거리(60cm)에서 측정한 조도값은 8,126 lux이었다. 이후 실험에서도 레이저 빛이 반사되어 조도센서까지 가는 경로도 60cm로 맞추어 진행하였다. 따라서 반사율은 식 (2)를 이용하여 계산하였다.

$$\text{반사율}(\%) = \frac{\text{측정값}}{8,126} \times 100 \qquad\qquad \text{식 (2)}$$

[그림 3.47] 탐구 보고서에서 계산과정에 대한 내용 예

식 (2)를 이용하여 슬라이드 글라스 개수를 다르게 하면서 측정한 반사율은 [표 1]과 같고, 그 결과를 그래프로 나타낸 것은 [그림 5]와 같다.

[표 1] 슬라이드 글라스 개수에 따른 반사율

슬라이드 글라스 개수(장)	측정값 (lux)	반사율 (%)
1	260	3.20
2	545	6.70
3	845	10.40
4	1135	14.18
5	1312	16.40
6	1657	20.71

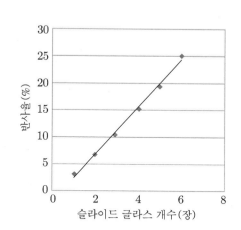

[그림 5] 슬라이드 글라스 개수에 따른 반사율 변화

그 결과, 반사율은 슬라이드 글라스의 개수에 비례하는 것으로 나타났다.

[그림 3.48] 탐구 보고서의 표와 그래프 및 주요 결과에 대한 내용 예

첫 번째 글라스에서 반사된 빛의 양은 3.2%이었다. 그렇다면, 첫 번째 글라스를 통과한 빛의 양은 96.8%이고, 이 빛이 두 번째 글라스에서 반사할 때에는 전체 반사율이 3.2+96.8×0.032＝6.297%로 예상할 수 있다. 이러한 방식으로 계산한다면 여러 장일 때의 반사율을 계산할 수 있다. 이론값과 실험값을 비교한 것은 [표 2]와 같다.

[표 2] 이론값과 실험값 비교

슬라이드 글라스 개수(장)	이론 반사율(%)	실험 반사율(%)
1	3.20	4.00
2	6.30	7.84
3	10.40	11.52
4	14.18	15.058
5	16.40	18.59
6	20.71	22.031

실험과 이론값 사이에 큰 차이는 없었지만, 오차가 생기는 원인을 생각해 보면 다음과 같다. 첫째, 실험간 조도센서에 반사광을 모두 입사시키기 위해 볼록렌즈를 사용하였는데, 이때 조도센서가 매우 민감하여 조금만 반사광의 위치가 달라져도 측정값이 달라져서 오차가 생긴 것이다. 둘째, 볼록렌즈에 의한 반사광도 오차요인 중 하나일 것이다. 셋째, 이론적인 값을 예상할 때, 첫 번째 유리의 내부에서 바깥으로 나갈 때의 투과율을 고려하지 않았기 때문이다. 마찬가지로 두 번째 유리에서 반사된 빛이 다시 첫 번째 유리를 통과할 때에도 투과율을 고려하지 않았기 때문에 오차가 생긴 것이다.

[그림 3.49] 탐구 보고서에서 해석 내용에 대한 예

활동
1. [그림 3.38]에서 예시로 제시한 태양전지의 측정결과에 대한 아래 그래프를 이용하여 '주요 결과'와 '해석' 내용을 기술해 보아라. 이때 앞서 제시한 $Cu_2O - Cu$ 태양전지에 대한 연구목적과 일치하는지도 점검하여라.

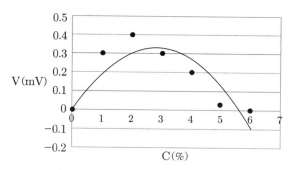

[그림 1] 소금물 농도에 따른 단자전압

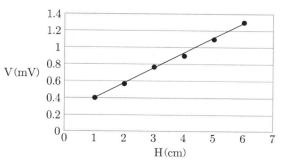

[그림 2] 소금물에 담긴 깊이에 따른 단자전압

영역	기술내용
주요 결과	
해석	

결론에서는 [표 3.46]과 같은 내용이 제시되도록 하고, [그림 3.50]은 결론을 서술한 예이다.

[표 3.46] 결론에 포함될 내용

항목	내용
주요 결과와 해석 요약	주요 연구 결과와 그에 대한 해석을 요약하여 제시한다. 이때 이전 연구 결과와 비교하여 동일한 결과를 얻거나, 새로운 결과를 얻었다는 내용이 포함될 수 있다.
연구의 가치와 의미	연구가 주는 의미나 가치에 대해서 주관적인 기술을 할 수 있다.
연구의 한계점 제시	대부분의 연구가 주어진 조건 하에서만 실시된 경우가 많고, 또한 제한점이 있기 마련이다. 이에 대한 주요 내용을 정리한다.
앞으로의 연구과제 제안	연구결과, 연구가 주는 의미, 연구의 한계점 등을 고려하여 앞으로 필요한, 또는 의미 있는 연구주제를 제안한다.

구리봉 안에서 낙하하는 자석의 종단속도에 미치는 구리봉 온도의 영향

(중략)

V. 결론

본 연구를 통해, 구리봉의 온도가 올라감에 따라 구리봉 안에서 낙하하는 자석의 종단속도는 선형적으로 빨라진다는 것을 알 수 있었다.

종단속도에 이르렀을 때, 자석에 미치는 자기력의 세기는 자석의 무게와 동일하므로($f_{자기력} = mg$), 종단속도에서는 자석에 미치는 자기력의 세기가 일정하다. 이때 자기력의 세기는 구리봉에 생긴 유도전류에 비례하므로($f_{자기력} \propto i_{유도전류}$), 유도전류의 크기도 일정하다는 것을 의미한다. 따라서 만일 유도기전력이 증가한 만큼 구리봉의 저항이 증가한다면 유도전류의 크기도 일정할 것이다($i_{유도전류} = \dfrac{유도기전력}{구리봉 저항}$). 그런데 유도기전력의 크기는 자기장의 변화에 비례하므로 자석의 속도에 비례할 것이다. 그렇다면 온도가 증가할 때 온도에 비례하여 구리봉 저항이 증가하고 동시에 종단속도가 비례하여 증가하면서 유도기전력의 크기도 비례하여 증가했다고 추론할 수 있다. 이러한 결론은 도체의 저항이 온도에 비례하여 증가한다는 이전의 이론과도 일치한다.

본 연구 결과는 자석의 낙하속도만으로 구리봉의 온도를 추정하는 데 활용할 수도 있을 것이다.

본 연구에서 초음파센서로 속도를 측정하다 보니 자석이 낙하할 때 조금만 흔들려도 값이 이상하게 나오는 어려움을 겪었다. 따라서 자석의 낙하속도를 일정하게 잘 측정할 수 있는 좀 더 정밀한 방법이 필요하다고 할 수 있다.

본 연구를 바탕으로 앞으로 해볼 수 있는 연구로는 다음과 같다. 첫째, 구리봉과 자석과의 간격 변화에 따른 종단속도의 변화를 알아본다. 둘째, 금속이 아닌 전해질로 채워진 속이 빈 파이프 안에서 떨어지는 자석의 종단속도를 조사해 본다.

[그림 3.50] 탐구 보고서의 결론 내용 예

활동
1. [표 3.46]에서 제시한 '결론에 포함될 내용'을 [그림 3.50]의 '결론 예'에서 찾아보아라.
2. 앞에서 예시로 제시한 태양전지 실험내용에 대해서 결론을 써보아라.

상황물리와 융합과학 지도

4.1 물리교육에서 상황의 중요성

물리 교육에서 상황이 중요한 이유는 다음 4가지로 생각해 볼 수 있다.

첫째, 학습 상황이 달라지면, 다른 인지 전략을 자극하게 될 것이고 따라서 다른 학습 활동이 일어날 수 있다. 예를 들어, 일반적으로 실험실에서 물리 교사의 지도 아래 주어진 과제를 주어진 목적에 따라 조별로 관찰하고 측정하고 기록하는 상황에서는 정확한 측정을 통해 정해진 옳은 결론을 도출하는 활동들이 많을 것이다. 그러나 놀이 공원에서 범퍼카, 롤러코스터 등을 이용하여 탐구하는 상황이라면, 추상적인 이론을 실제로 적용해 보면서 실제 장치를 만들어 보거나 다양한 특징을 찾고, 실제적인 문제를 해결하는 등의 활동이 있을 수 있다. 예를 들어, [그림 4.1]과 같이 실제 상황을 이용한 활동에서는 추상적인 전반사 개념을 실제 현상으로 관찰해 보고, 실제 통신용 케이블을 통해 공학기술적인 적용과정에서의 특징을 살펴보고 있다. 그리고 전반사 현상을 이용하여 간단하지만 흥미로운 장치를 만들어보는 활동과 같이 다양한 유형의 활동들이 포함되어 있다.

1. 다음과 같이 원형 수조 안에서 레이저 빛이 전반사되는 현상을 관찰해 보고, 실제 여러 종류의 광섬유를 관찰해 보자.

  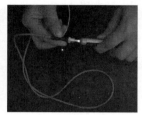

[전반사]   [플라스틱 광섬유]   [통신용 광케이블]

2. 다음은 광케이블 내부 모양이다. 내부를 보고 다음 질문에 답해 보아라.

① 광섬유가 들어 있는 케이블의 색은 왜 파랑, 주황, 녹색 등으로 다를까?

② 광섬유들을 알루미늄으로 크게 감싸고 있는 것이 보인다. 이것은 땅속에 묻는 케이블에만 있다고 한다. 알루미늄 보호막은 왜 있을까?

③ 케이블들 사이에 기름이 들어 있는 것을 볼 수 있다. 기름은 보통 인체에 유해하므로 기름이 손에 묻지 않도록 조심하여라. 기름은 왜 들어 있을까?

④ 광섬유 한 가닥을 뽑아보자. 그리고 피복을 잘 벗겨보아라. 투명한 광섬유 코어가 나오는가?

3. 장식용 광섬유로 장식품을 만들어 보자.

① 종이컵 아랫부분에 구멍을 뚫고 광섬유 다발을 넣고 잘 고정시킨다.

② 종이컵 아래에 꼬마전구를 넣는다.

③ 꼬마전구의 불을 켜면, 광섬유의 끝 부분에서 빛이 밝게 빛난다.

[그림 4.1] 실제 상황에서의 탐구 활동 예

활동 1. [그림 4.1]의 탐구활동을 실제로 수행해 보고, 물리학습에 도입할 수 있는 단원을 찾아보아라. 그리고 수업 지도에 어떻게 활용할 수 있는지 간단한 수업계획을 발표해 보자.

둘째, 상황은 물리학습의 목표와 밀접하게 연관되어 있다. 예를 들어, 물리학습의 목적이 시험 문제 풀이와 같은 추상적인 문제해결력을 기르기 위한 것이라면, 굳이 일상적인 상황을 필요로 하지 않을 것이다. 이때 추상적인 문제해결만이 물리학습의 주요 목표라고 생각하는 경우에는 [표 4.1]과 같이 물리를 어렵고 흥미롭지 않으며 자신의 삶과 관련이 없는 과목으로 인식하게 하는 주요 원인이 될 수 있다. 그러나 물리학습의 목적이 자신의 일상적 경험을 설명하고 이해하기 위한 것이라면, 실제 상황은 물리학습에서 중요하게 되고, 물리학습에 대한 학생의 흥미도 높일 수 있다.

[표 4.1] 고등학생이 물리를 선택하지 않는 이유 (n=72) (박종원, 2002)

이유	남	여	전체
① 어려워서, 공부해도 몰라서, 이해가 안 되어서, 공부하는 데 시간이 많이 걸려서, 개념을 알아도 응용이 안 되서 등.	30	25	55
② 외울 것이 많다.	3	2	5
③ 성적이 안 나온다.	8	9	17
④ 기초가 없다, 앞의 내용을 알아야 한다.	1	5	6
⑤ 공식이 많고 복잡하다. 공식적용이 어렵다.	7	5	12
⑥ 수학을 잘 해야/계산을 잘 해야 하고, 문제 푸는 게 어렵다.	4	5	9
⑦ 흥미가 없다, 지루하다, 다른 과목이 더 재미있다.	12	8	20
⑧ 앞으로 전공할 과목과 상관없다, 살아가는 데 필요 없다 등.	3	8	11
⑨ 적성이 아니다, 자신이 없다, 부담스럽다.	2	4	6
⑩ 기타	1	1	2

셋째, 실제 상황은 물리 연구에서도 기본적인 측면이다. 물리학자들은 실제 세계에 대한 관찰과 측정에서 탐구를 시작한다(그림 4.2). 그러나 이를 위해 물리학자들이 만든 개념과 설명방식은 수학적이고 추상적이며 이상적이다. 예를 들어, 관성의 법칙은 마찰이 없는, 절대 정지된 좌표계에서만 성립하는 추상적인 법칙이다. 그러나 물리학자의 궁극적

인 목적은 자연을 이해하고 설명하며 예측하기 위한 것이다.

따라서 추상적인 법칙을 제안하는 것으로 물리연구가 끝나는 것이 아니라, 그것을 실제 상황에 적용하는 일을 계속 하게 된다(그림 4.2). 따라서 물리학습에서 실제 상황을 활용하는 것은 추상적인 물리개념과 법칙의 이해나 수학적인 계산 못지않게 중요한 부분이다. 즉 실제 상황 속에서 물리학습을 하는 것은 물리학습의 절반이라고 해도 과언이 아니다.

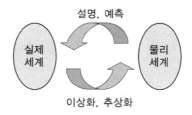

[그림 4.2] 실제세계와 물리 세계

넷째, 실제 상황에서 물리학습을 하는 것은 학생들이 원하기 때문이다. 예를 들어, 학생들이 과학 수업에서 무엇을 배우고 싶어 하는지에 대한 조사에 의하면, 학생들은 다양한 실제 상황에서 물리학습을 하고 싶다고 답변한다. [표 4.2]는 좀 오래된 결과이지만, 고등학교 학생들에게 자유롭게 과학과 관련해서 학교에서 배우고 싶은 내용이 있다면 무엇인지를 조사한 결과에서 응답수가 많은 응답만 제시한 것이다.

[표 4.2] 고등학생들이 배우고 싶어 하는 내용의 예 (n=307) (박종원, 2002)

응답	학생수
(1) 음악 테이프나 CD 플레이어는 어떻게 녹음을 할까?	124
(2) 컴퓨터의 원리와 구조는?	60
(3) 비행기는 어떻게 날 수 있나?	41
(4) 우주의 팽창은 왜 일어날까?	40
(5) TV는 어떻게 전파를 옮길 수 있나?	36
(6) 자동차의 구조와 움직이는 원리는?	29
(7) 어떻게 작은 반도체 안에 많은 정보가 들어가나?	28
(8) 레이저를 이용해 수술을 하는 원리는?	28
(9) 팩시밀리에서 종이의 글씨를 보내는 원리는?	26
(10) 우주 왕복선은 어떻게 다시 돌아오며, 어디에 착륙하나?	24
(11) 전화기 음성이 다른 전화기에 전달되는 방법은?	24
(12) 타임머신이 가능할까?	23
(13) x-ray는 어떻게 작동하는가?	23

활동

1. 예비 물리교사로서 관심 있는/가르치고 싶은 물리 주제들을 1인당 5개씩 적고, 모두 모아서 응답들을 정리해 보자. 어떠한 특징이 있는가?

2. 모은 주제들 중 하나를 골라, 중등 학생 수준에서 이해할 수 있는 자료(설명자료, 그림이나 사진, 실험이나 시범, 시뮬레이션이나 애니메이션 등)를 찾아 정리해 보자. 분량은 A4 1~2 페이지 정도로 요약한다.

이와 같이 상황이 과학학습에서 중요하여, 실제로 과학 학습 목표에는 개념이나 탐구뿐 아니라, 상황이 중요한 요소로 포함되어 있다. 예를 들어, 영국의 과학교육협회(Association of Science Education: ASE)에서는 [표 4.3]과 같이 과학교육 목표를 기본적인 3개 차원과 부가적인 2개 차원으로 분류하였는데, 기본적인 3개 목표 중의 하나가 '상황'이다.

[표 4.3] 영국 ASE에서 제시한 과학학습 목표 영역

영역	과학학습 목표
기본 3개 차원	내용(content): 개념이나 법칙 및 원리의 이해와 적용과 관련된 목표이다.
	과정(process): 탐구과정으로 사고기능(가설설정하기 등), 실행기능(실험을 안전하게 수행하기 등), 의사소통 기능(설명하기 등)으로 구성되어 있다.
	상황(context): 순수 과학적 상황, 기술적 상황, 환경적 상황으로 구분하였다.
부가 2개 차원	태도(attitude): 과학의 가치에 대한 인식, 과학에 대한 흥미 등을 포함한다.
	메타과학(meta science): 과학의 본성, 과학사/과학철학의 이해 등을 포함한다.

상황과 관련된 목표를 좀 더 구체적으로 설명하면 다음과 같다.

① 순수 과학적(Pure Scientific) 상황 – 종합적이고 일관된 이해를 통해 만족감을 가질 수 있도록 과학적인 관계나 패턴을 찾아내는 상황

② 기술적(Technological) 상황 – 실제적이고 일상적인 문제를 해결하고, 실제적이고 일상적인 과제를 성공적으로 수행하는 상황 (예를 들면, 자동차의 수리나 유지와 같이 아주 일반적인 과제에서부터 응급 치료, 식물 재배, 양조 등에 이르기까지)

③ 환경적(Environmental) 상황 – 과학 또는 기술의 발달과 관련된 대중적인 관심에 대해, 지적이고 충분히 고려된 관점에 도달하는 상황 (좁은 의미의 환경적 상황뿐 아니라, 사회 경제적인 의미를 포함하여)

실제 교과서에서 위의 3가지 상황에 대한 예를 제시하면 [표 4.4]와 같다.

[표 4.4] 교과서에 제시된 다양한 상황의 예

상황	교과서 활동 예
순수과학적 상황	
기술적 상황	
환경적 상황	

활동   1. 중고등학교 교과서에서 위의 3가지 상황에 대한 내용을 각각 2개씩 찾아보아라.

정리   1. 물리학습에서 상황이 중요한 이유는 다음과 같다: ① 일상적 상황을 이용하면, 추상적이고 이론적인 상황에서와는 다른 인지활동들을 자극할 수 있다, ② 물리학습에 대한 목표를 자신의 삶이나 경험과 연결 지을 수 있게 되어 흥미를 유발시킬 수 있다, ③ 물리학습/연구의 본성이 실제 세계를 이상화/추상화하는 것뿐 아니라, 이를 다시 실제 세계에 적용하는 것까지 포함하고 있다, ④ 학생들이 배우고 싶어 하는 내용에 실제 현상과 관련된 것이 많다.
2. 실제 과학학습 목표에서도 개념이나 탐구 외에 상황이 중요한 요소로 포함되어 있다.

4.2 물리학습에서 상황의 도입

4.2.1 실제 상황 도입 시 고려할 점

실제 상황이 물리학습에서 여러 가지 점에서 중요하지만, 실제 상황을 물리학습에 도입할 때 효과적이기 위한 조건들을 고려할 필요가 있다.

첫째, 많은 물리학자와 물리교사들은 전통적인 추상적 물리학에 비해, 일상 상황 속에서의 물리학이 지위가 낮은 것으로 생각하는 경우가 있다(Cajas, 1999). 즉 추상적이고 이론적인 물리학은 자연의 본성을 말해주며, 자연현상에 대한 기초를 제공해 주지만, 일상 상황 속에서의 물리는 단지 추상적이고 이론적인 물리학의 적용이며 따라서 상대적으로 학문적 지위가 낮다고 생각하는 것이다. 따라서 물리학습에 대한 이러한 편견을 없애는 것이 필요하다.

둘째, 일상적 상황을 도입할 때에는 장점뿐 아니라 단점이나 어려움도 있을 수 있다. 예를 들어, Park & Lee(2004)는 [그림 4.3]과 같이 학생들에게 일상적 상황에서 문제를 해결하도록 할 때, [표 4.5]와 같은 어려움이 있다는 것을 관찰하였다.

[일상적 상황 문제]

아래 그림과 같이 A차가 좌회전하다가 직진하는 B차와 충돌하였다. 그림은 충돌 상황과 그 상황을 분석하기 위해 경찰관이 얻은 자료들이다.

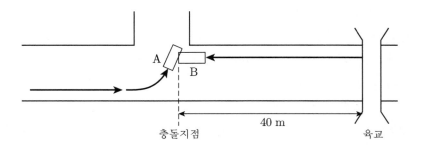

[교통규칙]

이 도로의 제한속도는 19.4m/s(70km/h)이다.

[경찰관이 얻은 자료]

1. B차가 육교를 지날 때 A차가 좌회전을 시작하였다.
2. B차는 육교를 지날 때 브레이크를 밟아 속력을 계속 줄였다.
3. A차가 좌회전을 시작한 뒤, 2초 후 충돌하였다.

다음 중 경찰관이 계산한 것과 누가 잘못했는지에 대한 최종판단으로 옳은 것은?

> ㄱ. 육교에서 충돌지점까지 B차의 평균속력은 20m/s이다.
> ㄴ. 육교를 지날 때 B차의 순간 속력은 20m/s를 넘었을 것이다.
> ㄷ. A 자동차가 잘못했다.
> ㄹ. B 자동차가 잘못했다.

[그림 4.3] 일상적 상황에서의 문제

[표 4.5] 일상적 상황에서 문제해결 시 어려움

어려움	내용
1	일상 상황을 설명하는 장황한 내용을 조심스럽게 읽지 않고, 따라서 상황을 잘 파악하지 못하는 경우가 있다.
2	일상 상황에 대한 내용에서 중요한 정보와 관련 없는 정보를 구별하지 못한다. 따라서 중요한 정보를 간과하거나, 관련 없는 정보에 집중하는 경우가 있다.
3	이론적인 내용에 비해 실제값이 정수와 같이 단순한 값이 아니므로, 이를 어려워한다.
4	일상적 상황에서도 논리적으로 판단해야 한다. 그러나 개인적인 판단을 하는 경우가 있다.

또 Jeong & Park(2011)은 일상적 상황에서의 물리학습 활동을 할 때, [표 4.6]과 같은 점을 유의할 필요가 있다고 하였다.

[표 4.6] 일상적 상황을 도입한 물리학습에서 고려할 점

일상적 상황에서 물리학습 시 고려할 점
① 일상적 상황이라고 하더라도 학생들에게 친숙하지 않은 상황이라면 어려움이 있을 수 있다. 따라서 먼저 상황 자체를 경험하고 탐색할 기회를 제시할 필요가 있다.
② 일상적 상황은 매우 복잡한 구조를 가지고 있거나, 여러 가지 다양한 요인들이 함께 포함되어 있다. 따라서 일상적 상황을 단순화시킬 필요가 있다.
③ 일상적 상황을 서술하는 긴 문장이 제시될 때, 학생들이 문장 읽기에 주의를 기울이지 않는 경우가 있다. 따라서 물리학습에서도 문장을 읽고 이해하는 활동을 강조할 필요가 있다.
④ 일상적 상황에서도 학생들이 오개념을 가진 경우가 있다. 따라서 일상적 상황과 관련해서 학생들이 가지고 있는 선개념을 고려할 필요가 있다.
⑤ 일상적 상황이 추상적 개념학습 이전에 나오는 것이 항상 도움이 되는 것은 아니다. 때로는 추상적인 개념을 이해한 후에 일상적 상황을 제시하는 것이 흥미를 유발시키기도 한다.

[표 4.6]의 5가지 측면에 대한 자세한 내용은 다음과 같다.

첫째, 일상적 상황이라고 하더라도 학생들이 이전에 경험해 보지 못한 상황이라면, 일상적 상황도 학생의 흥미를 유발시키기 어렵다. 예를 들어, Jeong & Park(2011)에 의하면, 신기루라는 일상적 상황은 학생들이 흥미로워 할 것으로 예상하였지만, 막상 학생들은 신기루를 본 적이 없다고 하면서 신기루에 별 흥미를 보이지 않았다. 따라서

이 경우에는 [그림 4.4]와 같이 주변의 신기루 현상이나 휘는 빛을 경험하는 활동을 먼저 다룰 필요가 있다. [그림 4.4]의 첫 번째 사진은 뜨거운 여름날 아스팔트 위에 물을 뿌린 것처럼 보이는 신기루 현상을 나타낸 것이고, 두 번째는 아래에 진한 설탕물을 넣고, 그 위에 잘 섞이지 않도록 맹물을 넣어, 매질의 성질이 천천히 변하면서 빛이 휘는 현상을 나타낸 것이다.

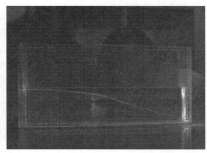

[그림 4.4] 신기루와 관련된 직접 경험

일상적 상황에서 물리학습을 할 때 고려할 두 번째 측면은 일상적 상황의 일상적인 소재들은 종종 복잡한 구조를 가진 경우가 많다는 것이다. 또는 너무 크거나 너무 작아서 직접 관찰이 어렵기도 하다. 따라서 일상적 상황을 도입할 때에는 일상적 상황을 가능하면 단순한 구조로 변화시키는 과정이 필요하다. [그림 4.5]의 첫 번째 그림은 복잡한 첨단 기술로 되어 있는 광통신을 최대한 간단한 방식으로 체험할 수 있도록 한 것이다. 즉, 종이컵에 투명 OHP 필름을 붙인 다음 종이컵에 대고 말을 하면, OHP 필름이 떨리게 된다. 이때 레이저 빛을 OHP 필름에 반사시켜 태양전지를 비추게 하면, 앰프의 마이크 입력에 연결된 태양전지에 의해 종이컵에서 하는 말소리를 크게 들을 수 있다. 이 실험은 레이저 빛이 아니라 일반적인 밝은 랜턴을 사용해도 된다.

그리고 두 번째 사진은 실제 광섬유는 매우 가늘어서, 광섬유 안에서 지그재그로 진행하는 빛을 직접 관찰할 수 없으므로, 굵은 둥근 수조를 이용하여 빛이 지그재그로 진행하는 것을 직접 관찰할 수 있도록 한 것이다.

세 번째 사진은 야간에 자동차 전조등을 비추면 밝게 빛나는 재귀반사판의 구조를 크게 확대하여 만든 것이다. 즉 세 장의 거울을 서로 수직이 되게 한 후, 이것을 물속에 넣고 레이저를 비추면, 반사된 빛이 비춘 곳으로 다시 돌아가는 재귀반사를 관찰할 수 있다.

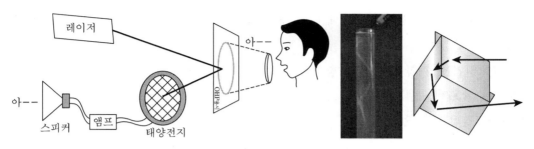

[그림 4.5] 복잡한 구조를 단순화시킨 일상적 상황

활동 1. [그림 4.4]와 [그림 4.5]의 실험 및 시범을 실제로 수행해 보아라.

일상적 상황에서 물리학습을 할 때 고려할 세 번째 측면은, 물리를 공부하는 학생들이 문장을 잘 읽지 않는 경향이 있다는 것이다. 이와 관련하여 Koch(2001)는 "일반적으로 물리를 배우는 학생들은 물리 문장의 의미를 해독(decode)하는 데 필요한 특정능력과 전략이 부족해 보인다."고 지적한 바 있다. 그러나 문장읽기는 과학학습에서도 매우 중요한 활동이다. 예를 들어, 불만(Bulman, 1985, p.19)은 한슨(Hanson, 1964, p.66)의 주장을 인용하면서, 과학자들이 논문만 읽는 데에도 일주일에 약 5시간을 사용한다고 하였고, 첸(Chen, 1974)은 미국 보스턴 지역의 6개 대학(Harvard, MIT, Brown 포함)의 물리학자를 대상으로 한 연구에서, 물리학자들의 57%가 일주일에 1~3개의 논문을 읽고, 34%가 4~6개의 논문을 읽는다고 하였다. 이에 웰링턴 & 오스본(Wellington & Osborne, 2001, p.41)은 "실제 과학자들은 읽기에 많은 시간을 소비하고 있다. 관찰하거나 듣기보다는 읽기에서 많은 과학들을 더 효과적으로 배울 수 있다."고 하였다. 이외에도 학생들의 물리학습에서 과학 문장 읽기가 중요한 이유를 정리하면 다음과 같다.

먼저 유의미한 과학학습은 개념적 관계에 대한 이해를 통해 이루어지는데(Walker, 1989; Novak, 1998), 그러한 개념적 관계에 대한 이해는 잘 쓰인 과학문장을 읽음으로써 도움을 받을 수 있다(Glynn & Muth, 1994).

그리고 과학읽기는 개념변화에도 도움을 줄 수 있다. 구제티 등(Guzzetti et al., 1993)는 과학문장과 개념변화와의 관계를 연구한 23개 논문을 메타분석한 결과, 91%가 과학적으로 옳은 개념과 오개념이 대비되는 반박문장을 이용하였으며, 그 결과 반박문장이 개념변화에 효과적인 전략 중의 하나임을 알 수 있다고 하였다. 힌드 등(Hynd et al., 1994)는 시범이나 토론 없이 반박문장만으로도 개념변화에 도움을 줄 수 있었고, 왕 & 앤드르(Wang &

Andre, 1991)는 학생들에게 전기에 대한 개념변화 문장을 제시하여 정성적 이해에 향상이 있음을 관찰하였다.

과학 읽기는 과학적 소양의 함양을 위해서도 필요하다(Wallace, 2004; Norris & Phillips, 2003). 즉, 민주시민으로서 과학과 관련된 문제들을 인식하고 관련 정보를 얻으며 의사 결정할 수 있는 과학적 소양은 여러 가지 과학관련 자료의 읽기를 통해 얻어질 수 있다(Gaskins et al., 1994). 이에 미국 국립 연구회(National Research Council, 1996, p.22)는 "과학적 소양을 위해서는 대중 출판물의 과학에 대한 기사를 읽고 이해할 수 있어야 한다."고 강조하였다.

일상적 상황에서 물리학습을 할 때 고려할 네 번째 측면은, 일상적 상황에서도 학생들이 오개념을 가지는 경우가 있다는 것이다. 예를 들어, 신기루를 단순한 환각이나 착시라고 생각하는 학생들이 있다.

마지막으로, 일상적 상황에서 물리학습을 할 때 고려할 다섯 번째 측면은 일상적 상황과 추상적 상황을 어떤 순서로 배열하는 것이 효과적인가 하는 것이다. 보통 일상적 상황을 먼저 제시하면서 학생의 흥미를 유발시키고, 그러한 상황을 이용하여 추상적인 물리개념을 다루는 경우가 많다. 예를 들면, [그림 4.6]과 같은 경우가 그렇다.

[상황]

우리가 보통 사용하는 리모컨에서는 적외선 신호가 나온다. 적외선 신호는 적외선 다이오드를 이용하며, 겉모양은 일반 발광다이오드와 동일하게 생겼지만, 3V 전압을 연결하여 켜도 LED가 켜진 것이 눈으로 보이지 않는다. 그러나 다음과 같은 방법을 이용하면 적외선을 체험할 수 있다.

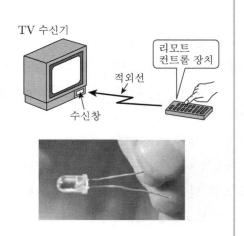

TV 수신기
리모트 컨트롤 장치
적외선
수신창

방법 1: 적외선 신호 소리로 듣기

① 리모컨을 준비한다.
② 태양전지(광전지)를 증폭기(앰프)의 마이크 입력에 연결한다. 이때 가능하면 주위를 어둡게 하는 것이 좋다.
③ 리모컨을 태양전지를 향해 쏘아 보아라. 무슨 소리가 들리는가? 태양전지는 빛을

받아 전기신호로 바꾸어 주는 장치이다. 적외선도 빛의 일종이라고 할 수 있겠는가?

방법 2: 적외선 신호를 눈으로 확인하기

① 리모컨을 디지털 카메라나 캠코더에 비추어 보자.

② 디지털 카메라나 캠코더에서 리모컨에서 나오는 적외선 신호를 볼 수 있는가? 디지털 카메라나 캠코더 안에는 CCD라는 소자가 있어서 빛 신호를 전기신호로 바꾸어 준다. 이 실험으로부터 적외선이 빛의 일종이라고 할 수 있겠는가?

[버튼을 누르지 않을 때]   [버튼을 누를 때 적외선 다이오드가 켜져있다]

[개념]

빛이 전자기파의 일종이라는 사실은 맥스웰에 의해 이론적으로 확인되었다. 즉, 맥스웰은 전자기파의 파동방정식을 만들고, 그 파동방정식을 풀어 전자기파의 속도를 구해본 결과, 전자기파의 속도가 빛의 속도와 같다는 것을 보고, 전자기파도 빛과 같은 것이라는 것을 알게 되었다.

전자기파는 전기장과 자기장이 수직으로 시간에 따라 변하면서 공간으로 퍼져나가는 파동으로 전자기파의 진동수, 또는 파장에 따라 여러 가지 이름을 갖고 있다.

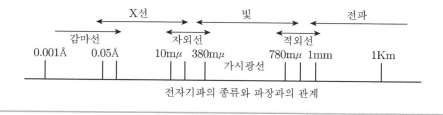

전자기파의 종류와 파장과의 관계

[그림 4.6] 상황-물리개념의 순서로 내용이 전개되는 예

그러나 일상적 상황을 도입하였을 때, 일상적 상황과 관련된 물리개념을 전혀 모르는 경우에는 일상적 상황이 왜 도입되었는지 그 의미도 전혀 알지 못하고 따라서 흥미도

유발되지 않을 수 있다. 그러한 경우에는 [그림 4.7]과 같이 기본적인 물리개념을 먼저 다루고, 그 다음에 물리개념을 실제 상황에 적용하는 방법도 있다.

[개념] 관에서의 공명

파이프 안에서 공기는 파이프의 길이에 따라 다른 진동수의 소리로 울린다. 파이프에는 두 가지 종류가 있다: (1) 양쪽이 모두 뚫린 파이프, (2) 한쪽만 뚫리고 다른 한쪽은 막힌 파이프

먼저, 양쪽이 모두 뚫린 경우에는 오른쪽 그림 (a)와 같이 파이프 양 끝에서 모두 배가 되어야 한다. $n=2$인 경우에 소리의 파장(λ)이 파이프의 길이(L)와 같으므로, $\lambda = L$의 관계식이 성립한다. 마찬가지로 $n=3$인 경우에는 $\lambda + \frac{1}{2}\lambda = L$이므로, $\lambda = \frac{2}{3}L$이 된다. 즉, $\lambda = \frac{2L}{n}$ (단, $n=1, 2, 3, 4, \cdots$)이다.

[생략] …

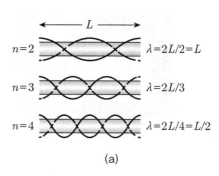

(a)

[상황 1] 악기 만들기

PVC 파이프 입구에서 손바닥으로 바람을 내어 소리를 내어보자. 이때 길이를 다르게 하면 높이가 다른 소리를 낼 수 있다. 정확하게 도레미파솔라시도를 내도록 하기 위해서는 다음 과정을 통해 파이프 길이를 정한다.

① 먼저 도레미파솔라시도 각각의 진동수는 다음과 같다.

도: 261.625 Hz	레: 293.665 Hz	미: 329.628 Hz	파: 349.228 Hz
솔: 391.991 Hz	라: 440.000 Hz	시: 493.883 Hz	도: 523.251 Hz

② 소리의 속도는 331.5 + 0.6 T 이므로, T=18℃인 경우에 소리의 속도는 342.3 m/s가 된다.

③ 파이프 양쪽이 모두 열려 있으므로 소리가 울려 (공명) 큰 소리가 나올 조건은 다음과 같다: $\lambda = \frac{2L}{n}$ (단, $n=1, 2, 3, 4, \cdots$) 즉, $L = \frac{n}{2}\lambda$

④ $n=1$일 때, 도레미파솔라시도 각 진동수(f)에 대한 파이프의 길이를 계산해 보면 다음과 같다.

도: 65.4cm	레: 58.3cm	미: 51.9cm	파: 49.0cm
솔: 43.7cm	라: 38.9cm	시: 34.7cm	도: 32.7cm

⑤ 파이프 길이가 너무 길어 불편하면 1/2로 짧게 만들어도 된다.

⑥ 파이프 입구에서 손바닥을 오므려 부딪쳐 바람을 일으키면 파이프에서 소리가 난다.

[상황 2] 귀와 악기

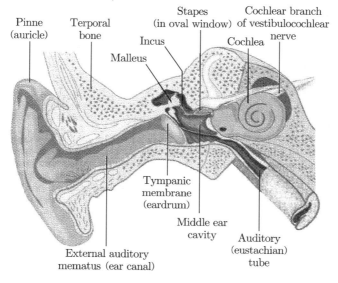

우리 인간의 귀는 보통 20Hz에서 20KHz까지의 소리를 들을 수 있다. 나비가 날갯짓을 할 때 나는 소리는 10Hz이므로 이 소리를 우리는 들을 수 없다.

조용한 방 안에서 손가락으로 양쪽 귀를 모두 막아 보면 '웅~' 하는 낮은 잡음 소리를 들을 수 있는데, 이 소리는 약 25Hz의 낮은 소리이다. 이 소리는 외부에서 나는 소리가 아니라, 팔과 손의 근육 안의 미세 근육 섬유들이 서로 비비면서 내는 소리가 팔의 뼈를 따라 손으로 전달된 것이다.

우리 귀는 소리의 진동수에 따라 듣는 감도가 다르다. 예를 들어, 우리 귀는 1KHz의 소리를 100Hz소리보다 1,000배로 더 잘 들을 수 있다. 그리고 우리 귀가 특별히 더 잘 들을 수 있는 소리는 주로 3KHz~4KHz의 소리이다. 그 이유는 귓바퀴에서 고막까지의 통로 길이가 2~3cm인데, 그 통로 안에서 3KHz~4KHz의 소리가 가장 잘 울리기 때문이다. 그것은 피리의 길이에 따라 다른 소리가 나는 원리와 같다.

[그림 4.7] 개념-상황의 순서로 내용이 전개되는 예

정리
1. 물리학습에서는 전통적인 개념이해뿐 아니라, 실제 상황을 도입하는 것이 중요하고 충분히 가치 있다는 것을 인식할 필요가 있다.

2. 일상적 상황을 도입할 때에는 다음 몇 가지 측면을 유의할 필요가 있다:
   ① 일상적 상황이라도 학생들이 사전에 경험하고 체험하는 것이 필요할 수 있다.
   ② 일상적 상황을 단순화시켜 이해에 어려움을 줄일 수 있도록 한다.
   ③ 물리학습에서도 문장 읽기에 관심을 가질 필요가 있다.
   ④ 일상적 상황에서도 학생들이 가질 수 있는 오개념을 고려한다.
   ⑤ 일상적 상황이 반드시 물리개념 이전에 제시되어야 하는 것은 아니다.

4.2.2 실제 상황을 도입하는 여러 가지 방법

실제 상황을 물리학습에 도입하는 데에는 다음과 같이 여러 가지 방식이 있다.

- 실제값을 활용하는 방식
- 추상적이고 이론적인 물리개념을 실제 상황에 적용하여 다양한 실제 현상을 설명하는 방식
- 추상적이고 이론적인 내용을 일상적 상황에서 직접 경험/체험/관찰하는 방식

사실 위의 3가지 방식은 각각 별개의 방식이라기보다는 매우 밀접하고 비슷하기도 하다. 그러나 실제 상황을 다양하게 활용하는 방법을 구별하여 살펴보고자 한다.

① 실제값 활용하기

실제값을 활용한다는 것은 단순하게 '큰 소리는 귀를 손상시킨다'는 것이 아니라, '120dB의 소리는 두통을 느끼게 하고, 140dB 이상의 소리는 귀에 영원한 손상을 입힐 수 있다'와 같이 실제값으로 설명한다는 것을 의미한다. [표 4.7]은 역학 및 에너지 영역에서의 실제값들의 예이다.

[표 4.7] 역학 및 에너지 영역에서의 실제값의 예

주제	실제값
가속도	우주선이 출발할 때 가속도는 약 3~4g이라고 한다. 따라서 우주 비행사는 약 5~6g의 가속도를 견딜 수 있도록 훈련한다.
무게	헬륨 기체의 무게는 공기 분자의 평균 무게의 약 14% 수준이다(Bloomfield, 2001, p.122).
속도	스카이다이버가 뛰어내린 후 종단속도는 약 190km/h(=52.8m/s) 정도이고, 1,250m 고도에서 낙하산을 편 후, 약 4~5분간 낙하한다. 낙하산을 편 후 종단속도는 약 5.5m/s(=19.8km/h) 이다.
	상온에서 공기 분자들의 평균 속력은 약 1,800km/h(=500m/s)이다(Bloomfield, 2001, p.166).
일	자전거를 타거나 노를 세게 저을 때 우리 몸은 매초 약 1,000J의 일을 한다(Bloomfield, 2001, p.29).

[표 4.8]은 파동 영역에서의 실제값의 예들이다.

[표 4.8] 파동 영역에서의 실제값의 예

주제	실제값의 예
소리의 속도	소리의 속도는 20℃ 공기에서 344m/s이나, 철에서는 5,000m/s로 약 14.5배 더 빠르다.
	소리의 속도는 27℃ 질소 기체에서 약 353m/s이지만, 수소 기체에서는 1,310m/s이다.
청각	대기압은 약 101,300Pa이다. 사람의 귀는 3×10^{-5} Pa만큼의 작은 압력의 변화도 감지한다. 1,000Hz의 소리는 고막이 10^{-10} m 정도만 움직여도 소리를 감지할 수 있다. 이 정도는 수소원자의 크기인 약 8×10^{-11}m와 거의 비슷한 거리이다.
	사람은 20Hz ~ 20,000Hz 사이에 있는 15,000개 이상의 서로 다른 진동수의 소리를 구별하여 들을 수 있다.
	고막의 면적은 넓고, 고막 뒤의 청소골의 면적은 작다. 따라서 고막의 압력이 청소골에서는 약 17배 커지게 된다. 그리고 청소골 안의 뼈들은 지레작용으로 1.3배 압력을 크게 한다. 따라서 전체적으로 압력이 17×1.3=22배 증가한다.
목소리	사람이 목소리로 낼 수 있는 소리는 85~1,100Hz 사이이다.
진동수	집파리가 윙윙대는 소리는 약 226Hz이고, 모기소리는 약 512Hz이다.
소리의 흡수	콘크리트 바닥은 입사하는 100Hz의 소리를 2%만 흡수하지만, 카펫 바닥은 약 37%, 암막 커튼은 약 50%까지 소리를 흡수한다.
파이프 공명	끝이 열린 파이프에서 정상파가 생길 때, 실제 정상파가 일어나는 길이는 (파이프 길이 + 1.2×파이프 반경)이다.
눈의 인식	우리 눈의 원추세포는 600nm, 550nm, 450nm 부근의 빛을 각각 빨간색, 녹색, 파란색으로 인식한다.

그리고 [표 4.9]는 전기와 자기 영역에서의 실제값의 예들이다.

[표 4.9] 전기와 자기 영역에서의 실제값의 예

주제	실제값의 예
전하	지구가 저장할 수 있는 전하의 양은 -400,000C이라고 한다. 그리고 지구상에서는 매초 약 1,500C의 전하가 지표면에서 대기로 빠져나가고(Hecht, p.600), 번개 칠 때마다 20C의 전하가 되돌아온다. 단순하게 표면에서 빠져나간 전하만큼 번개를 쳐서 전하가 지구로 되돌아온다면, 지구상에서는 매초 1,500/20 = 75개의 번개가 치고 있다고 볼 수 있다.
	건조한 날 공기 중에는 1cm³당 약 300개 정도의 이온이 있다(Hecht, 1994, p.593).
저항	텅스텐 필라멘트의 온도는 약 2,000℃까지 올라간다. 그러면 저항은 상온에 비해 약 10배 증가한다.
	보통 60W전구의 필라멘트는 약 $25\mu m$의 굵기로 총 길이는 약 50cm이다.
자기장 세기	지구 자기장은 대략 5×10^{-4} T이다. 일상생활에서 사용하는 막대자석의 자기장은 $10^{-3} \sim 10^{-2}$T 정도이고, 네오디뮴 자석은 $0.2 \sim 0.4$T 정도이다.
전자석	산업용 전자석에는 2.3m의 크기에 180A의 전류를 흘려 31.5톤의 고체 철판을 들어 올리는 것도 있다.
초전도체	미국의 페르미 연구소에 있는 가속기는 지름이 2km이고, -268.8℃에 1,000개의 초전도 자석이 들어 있다.
송전	120km 거리의 저항 5Ω인 전선으로 송전할 때, 66kV의 전압으로 보내면 전력손실이 34.3%이지만, 550kV으로 보내면 전력손실이 0.6%이다.

활동 1. 물리의 여러 영역에서 실제값의 예를 5개씩 찾아보아라.

실제값을 활용하는 방법에는 여러 가지가 있다. 대표적인 방법이 문제풀이에서 실제값을 이용하는 것이다. 두 번째로 이론적인 개념을 실제 현상에 적용하여 실제값을 구하거나 확인하는 활동도 있다. 세 번째로 수치적인 값 자체를 직관적으로 이해하기 위해, 실제값이 어느 정도인지를 알아보는 데 활용될 수도 있다. [표 4.10]은 실제값을 이용한 문제 풀이의 예, 실제현상에 적용하여 실제값을 구해 보는 경우, 그리고 실제값을 직관적인 상황으로 바꾸어 보는 활동의 예이다.

[표 4.10] 실제값을 이용한 활동

유형	실제값 활용 예
실제값으로 문제 해결하기	[문제] 60kg인 멀리뛰기 선수가 0.1초로 도움닫기를 하여 13.2도의 각도와 8.84m/s의 속도로 뛰어 올랐다. 이 선수가 도움닫기에서 바닥에 수직 아래로 민 힘의 크기는? [해] $v_y = 8.84\sin(13.2) = 2.20$m/s 이고, $mv_y = (F-mg)t$이므로, $$F = \frac{mv_y - mgt}{t} = m\frac{v_y - gt}{y} = m\frac{2.20 - 9.8 \times 0.1}{0.1} = m(31.8) = mg(3.24)$$ 이다. 따라서 자기 몸무게의 3.24배의 힘으로 바닥을 밀어내었다.(Jong, et al., 1994) [문제] 건조한 겨울날 금속 손잡이에 7mm 정도 가까이 갔을 때, 전기 스파크가 생겼다. 이때 정전기에 의해 생긴 전압은 얼마인가? [해] 공기 중에서는 1m 간격에 약 3,000,000V의 전압이 걸리면 전기 스파크가 생긴다. 따라서 $3,000,000 \times \dfrac{7}{1,000} = 21,000$V 의 전압이 7mm 간격에 걸리면 전기 스파크가 생긴다. [문제] 텅스텐 필라멘트의 온도는 약 2,000℃까지 올라간다. 그러면 필라멘트의 저항은 몇 배로 증가하는가? [해] $\rho = \rho_0(1+\alpha\Delta T) = \rho_0(1+0.0045 \times (2,000-27)) = \rho_0(9.88)$ 이다. 즉 상온일 때에 비해 약 10배 증가한다.
실제값 구하기	골퍼가 공을 칠 때 스윙 속도는 약 40m/s(약 144km/h)나 된다. 클럽헤드의 질량은 약 0.2kg이고, 클럽의 길이는 약 1m 정도이다. 따라서 구심력은 $F = \dfrac{mv^2}{r}$ 이므로, 계산하면 320N이 된다. 따라서 손에서 미끄러지지 않기 위해서는 클럽헤드(2N)의 약 160배의 힘으로 강하게 잡아야 한다. (Jong, et al., 1994) 장대높이뛰기 선수는 장대를 땅에 꽂으면서 장대에 힘을 주어 장대를 구부린다. 그러면, 장대를 구부리면서 장대에 일을 해 주게 되고, 이 일은 장대에 탄성에너지로 저장된다. 그리고 탄성에너지는 다시 운동선수에게 위치에너지를 줌으로써 선수가 높이 올라갈 수 있다. 높이뛰기 선수의 질량중심은 약 1.3 m 높이에 있다. 만일 70kg인 운동선수가 도움닫기가 끝날 무렵 속력이 7.0m/s라면, 처음 역학적에너지는 $E = \dfrac{1}{2}mv^2 + mgh = \dfrac{1}{2} \times 70 \times 7^2 + 70 \times 9.8 = 2.6 \times 10^3$J이다. 만일 선수가 5.5m의 높이를 뛰었다면(이때는 누운 자세이므로, 질량중심 높이가 그대로 5.5m이다), 그때 위치에너지는 $U = mgh = 70 \times 9.8 \times 5.5 = 3.77 \times 10^3$J이다. 따라서 나중 에너지가 처음 에너지보다 더 많아졌다. 따라서 최고점에서의 운동에너지를 무시하더라도, 선수가 뛰어 오르는 동안 장대를 구부리면서 해 준 일의 양은 $(3.77-2.6) \times 10^3 = 1.2 \times 10^3$J이다. (Jong, et al., 1994)

실제값을 바꾸기	가정용 전구가 60W라는 것은, 1초에 60J의 에너지를 소비하는 것이다. 60J은 6kg인 물체가 1m 높이에 있을 때 위치에너지이다. 따라서 2리터 생수통 3개를 1초 만에 1m 선반 위에 계속해서 올려놓아야 60W 전구를 계속 켤 수 있다.
	빛의 속도는 300,000km/s이다. 이는 1초에 지구를 7바퀴 반을 도는 속도이다.
	블랙홀은 엄청난 밀도로 되어야 한다. 예를 들어, 만일 지구가 반경 1cm로 압축된다면 블랙홀이 만들어질 조건이 된다.

마지막으로 실제값은 실제 상황에서 어림할 때 사용된다. 어림은 정밀한 측정뿐 아니라, 실제상황에서 물리적인 현상이 어떻게 일어나고 있는지를 간단하고 직관적으로 이해하고 예측할 수 있게 해 주기 때문에 중요한 물리학습 활동이다. [표 4.11]은 어림의 예이다.

[표 4.11] 어림으로 실제값을 활용하는 활동

개념	어림 활동
길이	손을 주먹 쥐고 엄지를 빼면, 약 10cm 정도의 길이가 된다.
전기장	9V 건전지 단자 사이의 거리가 1cm 정도이므로, 단자 중앙의 전기장 세기는 약 $\dfrac{9}{0.01}=900\text{V/m}$이다.
무게	작은 사과 하나의 무게는 약 1N이다.
속도	사람은 한 시간 동안 약 4km의 속도(4km/h)로 걸어간다.
높이	물체가 2초 동안 떨어지는 높이는 건물의 약 6~7층 높이에 해당된다.

활동 1. 실제값을 활용하는 방법으로 다음 예들을 각각 2개씩 찾아 발표하여라.
- 실제값으로 문제 해결하기
- 실제값 구하기
- 실제값을 직관적으로 이해하기 위해 표현하기
- 실제값을 어림하기

② 물리개념을 적용하여 실제 현상 설명하기

실제 현상을 물리학습에 도입하는 가장 많은 유형이 실제 현상을 물리개념으로 설명하는 경우이다. 즉 물리개념의 예로 실제 현상을 활용하는 것이다. [표 4.12]는 물리개념으로 실제 현상을 설명하거나, 물리개념의 예로 실제 현상을 활용하는 예들이다.

[표 4.12] 물리개념으로 실제 현상을 설명하는 예

개념	실제 현상 설명
대전	샤워할 때 물이 작은 물방울로 떨어질 때, 공기와 접촉하면서 공기 중으로 전자가 이동된다. 즉 물방울은 (+)로 대전되고 주변 공기는 (−)로 대전된다. 공기 중의 음이온이 많으면 기분이 좋다고 하는데, 샤워할 때 기분이 좋은 것이 이러한 원인이라고 한다.
전기기타	전기기타의 금속기타줄 아래에는 코일과 자석이 있다. 기타 줄은 자석에 의해 자화되어 N극과 S극을 띄게 된다. 기타를 치면 기타 줄이 흔들리면서 코일에 유도전류를 생기게 한다. 이 유도전류가 앰프에 연결되어 큰 소리가 난다.
빛의 합성	컬러 모니터를 10~15배의 볼록렌즈로 관찰하면, RGB셀의 불이 켜진 것을 볼 수 있다. 예를 들어, 노란색의 경우에는 R과 G의 셀이 켜져 있다.
번지점프	줄의 무게를 고려하면 번지 점프할 때 낙하 가속도는 g보다 크다. 그 이유는 줄은 펴진 후 정지하므로 줄의 위치에너지가 줄의 운동에너지로 전환되지 못하고, 대신 낙하하는 사람의 운동에너지로 전환되기 때문이다.
스마트폰 가속도 센서	스마트폰 내부에는 그림과 같은 축전지가 들어 있고, 스마트폰이 가속운동을 할 때 축전지의 간격이 변화하면, 전하 이동이 일어나고, 그것을 통해 스마트폰의 가속도를 측정하게 된다[30].

③ 실제 사례를 직접 경험/체험/관찰하기

실제 현상을 관찰할 때, 왜 그러한 현상이 일어나는지 직접 관찰하기 어려운 경우가 많다. 그 이유로는 실제 현상이 너무 복잡하거나(예: 광통신), 너무 작거나(예: 재귀반사판의 내부 구조), 직접 관찰할 수 없거나(예: 전기장), 정해진 장소와 시간에 잘 일어나지 않는(예: 번개) 등 여러 가지 이유가 있을 수 있다. 따라서 [표 4.13]과 같이 실제 현상을 직접 경험/체험/관찰하기 위해서는 적절한 시범 방법을 고안하는 것이 필요하다.

---

30) 그림 출처: Countryman, C. L. (2014). The Physics Teacher, 52, 557.

[표 4.13] 실제 사례의 경험과 체험활동 예

개념	실제 현상 경험/체험/관찰
재귀반사	재귀반사는 빛을 비춘 쪽으로 다시 반사되는 것을 말하는데, 야간 표시판에서 재귀반사가 일어난다. 재귀반사가 일어나게 하는 방법 중의 하나는 반사면 3개를 수직으로 된 구조로 만드는 것이다.
전기장 차폐	금속 상자 내부에서는 전기장이 0이다. 즉 외부로부터 전기장이 금속 상자 내부로 통과할 수 없다. 예를 들어, 스마트폰을 알루미늄 포일로 싸면, 그 스마트폰은 전화 통화가 되지 않는다.
적외선	적외선은 눈으로 직접 볼 수 없지만, [그림 4.6]과 같이 적외선이 나오는 리모컨을 디지털 카메라로 찍으면 카메라로 볼 수 있다. 또 적외선을 태양전지에 비추고 태양전지를 앰프의 마이크 입력에 연결하면 적외선을 소리로도 들을 수 있다.
축전기	알루미늄 포일 두 장 사이에 종이를 넣고 책과 같이 무거운 것으로 누르면 축전기가 된다. 이때 종이를 두 장 넣으면 전기용량이 1/2로 줄고, 면적을 반으로 줄이면 또 전기용량이 1/2로 주는 것을 쉽게 측정할 수 있다[31].
태양전지	구리판을 불에 가열한 다음 겉의 검은 CuO를 살살 문질러 제거하면, 표면에 분홍색의 Cu_2O가 있는 것을 볼 수 있다. 이것과 일반 구리판을 소금물에 넣으면 태양전지가 된다.

활동 1. 실제현상을 물리학습에 도입하는 다음 두 가지에 대한 예를 각각 2개씩 찾아 발표하여라.
- 물리개념으로 실제 현상 설명하기
- 물리개념에 해당되는 내용을 실제 관찰/경험/체험하기

---

31) 사진 출처: Herman, R. (2014). The Physics Teacher, 52, 482.

정리 1. 실제 상황을 물리학습에 도입할 때, 실제값은 다음과 같은 방법으로 활용한다:

① 실제값으로 문제 해결하기

② 실제값 구하기

③ 실제값을 직관적으로 표현하기

④ 실제값 어림하기

2. 실제 상황은 물리개념으로 실제 현상을 설명하는 데 활용할 수 있다.

3. 실제 상황은 추상적이고 이론적인 물리개념을 직접 관찰/경험/체험하는 데 활용할 수 있다. 이를 위해서는 적절한 시범/실험 방법이 고안되어야 한다.

4.3 상황 속의 물리학습 자료

4.3.1 놀이공원

놀이공원에 있는 거의 모든 놀이 기구에는 물리학적인 요소가 포함되어 있다. 그러므로 놀이기구는 훌륭한 물리 학습을 위한 소재이며 자료이다. [그림 4.9]와 [그림 4.10]은 김영민 외(2002)가 켈러(Keller, 2009)의 ARCS 모형(그림 4.8)을 근간으로 하여 개발한 활동 자료이다.

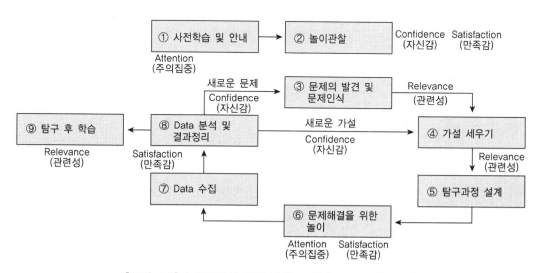

[그림 4.8] 놀이공원의 물리 탐구 모형 (ARCS 모형 기반)

제목: 롤러코스터[32)

목표: 롤러코스터를 타보고 놀이 속에서 물리현상을
탐구해 보자.

1단계: 탐색활동

(1) 기초 DATA 수집하기

　① 질량은 얼마인가? (　　　) kg

　② 차 한 대의 길이는? 또, 전체 길이는? (　　　) m

　③ 관측자로부터 꼭대기 아래쪽 지점까지의 거리는? (　　　) m

　④ 언덕의 수직 높이는? (　　　) m

(2) 놀이관찰하기

롤러코스터가 운동하는 모습을 잘 관찰해 보자. 어떤 특징을 갖고 있는가? 관찰한
롤러코스터의 운동 특징을 요약하여 적어보자.

(3) 문제발상

　① 다음 예와 같이 의문점을 찾아보자: (예) 엔진 동력을 사용하지 않고도 차가
　　움직일 수 있는 것은 무슨 이유일까?

　② 의문점을 해결하기 위해 토론, 모의실험, 체험실험 등 방법을 결정하고, 탐구
　　설계를 해 보자.

2단계: 체험으로 느끼기

(1) 롤러코스터를 직접 타 보고 느낌을 표현해 보자.

　① A코스: 처음 언덕을 올라갈 때의 느낌은?

　② B코스: 커브를 도는 곳에서 느낌은?

　③ C코스: 바닥으로 내려가는 동안 몸무게는 어떻게 느껴지는가? 가볍게 느껴진다
　　면 얼마나 가벼워지는가? 엘리베이터의 하강운동 때의 느낌으로 설명해 보자.

　④ F코스: 언덕을 올라가는 동안 몸무게는 어떻게 느껴지는가? 무겁게 느껴진다
　　면 얼마나 무거워지는가? 엘리베이터가 상승할 때의 느낌과 비교하여 설명해
　　보자.

---

32) 사진 출처: http://dailyhoroscope.tistory.com/199

⑤ 거의 자유낙하 하는 곳에서의 느낌은 어떠한가? 왜 그렇게 느껴질까?

⑥ 각 코스에서 느끼는 스릴감은 열차의 앞쪽과 뒤쪽, 중간 중 어디가 가장 강하게 느껴질까?

A 등산코스   D 트위스트코스
B 경사진언덕   E 하강코스
C 포물코스

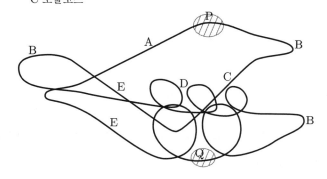

(2) 다음을 토론해 보자.

① 동력을 사용하는 곳은 어디인가?

② 경사가 급하게 떨어지는 곳은 어디인가? 그때 느낌은 어떠한가? 왜 그렇게 느껴질까?

③ 롤러코스터의 커브 지점의 트랙 모양을 그림처럼 경사지게 한 이유는 무엇일까?

④ 기준 높이는 어디를 0으로 잡았는가? 가장 속도가 빨라지는 구간은 어디인가? 이 지점에서 느낌은 어떠한가?

⑤ 에너지는 어떻게 전환되었는가? 이 그림에서 P점과 Q점에서의 에너지를 표현해 보자. 에너지는 보존되는가? 보존되지 않는다면 어떻게 변하였는가?

⑥ 원형 트랙에서 거꾸로 매달린 채 달려도 떨어지지 않는 이유는 무엇인가? 또 완전한 원이 아닌 눈물방울(타원) 모양으로 만든 이유는 무엇인가?

3단계: 도전탐구−심화과제

(1) 다음의 식을 참고로 하여 롤러코스터 언덕의 최고 높이를 측정해 보자.

$$\tan\theta = \frac{h'}{d} \quad \therefore h' = d\tan\theta, \ H = h + d\tan\theta$$

(2) 롤러코스터 열차의 속력을 측정하기 위해, 열차의 선두가 특정 지점을 지나가는 순간부터 후미가 지나가는 순간까지 시간을 측정해 보자.

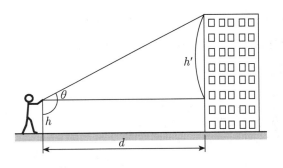

① 열차의 길이는? (　　　　　) m

② 측정시간은? 　　(　　　　　) s

③ 속력은? 　　　　(　　　　　) m/s

(3) 특정 지점의 트랙에 대해 경로를 그리고 각 지점의 속력과 연직 높이를 측정해서
에너지 전환 관계를 나타내어 보자. ($U = mgh,\ K = \dfrac{1}{2}mv^2$)

[그림 4.9] 놀이공원에서의 물리탐구활동 1 (김영민 외, 2002)

제목: 범퍼카

목표: 범퍼카를 타 보고 놀이 속에서 물리현상을
탐구해 보자.

1단계: 탐색단계

(1) 기초 DATA 수집하기

① 범퍼카 한 대의 질량은 얼마인가? (　　　) kg

② 나의 몸무게는 얼마인가? (　　　) kg

(2) 놀이관찰

범퍼카가 운동하는 모습을 잘 관찰해 보자. 어떤 특징을 갖고 있는가? 관찰한
범퍼카의 운동 특징을 요약하여 적어보자.

(3) 문제발상

① 다음 예를 참고하여 의문점을 찾아보자. (예) 범퍼카가 움직이는 동력은 어디서
어떻게 얻는 것일까?

② 의문점을 해결하기 위해 토론, 모의실험, 체험 실험 등 방법을 결정하고, 탐구 설계를 해 보자.

2단계: 체험으로 느끼기

(1) 범퍼카를 직접 타 보고 느낌을 표현해 보자.

① 가속 페달을 밟아 범퍼카가 처음 출발할 때 몸은 어디로 움직이는가?

② 범퍼카가 갑자기 급정거 했을 때 몸은 어디로 움직이는가?

③ 범퍼카를 몰다가 다른 차와 정면으로 충돌했을 때 몸은 어디로 움직이는가?

④ 범퍼카를 몰다가 정지해 있는 다른 차와 충돌했을 때, 나와 다른 차는 어떻게 되는가? 빠르기와 방향으로 설명해 보라.

⑤ 범퍼카를 몰다가 마주 오는 다른 차와 정면으로 충돌했을 때, 나와 다른 차는 어떻게 되는가? 빠르기와 방향으로 설명해 보라.

⑥ 위의 ④와 ⑤ 경우에서, 나와 비슷한 몸무게를 가진 차와 충돌할 때와 나보다 가볍거나 무거운 친구가 탄 차와 충돌할 때 부딪힌 후에 서로 어떻게 다른가?

(2) 토론하기

① 범퍼카는 차 뒤의 쇠막대가 천장의 철조망과 연결되어 있다. 왜 이런 구조로 되어있을까?

② 범퍼카를 급출발하면 몸이 뒤로 쏠리고, 급정거하면 앞으로 쏠리는 것을 경험했을 것이다. 무엇 때문에 이런 현상이 일어날까?

③ 범퍼카가 다른 차와 충돌하면 몸이 앞으로 쏠리는 것을 경험했을 것이다. 이것과 관련하여 차를 탈 때 안전벨트를 매야 하는 이유는 무엇일까?

④ 범퍼카를 타고 가다가 다른 차와 충돌하면 이리 저리로 차가 튕기거나 속력이 줄어드는 것을 경험했을 것이다. 어떤 원리에 의해 이런 현상들이 일어나는 것일까?

⑤ 범퍼카는 다른 차와 충돌하더라도 도로 위를 달리는 다른 차와 다르게 차가 크게 찌그러지거나 사람이 다치는 사고가 일어나지 않는다. 범퍼카의 어떤 구조가 이것을 가능하게 할까? 그리고 이를 이용한 도로의 시설물에는 어떤 것이 있을까?

⑥ 나와 비슷하거나 가벼운 몸무게를 가진 친구의 차보다 무거운 몸무게를 가진 친구의 차와 충돌할 때 속력이 더 빠르게 줄고, 같은 시간동안 멀리 튕겼을 것이다. 왜 이런 현상이 일어나는 것일까?

> **3단계: 도전탐구–심화과제**
>
> ⑴ 두 대의 범퍼카가 충돌한다. 각각의 질량은 300kg이다. 왼쪽 차에는 50kg인 사람이 타고 있고 정지해 있으며, 오른쪽에서는 150kg인 사람이 타고 빠른 속력으로 다가온다. 두 차의 충돌 후 상황을 그림으로 그려 나타내보자.

[그림 4.10] 놀이공원에서의 물리탐구활동 2 (김영민 외, 2002)

활동
1. 놀이공원 활동을 실제로 수행해 보고, 장단점을 발표해 보자.
2. 놀이공원 활동을 중고등학교 교과서에서 어느 부분에서 어떻게 활용할 수 있는지 간단한 수업방법을 설계하여라.

4.3.2 일상생활 소재를 이용한 물리탐구

박종원은 총 20개의 주제(도로 표지판, one way 거울, 백미러, 떠 보이는 상, 신기루, 눈, 카메라, 광섬유, 귀, 초음파, 귀와 악기, 컵 연주, 대포소리, 난청, 전자레인지, 리모컨, 액정, CD, 레이저 컬러 TV)로 일상적 상황에서의 물리학습 자료를 개발하였다. 자료의 기본적인 구조는 [표 4.14]와 같고, 자료의 예는 [그림 4.11]과 같다.

[표 4.14] 박종원의 상황 물리 학습자료의 구조

단계		세부 단계 및 내용
상황	상황 소개	학습할 물리개념과 관련된 상황을 소개한다.
	탐색	상황을 직접 관찰하거나 체험하는 활동을 한다.
	질문 및 정리	상황 소개와 탐색 활동에 대한 내용을 질문에 대해 답하면서 정리한다.
개념	개념 소개	학습할 물리개념의 정의, 특징 등을 소개한다.
	탐색	개념에 관련된 탐구활동을 한다.
	개념 질문 및 정리	물리 개념과 탐구활동에 대한 내용을 질문에 대해 답하면서 정리한다.

CONTEXT: 카메라

처음 카메라는 카메라 옵스큐라(어두운 방이라는 의미)에서 시작되었다. 즉, 어두운 방에 작은 구멍을 뚫어 놓으면, 방 밖의 풍경이 방안의 벽에 맺히는 것이다. 이는 바늘구멍 사진기와 마찬가지 원리이다. 르네상스 무렵부터는 구멍에 렌즈를 끼워 넣는 방법을 알게 되었고, 카메라 옵스큐라의 크기도 점점 작아져서 들고 다니기 편하게 만들어졌다. 처음에는 필름이 없어서 스크린에 맺힌 상에 종이를 대고 직접 상을 그렸다. 카메라 옵스큐라는 화가들에게 있어서 유용한 도구로 사용되었다. 가장 간단한 사진기로 볼록렌즈 하나만 이용한 것이 있다.

EXPLORATION 1: 간단한 볼록렌즈 사진기 만들기

① 볼록렌즈를 이용한 사진기를 만들어 보자.
② 상이 잘 보이는가? 바로 선 상인가? 뒤집힌 상인가?
③ 상이 흑백인가? 칼라인가?

카메라의 구조를 보면, 렌즈로 들어온 빛이 평면거울에 반사되어 윗부분에 있는 오각형 프리즘으로 들어간다. 그러면, 우리가 눈으로 찍을 대상을 볼 수 있다. 이때, 2개의 선을 잘 살펴보자. 렌즈로 들어 올 때 아래 선이 오각형 프리즘을 지나 눈으로 들어올 때에는 위쪽에 있는 것을 알 수 있다. 원래 볼록렌즈에 의해 만들어진 상은 상하가 뒤집히게 된다. 이것을 오각형 프리즘에 의해 다시 뒤집음으로써 우리가 볼 때에는 바로 선 상을 볼 수 있는 것이다. 셔터를 누르면, 평면거울이 올라가고, 거울 뒤에 있는 필름에 상이 찍히게 된다(점선 화살표). 그러므로 필름에는 뒤집힌 상이 찍힐 것이다. 물론, 현상할 때 뒤집어서 현상하면, 우리는 바로 선 사진을 뽑을 수 있다.

우리는 사진을 찍을 때 여러 가지 효과를 내면서 찍는다. 예를 들면, 인물 사진을 찍으면서 인물만 선명하게 나오고 배경이 흐리게 나오게 찍을 수도 있고, 인물과 배경 모두 선명하게 나오게 찍을 수도 있다.

EXPLORATION 2: 시뮬레이션으로 사진 찍기

① http://www.photonhead.com/exposure/simcam.htm을 열자.

② 먼저 f=22로 하고, 셔터시간은 1/8로 하고 사진을 찍어보자.

③ 이번에는 f=5.6으로 하고, 셔터시간은 1/125로 하여 사진을 찍어보자. 두 사진이 서로 어떻게 다른가?

QUESTIONS

① 볼록렌즈 사진기에서 상은 바로 선 상인가? 뒤집힌 상인가?

② 카메라에서 오각형 프리즘이 하는 역할은 무엇인가?

③ 카메라에서 자신을 찍을 때, 배경이 흐리게 나오게 하려면, f수를 크게 하면 되는가? 작게 하면 되는가?

PHYSICS: 볼록렌즈에 의한 작은 실상

[볼록렌즈에 의한 작도법]

볼록렌즈에 의한 작도법은 다음 세 가지 방법을 따른다.

① 렌즈의 중앙으로 입사한 빛은 직진한다.
② 평행하게 입사한 빛은 렌즈의 초점을 지난다.
③ 초점을 지나 입사한 빛은 평행하게 나아간다.

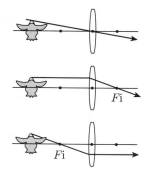

이러한 방식으로 만들어진 상은 볼록렌즈 앞에 물체가 어디에 있는지에 따라 여러 가지로 다르게 만들어진다. 렌즈 앞의 물체의 위치에 따른 상의 특징을 요약하면 다음과 같다.

물체의 위치	상의 위치	상의 크기	상의 종류	상의 특징
2f보다 멀리 있을 때	렌즈 뒤	물체 크기보다 작다	실상	뒤집힌 상
2f에 있을 때	렌즈 뒤	물체 크기와 같다	실상	뒤집힌 상
f와 2f 사이에 있을 때	렌즈 뒤	물체 크기보다 크다	실상	뒤집힌 상
f에 있을 때	상이 생기지 않는다			
f보다 가까이 있을 때	렌즈 앞	물체 크기보다 크다	허상	바로 선 상

이러한 여러 가지 상들 중에서 여기에서는 첫 번째 경우, 즉, 2f보다 멀리 물체가 있어서 물체 크기보다 작은 뒤집힌 실상이 생기는 경우만 알아보겠다. 이러한 경우는 카메라로 사진을 찍는 경우, 우리 눈의 망막에 상이 맺히는 경우 등에 해당된다.

EXPLORATION 1: 볼록렌즈로 멀리 있는 물체 보기
① 볼록렌즈를 이용해 멀리 서 있는 사람을 보자.
② 물체 크기가 작은가? 상하 좌우는 바뀌었는가?

EXPLORATION 2: 볼록렌즈에 의한 상 작도하기
① 다음과 같이 볼록렌즈와 물체가 있을 때 상을 작도해 보아라.
② 이번에는 같은 초점거리의 볼록렌즈이고 같은 거리에 물체가 있다. 단, 볼록렌즈의 구경에 차이가 있다. 각 경우에 작도를 해 보고, 상에 어떠한 차이가 있는지 살펴보아라.

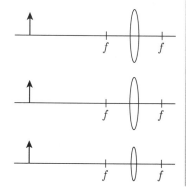

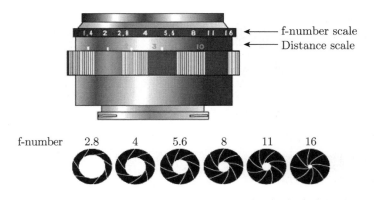

렌즈의 구경이 작아서 빛의 폭이 작으면, 상이 맺히는 곳이 약간 어긋나도 상이 어느 정도 맺히게 된다. 그러나 렌즈의 구경이 커서 빛의 폭이 크면, 상이 맺히는 곳에서 조금만 어긋나도 상이 정확히 맺히지 않게 된다. 따라서 이 경우에는 인물만 선명하게 나오고 배경은 흐리게 나온다.

카메라에는 렌즈의 구경을 조리개로 바꿀 수 있다. 조리개는 f수로 나타내는데, f수가 작을수록 조리개가 넓어 렌즈구경이 큰 경우에 해당된다. 이때 배경화면은 흐리게 나온다. 단, 조리개를 크게 하면, 그만큼 렌즈로 들어오는 빛의 양도 많아지므로, 셔터 속도를 빠르게 해서 빛의 양이 조금 들어오도록 해야 할 것이다. 조리개와 셔터속도와의 관계를 요약하면 다음과 같다.

조리개(f)값	4	5.6	8	11	16
셔터 속도값	1/1000	1/500	1/250	1/125	1/60
배경	흐리게	←		→	선명

QUESTIONS AND SUMMARY

① 볼록렌즈에 의해 물체의 크기보다 작은 실상이 생기는 경우는 어떤 경우인가?

② 볼록렌즈의 초점거리가 같고, 물체의 위치도 같다. 이때 각각 생긴 상의 특징에는 차이가 있는가? 동일한가?

③ 산에 가서 인물뿐 아니라 배경까지 선명하게 하려면 f수와 셔터속도를 어떻게 조정해야 하나?

참고문헌: PHYSICS, HECHT, p.908, 913, 914

[그림 4.11] 상황을 이용한 물리학습자료 (볼록렌즈에 의한 상)

박종원과 이강길(2005)은 새로운 다양한 물리탐구자료를 개발하면서, 실생활 탐구활동도 함께 개발하였다. 활동자료들은 실생활 소재를 이용하여, 실생활 소재의 주요 특징들(LED의 전류 방향, LED의 구조, LED의 작동원리, LED의 반응시간을 이용한 교류관찰, 온도에 따른 LED의 저항변화)을 물리개념과 연결 짓는 방식으로 개발되었다. [그림 4.12]와 [그림 4.13]은 그 예들이다.

[발광 다이오드: LED]

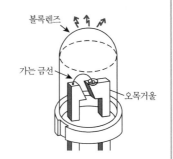

1. 발광 다이오드(LED)에 3V 건전지를 연결해 보자. +와 −극을 바꾸어 연결해 보자. LED의 어느 쪽에 +극을 연결해야 하는가?

2. LED를 볼록렌즈(현미경 대안렌즈)로 구조를 직접 관찰해 보고, 2개의 반도체가 있는 곳을 찾아보아라.

3. 다음은 LED가 켜지는 원리에 대한 간단한 설명이다. 읽고 내용을 정리해 보자.

발광다이오드는 갈륨비소(GaAs)나 갈륨인(GaP) 등의 반도체를 사용한다. 한 반도체는 전자가 빈 공간이 많고(P형 반도체), 다른 한 반도체는 전자가 많이 들어 있는 것(N형 반도체)을 서로 붙여놓았다. 평상시에는 N형 반도체의 전자가 P형 반도체로 이동하지 못하지만, N형 반도체에 −극을, P형 반도체에 +극을 연결하면, N형 반도체의 전자들이 −극에 밀리고 +극에 당겨져서 P형 반도체로 이동하게 된다. P형 반도체로 이동한 전자는 빈 공간에 들어가면서 에너지가 낮아지게 된다. 이것은 마치 구슬이 구멍 속에 빠지면서 위치에너지가 낮아지는 것과 비슷하다. 이때 낮아지는 에너지만큼 빛에너지로 방출되는 것이다.

4. 꼬마전구를 교류가 나오는 제너레이터에 연결한다. 교류 주파수를 약 100Hz(1초에 100번 전류의 방향이 바뀐다)에 맞추고 전구를 흔들어 보자. 전구가 깜박거리는 것을 볼 수 있는가? 이로부터 LED는 어떠한 특징이 있다고 하겠는가?

5. LED에 1.5V~3V까지 전압을 변화시켜가면서 전류를 측정하고, 저항($R = \dfrac{V}{I}$)을 계산해 보자.

전압(V)	1.5	1.8	2.1	2.5	2.7	3.0
전류(mA)						
저항(Ω)						

① 꼬마전구의 경우에는 불이 켜지면 온도가 올라가면서 전자의 운동이 활발해져 충돌이 더 많아지므로 저항이 커진다. LED와 같은 반도체의 경우에는 불이 켜지면서 온도가 올라갔을 때 저항 크기가 어떻게 변화하는가? 그 이유는 무엇인가? 위 LED의 원리를 참고하여라.

② 3V 건전지에 꼬마전구를 연결하고 전류를 측정해 보아라. LED의 경우와 얼마나 차이가 나는가? 이로부터 LED는 어떠한 특징이 있다고 할 수 있는가?

[그림 4.12] LED를 이용한 물리탐구활동 (박종원과 이강길, 2005)

[그림 4.13]은 콘덴서의 물리적인 특성(교류에 대한 콘덴서의 임피던스)을 공부하고, 실생활소재로 콘덴서 마이크를 간단하게 만들어 보고, 관련된 개념내용을 정리하는 활동이다.

[콘덴서]

1. 콘덴서에 직류와 교류를 연결했을 때의 특징을 알아보자.
   ① 3V 건전지(직류)를 이용하여 꼬마전구 불을 켜 보아라. 불이 켜진 상태에서 회로 사이에 $100\,\mu\mathrm{F}$ 정도의 콘덴서를 직렬로 넣어 보아라. 계속 불이 켜지는가?
   ② 제너레이터(교류 발생기) 출력단자에 2W앰프를 연결하고 앰프 출력단자에 3V 꼬마전구와 $100\,\mu\mathrm{F}$ 콘덴서를 직렬로 연결해 보아라. 전구의 불이 켜지는가? 교류 주파수를 500Hz에 맞추고, 더 높게 하거나 낮게 해 보아라. 전구의 밝기가 변하는가? 주파수가 높을수록 밝아지는가? 어두워지는가?

2. 콘덴서를 만들어 보자.

    ① OHP 용지 위에 알루미늄 포일을 덮는다. 또 OHP 용지 위에 알루미늄 포일을 덮는다. 2개를 겹쳐 놓고, 둥글게 말아라. 이때 주의할 점은 두 장의 알루미늄 포일이 서로 접촉되면 안 된다.

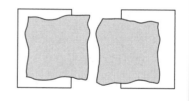

    ② 털가죽으로 문지른 플라스틱 막대를 알루미늄 포일에 접촉한다. 이를 여러 번 반복한다.

    ③ 알루미늄 포일 양단 사이에 네온관을 연결해 보아라. 불이 켜지는가?

3. 콘덴서는 마이크로도 사용할 수 있다. 알루미늄 포일로 마이크를 만들어 보자.

    ① OHP-알루미늄 포일-OHP-알루미늄 포일 순으로 겹쳐 놓는다.

    ② 옆의 회로는 실제 콘덴서 마이크의 회로이다. 여기에서는 실제 마이크 대신에 알루미늄 포일로 만든 것을 이용한다. 즉, 알루미늄 포일 양단에 9V를 연결하고 출력신호를 앰프의 마이크 입력 단자에 연결한다.

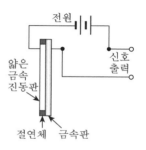

    ③ 알루미늄 포일 위를 손가락으로 두들겨 보아라. 또 가까이 하고 "후" 또는 "아" 하고 말을 해 보아라. 앰프에서 소리가 나는가?

4. 다음 정보를 참고하여 마이크 원리를 설명해 보아라.

    〈정보〉

    ① 전기용량은 두 판의 간격이 좁을수록 크다 ($C = \epsilon \frac{A}{d}$).

    ② 양 극의 전하량 Q는 CV에 비례한다(Q=CV).

    ③ 콘덴서에 일정한 전압을 걸어준다.

    ④ 말을 할 때 진동판이 떨리면, 두 판 사이의 간격이 변한다.

[그림 4.13] 콘덴서 마이크를 이용한 물리탐구 (박종원과 이강길, 2005)

활동

1. '카메라', '발광 다이오드', '콘덴서' 활동을 실제로 수행해 보고, 장단점을 발표해 보자.
2. 중고등학교 교과서에서 이들 활동자료를 어느 단원에서 어떻게 활용할 수 있는지 간단한 수업방법을 설계하여라.

4.3.3 신체를 소재로 이용한 물리탐구

송진웅 등(2006)은 서울대학교 물리교육과 상황물리 교육연구실에서 '온몸이 물리천지'라는 신체를 소재로 한 물리학습 자료를 개발하였다. [그림 4.14]와 [그림 4.15]는 이 자료의 예들이다.

[체지방 측정]

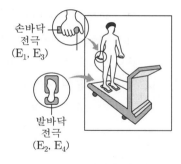

[인체 저항과 측정 방법]

체지방 측정기는 몸에 전류를 흘려보내서 몸의 저항값을 측정하고, 체지방률을 알아내는 것이지. …

몸의 저항으로 어떻게 체지방량을 알 수 있습니까?

우리 몸에는 … 물, 단백질, 무기질, 지방으로 구성되어 있느니라. 이 가운데 전류를 잘 통과시키는 것이 무엇이라고 생각하느냐?

물 아닙니까?

옳거니! 물이다. …

몸에서 지방을 제외한 부분 …을 모두 포함한 양을 제지방량이라고 하는데, 이 제지방량은 체수분량에 비례한단다. 그러니 체수분량으로 제지방량을 구해서 체중에서 빼주면 체지방량을 알 수 있겠지!

… 체지방측정기는 몸에 전류를 흘려보내고, 몸에 걸린 전압을 측정하는 것이다. 그 다음에 옴의 법칙에 대입하여 전압을 전류로 나누면 인체의 저항값을 알 수 있다는 말씀!

… 요즘에는 신체 부위별로 체지방량을 알려준다는 얘길 들었습니다. …

… 회로도로 다시 설명해 보마. E_1과 E_2 사이에 전류를 흘려주면 전류가 오른팔–몸통–오른다리를 따라 흐르게 되지? 그리고 전압은 E_1에서 E_3, 즉 오른팔–왼팔에 걸쳐서 측정하는 것이다. 그러면 … 오른팔의 전기저항을 구할 수 있는 것이지!

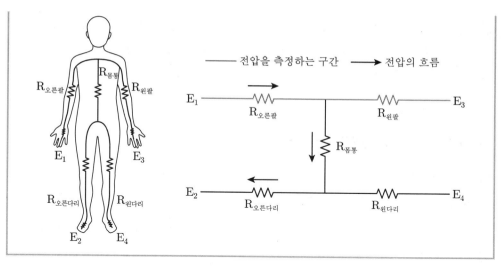

[그림 4.14] 인체를 이용한 물리내용 1 (송진웅 등, 2006, pp.76–79)

[머리카락]

머리카락의 탄성은 케라틴이 코일 모양의 스프링 구조로 되어 있기 때문이며, 과도하게 늘려 탄성한계를 넘어서면 돌아가지 못하고 끊어진다. 또한 젖은 머리카락일 때 더 잘 늘어나며, 강도는 마른 머리카락일 때 더 강하다. 즉, 마른 머리카락이 끊어질 때까지 더 많은 무게를 지탱할 수 있으며, 머리카락 한 가닥은 160g(약 1.6N)을 지탱한다고 한다.

옛날 중국의 곡예사들은 머리카락을 이용해 공중에 매달려 온갖 재주를 부렸다고 하는데, 정말 가능한 일일까? 예를 들어, 무게가 45kg(약 450N)인 여성이 머리털로 공중에 매달릴 수 있는지 따져보자.

- 머리카락이 난 부분의 표면적: 1,400cm^2 (머리의 반지름 = 15cm)
- 머리카락이 난 면적 1cm^{2}당 받는 힘: 450N/1,400cm^2 = 약 0.32 N/cm^2
- 머리카락 한 가닥이 받는 힘

  전체 머리카락 수＝약 10만 가닥, 따라서 0.014cm^{2}당 머리카락 한 가닥이 있는 셈
  머리카락 한 가닥이 받는 힘＝0.014cm^{2}당 받는 힘＝0.32N/cm^2 × 0.014cm^2
  ＝약 0.0045N

결론적으로 머리카락 한 가닥은 약 1.6N의 무게를 지탱할 수 있으므로 뽑히지 않은 머리카락 전체는 여성의 무게 450N을 지탱할 수 있다.

[그림 4.15] 인체를 이용한 물리내용 2 (송진웅 등, 2006, pp.76–79)

활동
1. '체지방 측정', '머리카락' 활동을 실제로 수행해 보고, 장단점을 발표해 보자.
2. 중고등학교 교과서에서 이 활동들을 어느 단원에서 어떻게 활용할 수 있는지 간단한 수업방법을 설계하여라.

4.3.4 일상 상황을 활용한 외국 교재

'Supported Learning in Physics Project'는 상황을 활용한 물리교재로 다음과 같이 여러 권의 시리즈로 되어 있다: 'Physics on the Move', 'Physics of Flow', 'Physics Phones Home', 'Physics on a Plate', 'Physics jazz & Pop', 'Physics for Sport'. [그림 4.16]은 이들 교재 중, 'Physics for Sport' 내용의 일부 예이고, [그림 4.17]은 'Physics on a Plate' 내용의 일부 예이다.

[등산]

등산가가 줄에 매달렸을 때 줄이 끊어지지 않는 것도 중요하지만, 더 중요한 것은 충격력이다. 이것은 줄 끝에 매달린 물체가 떨어졌을 때 (줄에 의해) 물체에 작용하는 힘이다. … 충격력이 높으면 빨리 등산가를 정지시킬 수 있지만, 등산가에게 해를 끼칠 수 있다. … 아래 표는 3종류의 등산용 줄을 4군데에서 측정한 최대 충격력(F_{max})과 최대 낙하 가능수(n_{max}: 줄의 성능이 유지될 수 있는 최대 낙하 횟수)이다.

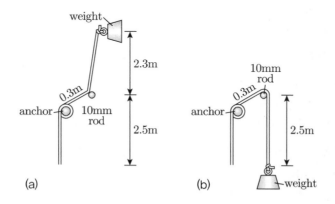

Q1: 낙하 시 가장 낮은 충격력의 줄을 고르려면 어느 줄이 좋은가? 그 이유는?
Q2: 측정장소에 따라 결과가 다르게 나온 이유를 추론해 보아라.

[표] 직경 10.5mm 등산용 줄의 테스트 결과

측정장소	줄 A		줄 B		줄 C	
	F_{max}	n_{max}	F_{max}	n_{max}	F_{max}	n_{max}
1	6.94	8	8.17	6	7.11	5
2	8.90	N/A	9.79	8	9.12	8
3	7.99	9	9.61	7	8.27	7
4	N/A	6	9.85	7	8.43	6

… 충격력은 다음 식과 관련되어 있다.

$$\Delta(mv) = F \times t$$

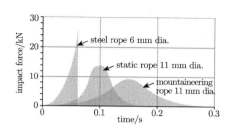

낙하하는 물체의 운동량은 모두 같다. 만일 줄이 정지하는 데 시간이 더 많이 걸린다면, 힘은 작게 작용한다.

[그림 4.16] 스포츠 상황을 이용한 물리내용 (Paker & Parry, 1997, pp.63-64)

[커피 머신]

부엌에서 굴절률을 사용한 예로 커피 머신이 있다. 그림과 같이 커피 머신은 굴절률을 이용하여 물의 양을 조절한다. 이때 물의 굴절률 n_2는 플라스틱 투명 막대(indicator)의 굴절률 n_1보다 더 커야 한다.

Q. 왜 $n_2 > n_1$이어야 하는가?

[그림 4.17] 부엌 상황을 이용한 물리내용 (Barrett, Sumner, Auty, & Brown, 1997, p.94)

활동

1. '등산'과 '커피머신' 활동을 실제로 수행해 보고, 장단점을 발표해 보자.
2. 중고등학교 교과서에서 이들 활동자료들을 어느 단원에서 어떻게 활용할 수 있는지 간단한 수업방법을 설계하여라.

[그림 4.18]은 Boereboom(1995)에 의해 뉴질랜드 7–8학년 물리교재로 개발된 'Physics in Context' 내용의 한 예이다.

[스카이다이빙]

스카이다이빙의 역사는 피라미드 모양의 낙하산에 대한 디자인을 스케치하였던 Leonardo da Vinci로 거슬러 올라간다. 이 디자인은 높은 곳에 있는 탑으로부터 양을 떨어뜨리는 방법으로 낙하산을 시험하였던 프랑스의 기구애호가(balloonist)인 Joseph Montgolfier에 의해 1777년에 그 가치가 검증되었다. 그리고 1912년 미군 대위 Albert Berry에 의해 비행기에서의 역사적인 첫 번째 강하가 이루어졌다.

낙하산의 디자인은 계속해서 개선되었고 오늘날 스카이다이빙은 스포츠로서 우수한 안전성이 인정되고 있으며 사람들에게 폭넓은 인기를 누리고 있다. 몇몇 관광업체에서는 관광객을 특별한 멜빵으로 점프숙련자와 단단히 묶어 낙하하는 텐덤 강하를 제공한다. … 한 Christchurch의 운영자는 세스나 100 경비행기를 이용하여 고객들을 태우고 2,500미터까지 올라간다. 이 높이로부터 한 쌍의 사람이 2인용 장비로 약 30초 동안 낙하하는데 그때의 속력은 190km/h에 이른다. 점프숙련자는 고도계를 가지고 있다가 1,250미터의 고도에서 낙하산을 펴기 위한 고리를 잡아당긴다. 나머지 강하에는 약 4–5분이 걸린다. 만약 우리들이 공기 흐름의 복잡한 특징을 무시한다면 스카이다이빙은 약간의 단순한 물리로 이해될 수 있다. 스카이다이버에게는 두 가지의 힘이 작용한다: F = Weight – Drag. 즉, $ma = mg - D$이다.

마찰력 D는 낙하속력의 증가에 따라서 증가한다. 공기의 저항력이 무게와 같아지면 더 이상 스카이다이버의 낙하속도는 증가하지 않고 종단속도라 불리는 일정한 속도로 낙하하게 된다: 종단 속도에서 $D = mg$

공기 저항력은 낙하 물체의 횡단면적 A와 속도 v의 제곱에 비례한다는 것은 훌륭한 근사이다. 만약 강하하는 동안 다른 요인들이 일정하게 유지된다면 이 근사에 의해 다음과 같은 식을 쓸 수 있다: $D = KAv^2$ (K는 상수)

그러므로 위의 식들에 의해 다음 식이 유도된다: $KAv^2 = mg$ 또는 $Av^2 = \dfrac{mg}{K}$

스카이다이버의 질량이 일정하므로 Av^2 = 상수이다. 따라서 $A_f v_f^2 = A_p v_p^2$이다.

A_p = 펼쳐진 낙하산의 횡단면적

A_f = 스카이다이버의 횡단면적

v_f = 자유낙하에서 스카이다이버의 종단속도

v_p = 펼쳐진 낙하산을 사용하는 스카이다이버의 종단속도

계산에 대한 예제

활짝 펴진 낙하산을 탄 스카이다이버는 종단속도가 5.5m/s에 도달한다. 그 낙하산의 반경은 4m이다. 자유낙하 하는 스카이다이버의 종단 속도를 다음 두 가지 경우에 구하여라.

(a) 몸을 수직으로 하여 낙하하는 경우

(b) 독수리처럼 활짝 펼쳐서 낙하하는 경우

풀이

(a) 만약 스카이다이버가 몸을 수직으로 하여 낙하한다면 횡단면적은 어깨넓이 정도로 직경이 약 0.25m인 원으로 볼 수 있다.

$$A_f v_f^2 = A_p v_p^2 \text{이므로, } v_f = \sqrt{\frac{A_p v_p^2}{A_f}} = \sqrt{\frac{\pi \times 4^2 \times 5.5^2}{\pi \times 0.25^2}} \text{ , } v_f = 88\text{m/s 또는 } 317\text{km/h}$$

(b) 만약 스카이다이버가 독수리처럼 넓게 펼친 채 낙하한다면 이때 전형적인 횡단면적은 0.55m²이다.

$$\text{따라서 } v_f = \sqrt{\frac{A_p v_p^2}{A_f}} = \sqrt{\frac{\pi \times 4^2 \times 5.5^2}{\pi \times 0.55^2}} = 53\text{m/s 또는 } 189\text{km/h}$$

이 계산은 스카이다이버가 신체 자세를 바꾸는 것으로 종단속도를 제어할 수 있다는 것을 나타낸다. … (생략)

[그림 4.18] 물리개념을 스카이다이빙에 적용한 내용 (Boereboom, 1995)

호주에서 Jong et al.(1994)이 개발한 Physics in Context One, Two는 일반물리학 수준의 교재인데, 일상적인 상황을 많이 도입한 책이다. [그림 4.19]와 [그림 4.20]은 일상적 상황을 도입한 내용의 일부 예들이다.

[골프]

골퍼가 드라이버를 할 때, … 충돌 직전 클럽헤드는
손목 주위를 약 40m/s로 회전한다. 이때 구심력은
$\frac{mv^2}{r}$ 이다. 클럽헤드의 질량이 0.2kg이고 새프트의

길이가 1m라면, (구심력이) $\frac{0.20 \times (40)^2}{1.0} = 320N$ 으로

계산된다.

이 힘은 클럽헤드 무게의 약 160배이다. 따라서 클럽
이 손으로부터 미끄러지지 않도록 아주 강하게 잡아
야 한다.

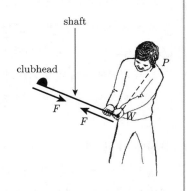

[Model of golf swing]

[그림 4.19] 물리개념을 골프에 적용한 내용 (Jong et al., 1994)

[높이뛰기]

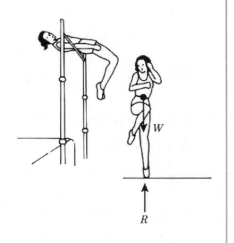

　가장 성공적인 높이뛰기 선수들은 긴 다리
를 가진 선수들인데, 이는 질량중심이 땅으로
부터 멀리 떨어져 있고 그래서 막대를 뛰어넘
을 때 키 작은 선수처럼 질량중심을 많이 들어
올릴 필요가 없기 때문이다. 높이뛰기 선수는
뛰어오를 때 자신의 질량중심을 가능한 한 높
게 하는 자세를 취하도록 노력해야 한다. 예를
들면 몸통은 세우고, 양팔은 높게 유지하고,
도움 닫는 다리는 뻗쳐서 위로 하고, 구르는
발은 완전히 뻗쳐 수직이 되게 하는 것이다.

　… 높이뛰기 선수는 속력보다 운동량을 거의 90°로 바꾸는 것이 더 중요하다. 도약
직전 두 번째 스텝은 몸을 밑으로 낮추고, 마지막 스텝은 몸을 세우는 것이 높이뛰기
선수에게 수직방향의 초속도를 제공하고 땅으로부터 받는 수직방향의 충격량의 크기
를 증가시킨다. 마지막 스텝에서 발과 지면이 접촉한 시간을 도약(take-off) 시간이라
부른다. 그림과 같이 뛰어넘는 기술을 사용한 높이뛰기 선수의 경우에 이 시간은
0.12~0.17초의 범위로 측정되었다. 도약하는 동안 선수에게 작용한 힘은 선수에게
돌림힘(토크)을 제공하여 선수의 몸이 질량중심에 대해서 회전하고 도약할 때 거의

수직인 몸이 막대를 넘어갈 때는 거의 수평으로 바뀌진다.

높이뛰기 스포츠 과학자에 의한 분석으로부터 얻은 정보를 사용하여, 우리는 높이뛰기 선수가 마지막 스텝 동안 도약 발을 쭉 펼 때 높이뛰기 선수와 땅 사이에 작용한 힘과 운동량의 크기를 계산할 수 있다. 1.92m의 막대를 뛰어넘는 과정에서 도약할 때의 질량중심은 땅 위에서 1.32m이고 최대 2.00m까지 올라갈 수 있다. 즉 질량중심은 0.68m 위로 상승한다. 높이뛰기 선수의 질량은 55kg이고 중력가속도는 아래쪽으로 9.8m/s^{2}이다.

위쪽 방향으로 운동 수직 성분을 생각해 보자. 초속도는 v_i이고 최종속도 $v_f = 0$이며, 위쪽 방향으로 변위는 0.68m이고, 가속도는 -9.8m/s^{2}이다. 위 방향의 벡터 성분을 양으로 생각하자.

$$v_f = v_i^2 + 2as, \quad 0 = v_i^2 + 2gh, \quad v_i^2 = -2 \times (-9.8) \times 0.68, \quad v_i^2 = 13.33, \quad v_i = 3.65 \,\text{m/s}$$

땅이 운동선수에게 가한 충격량은 수직 방향으로 얻은 운동량과 같다.

$$\text{impulse} = \Delta p = m\,\Delta v = mv_i = 55 \times 3.65 = 2.01 \times 10^2 \text{kgm/s} \quad \text{위쪽 방향}$$

이 충격량은 $F_{net} \times t$와 같다. 여기서 F_{net}는 접촉시간(0.15초) 동안 작용한 평균 알짜 힘이다.

$$F_{net} \times t = 2.01 \times 10^2, \quad F_{net} = \frac{2.10 \times 10^2}{0.15} = 1.34 \times 10^3 \text{N}$$

그러나 $F_{net} = R - mg$ 여기서 R은 땅이 선수에게 윗 방향으로 가한 힘이다.

그리고 $mg = 55 \times 9.8 = 0.54 \times 10^3 N$ 그러므로 $R = F + mg = 1.88 \times 10^3 \text{N}$

높이뛰기 선수와 땅 사이에 작용한 반작용 힘을 높이뛰기 선수가 가만히 서 있을 때의 무게 0.54×10^3N과 비교해 보는 것은 흥미롭다. 도약하는 동안에 작용하는 평균적인 힘은 선수 몸무게의 약 2.5배이다.

[그림 4.20] 물리개념을 높이뛰기에 적용한 내용 (Jong et al., 1994)

활동 1. '스카이다이빙', '골프', '높이뛰기' 활동을 실제로 수행해 보고, 장단점을 발표해 보자.

2. 중고등학교 교과서에서 이 활동자료들을 어느 단원에서 어떻게 활용할 수 있는지 간단한 수업방법을 설계하여라.

정리 1. 일상생활을 이용한 활동자료들에는 놀이공원, 생활소재(카메라, 커피머신), 물리소재(발광다이오드, 콘덴서), 신체, 취미활동(스카이다이빙, 등산), 스포츠(골프, 높이뛰기) 등이 다양하게 활용될 수 있다.

4.4 STS와 물리 학습

4.4.1 STS의 의미

STS란 'Science', 'Technology', 'Society'의 각 첫 자를 합성한 것으로(Ziman, 1980), [그림 4.21]과 같이 기본적으로 각 영역이 서로에게 영향을 미치는 밀접한 관계를 강조한다(박종원, 최경희, 김영민, 2001).

즉 과학 연구 결과는 실제적인 기술로 적용되어 발전되기 마련이며, 반대로 새로운 또는 정밀한 측정장비의 기술적 발전이 새로운 과학연구를 가능하게 해 주기도 한다. 예를 들면, 레이저 과학이 레이저를 이용한 다양한 기계 설비의 개발로 적용되는 것이 그렇고, 각종 센서나 전파 망원경과 같은 새로운 측정장비의 개발이 새로운 과학연구를 가능하게 해 주는 것이 그렇다.

기술이 사회에 미치는 영향으로 대표적인 경우가 컴퓨터나, 인터넷 또는 스마트폰이다. 반대로 사회는 사회적 요구나 사회적 문제 해결을 위해 기술의 개발을 지원하고 제한하기도 한다. 예를 들면, 환경문제를 위한 기술의 지원이나 핵을 이용한 기술의 제한 등이 그렇다.

또 상대성 이론과 같은 새로운 과학의 발전이 인간이 자연과 사회를 이해하는 관점에 변화를 주기도 하고, 새로운 유전조작 관련 과학은 생명에 대한 사회적 관점에 변화를 주기도 한다. 반대로 사회는 투자와 억제를 통해 과학의 발전을 지원하기도 하도 반대로 제한하기도 한다.

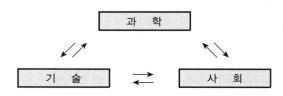

[그림 4.21] 과학과 기술과 사회의 상호작용

활동 1. 과학이 기술에 미치는 영향과 사회에 미치는 영향, 기술이 과학에 미치는 영향과 사회에 미치는 영향, 그리고 사회가 과학에 미치는 영향과 기술에 미치는 영향에 대한 예들을 각각 찾아보아라.

즉, STS는 과학의 기술적, 사회적 환경과의 관련성 속에서 과학내용을 가르치는 것을 의미하는 것(Hofstein, 1988)으로, STS 교육의 특징을 간단하게 정리하면 다음과 같다(박종원, 최경희, 김영민, 2001).

- STS 교육은 과학, 기술, 사회의 상호 관련성을 다룬다.
- STS 교육은 인간의 경험적 맥락에서 이루어진다.
- STS 교육은 과학적 소양의 함양을 추구한다.
- STS 교육은 각종 의사결정과 문제 해결력을 중시한다.
- STS 교육은 만인을 위한 과학을 추구한다.

정리 1. STS는 과학과 기술, 사회와의 상호작용을 강조한다.
2. STS는 과학적 소양의 함양을 기본적인 목적으로 한다.

4.4.2 STS 교육의 도입 배경

STS는 1900년대 중반부터 여러 나라에서 관심을 보이기 시작하였는데, 그 배경을 요약하면 다음 4가지와 같다(박종원, 최경희, 김영민, 2001).

첫째, 과학과 기술이 사회에 미치는 영향들이 가시화되기 시작하였다. 예를 들어, 핵무기나 생물 무기와 같이 사회적으로 광범위하게 작용하는 새로운 무기의 개발, 일상생활 속에서 야기된 쓰레기나 환경 문제, 기계화된 공장 설비로 인한 비인간화 등의 문제들이 그렇다. 이와 같이 과학기술이 과학기술만의 문제가 아니라, 우리의 삶과 사회에 직접적인 영향을 주는 사례들이 등장함으로써, 과학자에게 또는 과학을 배우는 학생들에게 과학기술이 사회에 미치는 영향이나 윤리적 문제에 대한 인식을 강조하기 시작한 것이다.

둘째는 첫째와 관련된 것으로, 과학자뿐 아니라, 정치가나 경제학자, 일반 대중들도 과학기술에 대한 올바른 인식이 필요하다는 것이다. 예를 들어, 에너지, 환경, 자원, 인구,

식량 문제 등과 관련하여, 국가적인 정책을 세우거나, 일반 시민의 올바른 판단과 참여를 위해 비과학자들의 과학적 소양이 필요하게 된 것이다. 이러한 측면에서 STS 교육은 과학적 소양 교육의 목적과 일치되는 부분을 가지고 있다.

셋째, 스노우(Snow, 1959)는 그의 저서 '두 문화(Two cultures)[33]'에서 세계는 두 개의 큰 문화, 즉 과학 문화와 인문 문화로 구성되어 있으며 두 문화는 서로 상반되어 융합되지 못하고, 그 골이 깊어지고 있다고 주장하였다. 예를 들어, 인문사회 문화에 속한 사람들은 이공계 사람들의 설명이나 인식을 이해하지 못하고, 반대로 이공계 사람들은 인문사회 문화에 속한 사람들의 설명이나 인식을 이해하지 못한다는 것이다. 이에 과학과 인문사회는 다시 서로 의사소통하고 서로를 이해할 수 있어야 한다는 것이다.

[스노우의 '두 문화']

●●●
활동　1. 정재영(http://classic.ajou.ac.kr/SEA/201302/163069451FD452F.pdf)은 스노우의 '두 문화'를 간략하게 소개하였다. 다음은 그 내용의 일부이다.

> 스노우가 이야기하는 두 문화는 문학가와 과학자의 문화를 가리킨다. 그는 대립적 두 문화의 단절 현상을 이렇게 묘사하고 있다.
>
> "한쪽 극에는 문학적 지식인이 그리고 다른 한쪽 극에는 과학자, 특히 그 대표적 인물로 물리학자가 있다. 그리고 이 양자 사이에는 몰이해, 때로는 적의와 혐오로 틈이 크게 갈라지고 있다. 그러나 그보다 더한 것은 도무지 서로를 이해하려 들지 않는다는 점이다. 이상하게도 그들은 서로 상대방에 대해서 왜곡된 이미지를 가지고 있다. 그들의 태도는 아주 딴판인데 심지어 정서적인 차원에서도 별반 공통점을 찾을 수가 없다."

위의 정재영 자료를 찾아 읽고 스노우의 '두 문화' 내용을 간략하게 정리하여라.

넷째, 과학은 본질적으로 사회적 활동이라는 새로운 인식이 생기게 된 것이다. 대표적으

---

33) 사진 출처: http://www.injurytime.kr/archives/2827

로 '과학 혁명의 구조(The Structure of Scientific Revolutions)'에서 Kuhn (1970)은 과학자의 연구활동이 기본적으로 사회적 활동이라고 보았다. 즉, 새로운 패러다임이 받아들여지는 과정도 과학자 사회가 받아들이는 과정으로 보았고, 새로운 패러다임으로의 변화도 '종교적 개종'으로 비유하기도 하였다. 즉 패러다임의 변화를 어떤 논리적이고 합리적인 과정으로 보기보다는 종교를 바꾸는 것과 같은 비합리적인 선택이라고 본 것이다. 이와 같이 과학은 이미 사회적 문화적 배경 속에서 사회적 특성을 가지고 진행된다고 본 것이다.

활동
1. Snow의 '두 문화'의 내용을 간략하게 소개하여라.
2. STS 교육에 대한 관심이 시작되게 된 4가지 요인을 최대한 간단하게 정리하고, 각각의 요인에 해당되는 구체적인 예를 찾아보아라.

정리
1. STS 교육에 대한 관심은 (1) 과학과 기술이 사회에 미치는 영향이 커지면서, (2) 국가적인 과학기술 정책의 중요성과 함께 정책 입안자나 일반시민의 과학적 이해가 중요하다고 강조되면서, (3)과학과 기술이 사회와 멀어지면서, (4) 그러나 과학과 기술 자체가 사회적 활동임으로 인식하게 되면서, 증가하게 되었다.

4.4.3 STS 교육의 목표

[표 4.15]는 STS 교육의 목표와 관련하여 여러 학자와 과학교육 관련 기관에서 강조한 내용들이다(박종원, 최경희, 김영민, 2001).

[표 4.15] STS 교육과 관련된 내용

발표자	내용
Anderson (1983)	지난 1960년대 교육과정에서 강조한 과학교육의 목적과 목표는 이제 더 이상 적합하지 않다. 급변하고 있는 최근의 사회와 실생활에 대응할 수 있는 새로운 과학교육의 목적과 목표를 재정립해야 한다.
Roy & Waks (1985)	"1%의 엘리트 학생을 과학자로 만드는 것이 아니라, 99%의 대다수 학생들이 과학과 기술적 소양을 갖추도록 교육하는 것"이라고 강조

미국의 과학교사협회 (NSTA, 1982)	1980년대의 과학교육의 목표를 '과학과 기술과 사회가 서로 영향을 끼치고 있다는 사실을 이해하고 일상생활의 의사결정에서 과학 지식을 이용할 수 있는 과학적 소양을 갖춘 개인을 교육하는 것'이라고 발표
미국의 예비대학교육 과학이사회 (The National Science Board on Precollege Education, 1983)	새로운 과학교육은 '과학적/기술적 지식을 잘 조직하고 실생활 관련 문제를 다루는 것이 필요하다'고 주장
미국의 과학진흥협회 (American Association for the Advancement of Science, AAAS, 1993)의 Project 2061 팀	'모든 미국인을 위한 과학(Science for all American)'이라는 보고서에서도 과학적 소양 함양이 과학교육의 주요 목표가 되어야 한다고 주장

[표 4.15]에서 과학교육의 목적과 목표에 관련하여 발표된 여러 의견들을 종합하여 보면 '과학적 소양(scientific literacy)'이라는 용어가 자주 등장하는 것을 볼 수 있다. 따라서 1982년 미국 과학교사협회(NSTA: National Science Teachers Associations)에서 과학적 소양을 갖춘 사람의 특징을 정리한 내용을 살펴보면, [표 4.16]과 같다. [표 4.16]에서 과학과 기술, 사회와의 관련성에 대한 내용이 많이 포함되어 있는 것을 알 수 있다.

[표 4.16] NSTA에서 제시한 과학적 소양인의 특징

(1) 과학 개념과 탐구기능을 사용하여 일상생활에서 의사결정을 한다.
(2) 사회가 과학과 기술에, 그리고 과학과 기술이 사회에 미치는 영향을 이해한다.
(3) 재원의 분배를 통해 사회가 어떻게 과학과 기술을 통제하는지 이해한다.
(4) 인간의 복지를 위해 과학과 기술의 유용함뿐 아니라 한계를 인식한다.
(5) 과학의 기본 개념과 원리, 가정들을 알고, 적용할 수 있다.
(6) 과학과 기술에 대해 지적인 호기심을 가진다.
(7) 과학 지식이 탐구와 개념체계를 통해 만들어진다는 것을 이해한다.
(8) 과학적 증거와 개인 의견을 구분할 수 있다.
(9) 과학의 기원을 인식하고, 과학 지식이란 임시적이며, 증거가 누적됨에 따라 변하게 마련임을 이해한다.
(10) 기술의 응용과 그때 수반되는 의사 결정을 이해한다.
(11) 연구와 기술 개발의 가치를 평가할 수 있는 충분한 지식과 경험을 가지고 있다.
(12) 과학 교육을 통해 세계에 대해 더욱 풍부하고 정열적인 관심을 가진다.
(13) 과학 기술 정보원을 알고 그것을 의사 결정하는 데 사용할 수 있다.

활동 1. 최신 교육과정 내용 속에서 위의 STS 목적과 관련된 내용을 찾아보아라.

2. STS와 관련된 구체적인 내용을 물리 교과서에서 찾아보아라.

정리 1. STS 교육 목표는 이전의 과학교육 목표와는 다른 새로운 방향을 제시하고자 하였다.

2. STS 교육의 목표는 과학적 소양을 위한 목표와 밀접하게 연관되어 있다.

4.4.4 STS 학습지도 방법

① STS 주제 선정

피엘(Piel, 1981)은 중등학교 수준의 STS 교육과정에서 다룰 수 있는 구체적인 주제를 [표 4.17]과 같은 8가지로 제시하였다(박종원, 최경희, 김영민, 2001).

[표 4.17] STS 프로그램에 적합한 주제

주제	내용
에너지	에너지 자원, 에너지 문제, 에너지 소비, 에너지 보존, 생활의 질 개선
인구	식량생산과 분배, 가족계획, 인구과잉의 영향, 인구문제에 대한 기술의 영향
인간 공학	낙태, 장기 이식, 복제, 유전 공학, 행동 수정, 안락사 문제, 삶의 의지, 유전 상담, 윤리적 문제
환경 문제	과도한 산업화 화학물질의 사용, 환경 문제의 개선
천연 자원의 이용	천연자원의 재생, 개인과 가족에 의한 자원의 소비와 역할
우주개발과 국방	우주와 국가 안보 프로그램, 사회와 개인의 혜택 문제, 우주와 군사 연구 문제
과학의 사회학	과학과 기술의 발달이 사회에 미치는 영향, 과학과 기술의 상호작용, 과학과 기술 연구에 대한 사회의 압력
기술 발달의 영향	기술 발달의 혜택과 한계(약물, 농약, 다이어트), 소비재 생산의 효과, 인간 능력의 확장

하이크만 등(Hickman et al., 1987)은 이러한 주제들을 활용할 때 고려할 사항을 [표 4.18]과 같이 5가지로 제시하였다(박종원, 최경희, 김영민, 2001).

[표 4.18] STS 주제 활용 시 고려할 사항

요소	고려할 내용
1	학생들이 장차 혹은 다른 수업시간에서 배우게 될 소재가 아니라 지금 바로 학생들의 삶에 직접 적용할 수 있는 소재인가?
2	학생들의 인지발달과 사회적 성숙에 합당한 소재인가?
3	오늘날 세계에서 중요시되고 있는 소재이며, 학생들이 어른이 되었을 때에도 중요한 부분으로 남아있을 것인가?
4	과학이 아닌 다른 상황에서도 지식을 적용할 수 있는가?
5	학생들이 흥미를 가지고 열중할 만한 소재인가?

② 교육 방법의 특징

STS 수업에서는 다양한 문제와 논제를 중심으로 학생들이 협동학습 등을 통해 수업에 능동적으로 참여할 수 있도록 하기 위해, 예거 & 타미르(Yager & Tamir, 1993)는 [표 4.19]와 같이 STS 수업방법이 전통적 수업방법과 달라야 한다고 강조하였다.

[표 4.19] STS 수업방법과 전통적 수업방법의 비교

STS 수업	전통적 수업
• 학생이 중심이 된다. • 학생의 다양성에 맞게 개별적, 개인적으로 수업한다. • 다양한 자료를 이용한다. • 문제와 논제를 협동 학습한다. • 학생이 능동적으로 참여한다. • 학생의 직접경험이 수업의 중심이 된다. • 문제 및 논제 중심으로 수업을 계획한다.	• 교사가 중심이 된다. • 성적이 중간인 학생을 위한 단체 수업이다. • 주로 교과서를 이용한다. • 실험실에서만 단체로 수업한다. • 학생은 소극적으로 수용한다. • 체계적인 정보가 수업의 중심이 된다. • 교육과정과 교과서 중심으로 수업을 계획한다.

활동 1. STS 수업방법은 비단 STS 수업에서만 필요한 것은 아니다. 일반적인 과학수업에서도 강조될 필요가 있다. [표 4.19]의 STS 수업방법들을 일반적인 과학수업에서도 적용하기 위한 방안들을 제안해 보아라. 만일 적용하기 어려운 측면이 있다면 왜 그런지도 논의해 보자.

③ STS 교육의 실시 방안 및 도입 정도

Cheek(1992)는 학교 현장에서 실시된 STS 교육 방법들을 종합 정리하여 [표 4.20]과 같이 크게 3가지로 나타내고, 정완호 등(1993)은 두 가지로 나타내었다(박종원, 최경희, 김영민, 2001).

[표 4.20] STS 교육 도입 방법

분류		방법
Cheek (1992)	1	개발된 STS 프로그램의 모듈이나 단원을 기존의 교과목에 접목시키는 방법
	2	기존의 교과목에 간단한 STS 내용을 삽입하는 방법
	3	복합 학문적인 STS 교과목을 신설하여 교육하는 방법
정완호 등 (1993)	1	현행 교육과정에서 각 단원마다 마지막 부분에 STS 내용을 도입하여 적용하는 방안
	2	현행 교육과정을 그대로 두고 주제 중심으로 개발된 여러 STS 프로그램에서 교사가 자율적으로 필요한 주제를 선택해서 과학수업에 적용시키는 방안

실제로 STS 내용을 도입하는 정도는 학교급별 또는 학습내용 등 교육여건에 따라 달라질 수 있다. 이와 관련하여 제안된 의견은 [표 4.21]과 같다(박종원, 최경희, 김영민, 2001).

[표 4.21] STS 교육의 도입 정도

제안자	도입 정도
Bybee (1987)	미국의 교사 및 교육자를 대상으로 실시한 설문조사를 토대로, 정규 수업에 STS에 관한 내용을 도입할 수 있는 최소 시간을 초등학교는 10%, 중학교 15%, 고등학교 20%, 대학교 25%로 제안
NSTA (1982)	초등학교는 5%, 중학교는 15%, 고등학교는 20%로 제시

정리 1. STS 교육에서는 다양한 소재를 활용하여 학생 중심의 개별화된, 그리고 논제 중심으로 학생들이 직접 경험을 하면서 능동적으로 참여할 것을 강조한다.
2. STS 교육에서는 기존의 과학수업과 다른 다양한 방법들(예: 문제해결 및 의사결정 등)의 활용을 강조한다.
3. STS 프로그램을 학교 과학에 접목하기 위해서는 수업의 5~20% 정도를 기존의 교과목과 접목하거나 일부를 도입하는 방법 또는 별도의 수업으로 운영하는 등의 다양한 방법이 필요하다.

4.4.5 SATIS 프로그램

SATIS 프로그램은 영국에서 개발된 STS 교재로, 적용 연령에 따라 'SATIS 7-14', 'SATIS 14-16', 'SATIS 16-19'의 세 종류가 있다. 'SATIS 14-16'은 물리, 화학, 생물, 지구과학, 환경, 생활과 과학 등 여러 영역으로 구성되어 있다. 이 중에서 물리 영역에 해당하는 주제 및 단원명을 [표 4.22]에 제시하였다. 이들 주제들은 현행 우리나라 과학 및 물리 교과서의 내용과 학습 목적에 따라 적절하게 활용할 수 있다.

[표 4.22] SATIS 14-16의 물리영역 주제 및 단원명

주제영역	단 원 명
힘과 운동	504. 당신의 자동차는 얼마나 안전한가? – 도로안전 특히 차량검사와 제동 그리고 타이어와 안전벨트에 대하여 610. 일하는 로봇 – 산업용 로봇과 그것이 갖는 미래적 함의에 대한 읽을거리, 질문, 토의 705. 놀이동산에서의 물리학
에너지와 열	106. 디자인 놀이 – 에너지 효율성이 높은 집의 구상 107. 아쉬톤 섬 – 재생 가능한 에너지의 문제 303. 요리와 물리학 – 요리과정에 숨어 있는 몇 가지 물리학의 원리 308. 무엇이 제2 법칙인가? – 열역학 제2 법칙의 개념에 대한 매우 쉬운 설명, 그리고 에너지 공급이나 오염 같은 일상적 문제에 연관된 읽을거리와 질문 403. 영국의 에너지원 – 영국에 있어서의 다양한 에너지원의 공급과 비용에 대한 자료 분석 연습 702. 가스공급 문제 – 천연가스의 분배와 사용에 관한 정보, 문제 해결학습
전기와 자기	601. 전기수요 – 발전과 발전소 유형에 대한 의사결정 과제 701. 가정에서의 전기 – 가정에서의 전기소비를 알기 위한 전기계량기 사용 연습 704. 전등 – 전등에 대한 가정조사, 읽을거리, 질문 804. 정전문제 – 정전에 기인하는 산업적 문제에 관한 읽을거리 1007. 240V에 죽다. 1008. 왜 240V 인가?
빛과 파동	209. 안경과 콘택트렌즈 – 안경과 콘택트렌즈에 대한 읽을거리, 토의, 실험, 조사 306. 광섬유와 원거리통신 – 원거리 통신에서의 광섬유 사용에 대한 읽을거리와 질문 903. 무엇이 음악의 소리인가? – 소리와 음악에 대한 읽을거리, 질문과 함께 교사의 시범과 실험 제시
현대물리	109. 원자력 – 원자력 사용의 배후에 있는 문제와 원리에 대한 구조적 토론 204. 방사능의 사용 – 의학과 산업에 있어서의 방사성 동위원소의 이용에 대한 문제점과 읽을거리 807. 방사선 – 당신은 얼마나 쬐고 있는가?

다음 [그림 4.22] ~ [그림 4.29]는 SATIS 프로그램의 몇 가지 예들이다.

[구조화된 토론]
단원명: 109 원자력 – 원자력 사용의 배후에 있는 문제와 원리에 대한 구조적 토론

- 내용: 이 단원에서는 원자력 발전의 원리에 대한 기본적인 학습과 자료를 바탕으로 학생 스스로 자신의 생각을 정리하여 그 양면성에 대해 토론한다. 이를 통해 과학기술을 사회와 연관지어 보게 함으로써 올바른 가치관의 확립을 도모한다.

- 시간: 2시간

- 관련단원: 고등학교 물리의 현대물리, 원자핵

- 준비물: 읽기자료

- 과정:

  1 원자력 발전소에 대한 문제제기
     ① 화력발전소나 수력발전소 대신 원자력 발전소를 세우는 이유는 무엇일까?
     ② 'NIMBY 현상'이란 단어를 들어 보았는가? 왜 이런 말이 나왔을까?
     ③ 원자력발전소는 안전한가? 원자력발전소가 원자폭탄처럼 폭발하는 일은 없을까? 등.

  2 기본학습
     ① 핵분열이란?   ② 핵에너지의 조절   ③ 원자력 발전의 원리

  3 자료제시
     ① 에너지 소비현황   ② 여러 가지 자원들의 매장량
     ③ 원자력 발전의 장점   ④ 원자력 사용에 따르는 위험
     ⑤ 핵연료는 어디로부터 얻으며, 사용된 연료봉의 처리는?

  4 토론활동: 다음 주제에 대한 찬반토론
     주제: 앞으로 더 많은 원자력 발전소를 세워야 하는가?

[그림 4.22] SATIS 프로그램 (단원 109)[34]

---

34) 그림 출처: https://thebolditalic.com/know-your-nimbys-the-bold-italic-san-francisco-25f1125d6fee

[구조화된 토론]
단원명: 306 광섬유와 원거리통신 　　　 – 원거리통신에서의 광섬유 사용에 대한 읽을거리와 질문

- 내용: 이 단원에서는 광섬유를 소재로 빛의 전반사의 원리를 이해하고, 나아가 새로운 기술이 사회에 어떠한 긍정적인 발전을 가져 왔으며 그에 대한 반작용은 없는지 토의한다.

- 시간: 1시간

- 관련단원: 고등학교 물리의 빛과 파동, 반사와 굴절

- 준비물: 광섬유 샘플, 읽기자료

- 과정:

  1 동기유발 – 광섬유 샘플을 보여준다.

  2 기본학습
  　　① 빛의 반사와 굴절
  　　② 전반사
  　　③ 광섬유의 원리

  3 읽을거리 제시 – 광섬유의 현재 이용 범위

  4 광섬유라는 신기술 개발이 사회나 우리의 생활에 미치는 영향에 대해 자신의 생각을 발표해 본다.

[그림 4.23] SATIS 프로그램 (단원 306)

[자료 분석]

단원명: 504 당신의 자동차는 얼마나 안전한가?
   – 도로안전 특히 차량검사와 제동 그리고 타이어와 안전벨트에 대하여

- 내용: 이 단원에서는 학생들이 교통사고에 관한 여러 자료를 가지고 그래프를 그리고, 해석해 보는 과정 속에서 속도, 가속도, 뉴턴 운동법칙 등을 확인한다. 사회문제와 관련지어 자료 분석 활동을 할 수 있는 좋은 주제이다.

- 시간: 2시간

- 관련단원: 중–고등학교 물리, 힘과 운동 – 힘, 속도, 가속도

- 준비물: 실제 자료(data), 그래프용지

- 과정:

  1 동기유발: 자동차나 운전자의 상태에 따라 정지거리가 얼마나 차이가 날지에 대해 예측해 보게 한다.

  2 여러 가지 데이터를 제시한다.
     예) 여러 상태에서의 반응시간과 정지거리, 속도에 따른 반응시간과 정지거리, 타이어상태에 따른 정지거리의 차이

  3 데이터를 분석해 본다.
     ① 데이터를 가지고 그래프를 그린다.
     ② 그래프를 가지고 설명을 해 본다.
     ③ 간단한 수학적 관계를 알아내도록 시도한다.

  4 안전운행으로 교통사고를 줄이기 위한 방법을 토의한다.

[그림 4.24] SATIS 프로그램 (단원 504)

[자료 분석]
단원명: 701 가정에서의 전기 　　　 – 가정에서의 전기소비를 알기 위한 전기계량기 사용연습

• 내용: 이 단원에서는 학생들이 직접 전기 계량기를 살펴보고, 전기 요금 고지서를 읽어보는 등의 활동을 통해서 자연스럽게 합리적인 전기 사용에 대해 생각해본다. 손쉽게 구할 수 있는 재료를 가지고 물리 개념을 효과적으로 이해시킬 수 있으므로 조사 활동의 소재로 적합하다.

• 시간: 2시간

• 관련단원: 중학교 과학의 전기에너지, 전력량

• 준비물: 전기계량기 모형, 몇 달분의 전기요금 고지서

• 과정:

  ① 전 시간에 과제물을 제시한다.
  　① 일요일에 가족과 함께 계량기를 읽어본다.
  　② 사용하고 있는 전기기구를 잠시 끄고 사용하지 않을 때 계량기를 살펴보자.
  　③ 일정한 시간 간격으로 계량기를 읽어 사용한 양(분당 회전수)을 적는다.

  ② 교사가 계량기 모형을 가지고 읽는 법과 그 밖의 사항을 알려준다.

  ③ 조별 활동을 한다.
  　① 자신이 조사한 결과와 친구들의 것을 비교하여 결론을 낸다.
  　② 친구들과 함께 전기 요금 고지서를 읽어본다. 교사는 주위를 돌아다니면서 학생들이 잘 하고 있는지 살핀다. 직접적인 힌트를 주지 않는다.
  　③ 월별 전기 요금 사용량을 적고, 그래프를 그린다.

  ④ 학생들의 조사 결과를 발표시킨다.

  ⑤ 기본학습
  　① 전기에너지　　② 전력　　③ 전력량

  ⑥ 합리적인 전기소비에 대해 서로 이야기한다.

[그림 4.25] SATIS 프로그램 (단원 701)

[실습]
단원명: 단원명 : ⎡1007+1008⎤ 220V에 죽는다? 왜 220V인가?

- 내용: 이 단원에서는 기본적인 옴의 법칙을 토대로 전기의 효율성과 안정성을 생각해 보고 나아가 학생들이 직접 전기사용에 대한 광고지를 만들어 보는 활동을 한다.

- 시간: 2시간

- 관련단원: 중학교 과학의 전압, 전류, 저항

- 준비물: 간단한 가전제품, 읽기자료, 학습지

- 과정:

  1 문제제기: 학생들의 경험담을 듣는다.
    - 높은(낮은) 전압 기구를 낮은(높은) 전압의 콘센트에 꽂으면 어떤 일이 일어났는가?
    - 플러그를 꽂을 때 불꽃이 난 적은 없었는가? 왜 그랬다고 생각하는가?

  2 다음 전기기구들의 사용 전압을 알아본다.
    - 전기다리미, 헤어드라이기, 전등, 라디오 등
    - 위에서 나열된 다양한 기구들은 왜 서로 다른 전압을 이용한다고 생각되는가?

  3 기본 학습
    ① 전압, 전류, 저항간의 관계(옴의 법칙)를 설명한다.
    ② 전력의 개념을 설명한다.

  4 문제 제기: 가정에서 220V를 사용하는 이유에 대해 학생들에게 질문한 후 자료 제시와 함께 위에서 학습한 내용과 연결시킨다.
    - 요즘 많은 가정에서 110V를 220V로 바꾸는 이유가 뭘까?
    - 220V가 더 위험하지는 않을까?

  5 조별 활동: 안전한 전기 사용에 관한 광고지 만들기
    - 안전한 전기의 사용을 위해서는 어떻게 해야 할까? 간단한 읽기 자료를 제시한다.
    - 조원들이 나누어 준 학습지에 내용을 담으면서 오늘 학습한 내용을 정리한다.

[그림 4.26] SATIS 프로그램 (단원 1007+1008)

[연구 설계]
단원명: ┌─106+107─┐ 디자인 놀이 – 에너지 효율성이 높은 집의 구상

- 내용: 이 단원에서는 현재 가정에서 사용하고 있는 에너지의 종류 및 용도 등에 대한 조사활동을 해 보고, 여러 가지 읽기자료(대체에너지)를 바탕으로 학생들이 직접 에너지의 효율적인 이용 방안을 모색해본다.

- 시간: 2시간

- 관련단원: 중학교 과학 : 에너지의 종류와 보존

- 준비물: 학습지(과제물), 보고서, 읽기자료

- 과정:

  1 전 시간에 과제물을 제시한다. – 학생들이 가정에서 소비하는 에너지의 종류와 양, 가격, 용도를 가족과 함께 협의하여 적어오게 한다.

  2 여러 가지 대체에너지 소개 – 태양, 지열, 조력, 풍력, 파력에너지 등

  3 조별활동: 누구의 집이 에너지 효율이 가장 높을까?
  ① 에너지의 효율적인 이용 방안에 대한 가설설정
  ② 가정에서의 에너지 소비현황을 조별로 모아 토의한다.
  ③ 경제적인 면도 고려한 해결책을 모색한다.
  ④ 주어진 금액 내에서 가장 효율적인 집을 조별로 설계하여 보고서에 그려 제출한다.

[그림 4.27] SATIS 프로그램 (단원 106+107)

[사례연구]
단원명: 705 놀이동산에서의 물리학

- 내용: 이 단원에서는 역학적 에너지 보존의 원리와 학생들의 흥미를 유발하는 놀이기구를 서로 연결 지어본다. 학생들의 경험을 수업에 적극 반영할 수 있는 사례 연구 활동으로 적합하다.

- 시간: 1시간

- 관련단원: 중학교 과학의 역학적 에너지 보존

- 준비물: VTR, 읽기 자료, 학습지

- 과정:

  1 동기유발
    ① 요즘 많이 유행하는 번지점프로 이야기를 시작한다.
    ② 번지점프 하는 장면을 잠시 보여준다.

  2 개념의 확인
    ① 번지점프에 관한 간단한 읽기 자료(번지점프의 유래, 방법, 신기록 등)를 제시해 준다.
    ② 번지점프 자료를 이용하여 퍼텐셜에너지와 운동에너지에 대해 간단히 복습한다.

  3 조별활동 – 놀이동산에 갔던 경험 되살리기 (사례연구)
    ① 놀이동산의 놀이기구가 그려져 있는 학습지를 제시한다.
    ② 몇 가지를 골라 역학적 에너지 보존을 설명해 보도록 한다.
    ③ 간단히 적어 제출한다.

  4 교사는 학생들이 제출한 내용을 정리한다.

[그림 4.28] SATIS 프로그램 (단원 705)

[문제 해결 및 의사결정]
단원명: 807 방사선 – 당신은 얼마나 쬐고 있는가?

- 내용: 이 단원에서는 학생들이 직접 신문 등에서 방사선에 관한 자료를 수집하고 수집된 자료를 정리하여 이를 바탕으로 관련된 문제를 해결하는 활동을 한다. 다양한 각도에서 문제를 제시할 수 있으므로 문제 해결 활동을 할 수 있다.

- 시간: 2시간

- 관련단원: 고등학교 물리의 현대물리, 원자핵

- 준비물: 신문, 학습지

- 과정:

  1 전 시간에 학생들에게 방사선에 관한 기사를 신문이나 잡지에서 찾아오도록 한다.

  2 문제를 제시한다.
     ① 방사선은 어디에서 나오는가?
     ② 어떻게 우리는 방사선을 측정할 수 있을까?
     ③ 우리는 얼마나 많이 방사선에 노출되어 있는가?
     ④ 방사선을 이용하는 경우는?
     ⑤ 방사선의 피해 사례를 조사해보자 등

  3 조별로 문제의 답을 내기 위하여 스크랩한 기사를 이용한다. 관련 기사가 없을 때에는 있는 자료를 가지고 추론해 보도록 유도한다.

  4 조별로 결과를 발표한다.

  5 방사선에 관한 학습을 간단히 정리한다.

[그림 4.29] SATIS 프로그램 (단원 807)

활동
1. SATIS 프로그램 예들이 피엘과 하이크만, 그리고 예거가 제시한 STS 주제 선정 시 고려할 사항들에 적절한지 점검하여라.
2. SATIS 프로그램에 필요한 추가 자료들을 보완하여라. 예를 들면, [단원 807] 프로그램에서 '방사선의 피해 사례' 자료를 찾아보기를 추가할 수도 있다.
3. 추가된 자료들을 이용하여 SATIS 프로그램을 실제로 수행해 보아라.
4. SATIS 교육 프로그램을 우리 교육과정에 어떻게 적용할 수 있는지 SATIS 프로그램을 이용한 간단한 수업 계획을 설계하여라.

4.5 STEM/STEAM 교육

STS 교육은 과학과 기술, 과학과 사회와의 관련성을 강조함으로써 학생들로 하여금 과학을 왜 공부하는가? 과학의 유용성은 무엇인가를 깨닫게 하는 데 목적이 있다고 한다면, STEM 교육은 과학과 기술뿐만 아니라 과학에 공학적 아이디어와 수학적 방법을 접목시킴으로써 창의적 역량 계발과 일상생활에서의 문제해결력 신장을 목적으로 개발되었다. STEAM 교육은 STEM에 예술 또는 인문학 영역까지 통합시키려고 하는 노력이다.

4.5.1 STEM 교육과정과 학습 지도

STEM 교육이란 과학-기술-공학-수학 교육을 말한다. STEM이란 1990년대 미국 NSF(National Science Foundation)에서 과학, 기술, 공학, 수학의 약칭으로 사용되었던 용어로 처음에는 STEM이 이공계 교육의 전반을 지칭하는 용어로 사용되었지만 현재는 이들 영역의 통합이 강조되는 의미로 주로 사용되고 있다(Bybee, 2010). 즉, 국제적으로 주목받고 있는 STEM 교육의 핵심에는 융합의 철학이 있다. 미국 STEM 교육의 선구자인 샌더스(Sanders, 2009)는 STEM 교육이 가지고 있는 통합적인 성격(Integrative characteristics)에 관심을 가지고 그 가치를 다음과 같이 말하였다.

"학교교육에서 융합의 가치는 철저하게 학생 중심적인 교육관에서 출발하며 학생들의 학습에 있어서 학습동기, 학업성취, 학습태도 등의 향상에 초점을 두고 조명될 수 있다."

다시 말해, STEM 교육은 과학과 수학을 기술 및 공학과 관련지어 통합된 형식으로 가르치는 것을 말한다(Bybee, 2010).

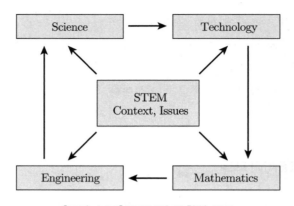

[그림 4.30] STEM의 통합적 구조
(Advancing STEM Education: A 2010 Vision (Bybee, 2010))

그렇다면 왜 많은 국가의 교육 전문가들이 과학, 기술, 공학, 수학 영역의 융합에 관심을 갖는 것일까? 이는 과학, 기술, 공학, 수학 영역의 성과가 그 나라의 국가경쟁력과 관련이 깊기 때문이다. 21세기 지식기반 정보사회에서는 우수한 인재의 양성에 더 관심을 가져야 하고 이러한 인재들은 산업의 원동력이자 자산이며, 특히 오늘날에는 첨단 과학기술에 대한 지식뿐 아니라 실천력, 문제해결력, 의사결정능력 등과 같은 다양하고 통합적인 능력이 요구되기 때문이다.

과학 교육자들과 수학 교육자들은 융합의 가치를 그들 학문에 대한 학생들의 학습태도, 학습동기, 학업성취도의 향상에 두고 있으며(Kwon and Lee, 2008), 이는 수업방법과 교육과정의 혁신으로 이어지고 있다. 물리교육 측면에서 볼 때 STEM 교육을 활용하면 단순히 물리 실험과 실험에 대한 해석으로 그치지 않고, 그 결과를 공학적 디자인과 기술로 연결할 수 있어서 훨씬 흥미있게 물리학을 학습할 수 있다. 예를 들면, 패러데이 법칙 실험 후에 그 원리를 이용하여 손전등 장난감을 설계하고 만들어 보기 등을 할 수 있다.

정리 1. STEM 교육은 과학과 수학을 기술 및 공학과 관련지어 통합된 형식으로 가르치는 것을 말한다.

몇 개 국가의 STEM 교육에 대해 살펴보면 다음과 같다.

4.5.2 미국의 STEM 교육

① 미국 STEM 교육의 배경

2006년 2월 미국은 창의적 과학기술인재양성의 현실과 문제점에 대처하기 위해 '미국 경쟁력 강화 대책'의 국정과제를 발표하였으며, 이 국정과제는 첨단 과학기술 기반 국가 경쟁력을 확보하기 위해 2007년부터 과학·수학 교육에 대한 획기적 투자를 통해 과학기술 기반 경제적 성장 동력을 높이는 데 중점을 두었다. 또한 미국은 과학기술기반 경쟁력의 주도권을 다른 국가에게 양보하지 않기 위해서 초·중등 STEM 교육의 강화를 중점 대책으로 결정하였다.

이러한 정책 변화의 시작은 미국이 가지고 있던 교육과 산업구조의 문제점을 인식하고 위기에 대처하려는 노력에서 비롯되었다고 볼 수 있다. 미국 학생들의 수학과 과학성취도는 세계적으로 중하위권 수준으로[35] 학년이 올라갈수록 하락하는 현상이 심각한 문제점으로 지적되었으며, 이에 미국의 국가과학위원회(National Science Board; NSB)에서 과학기술 관련 전문가 24명으로 구성된 태스크포스 팀을 결성하였고, 2007년 10월 STEM 교육에 대한 정책적인 행동 계획을 제시하였다.

한편, 미국 이공계열 학생들의 등록률과 전공 선택비율이 점점 줄어들고 있는 현실과 주요 첨단기술 개발 산업의 핵심에 미국인보다 아시아계열의 학생들이 중추적인 역할을 하고 있다는 사실에 위기를 느낀 미국은 STEM 분야의 인재 양성에 대한 적극적인 지원과 관심을 호소하기 시작했다. 이상과 같은 상황 등을 고려할 때 STEM 교육에 대한 미국의 적극적인 움직임의 목표는 산업과 교육에서 요구되는 STEM 인력자원의 부족을 채우기 위함이라 볼 수 있다.

이러한 배경으로 미국에서 STEM 교육이 필요한 이유와 목적은 다음의 두 가지로 압축될 수 있다(NRC, 2011a).

첫째, STEM 교육의 궁극적 목표는 미국에서 더 많은 일자리를 창출하고 전문 인력을 양성하는 것이다(ITEA, 2009). 현대 산업은 창의적이고 혁신적인 아이템들을 생산해

---

35) 2010년 보고에 의하면 미국 학생들은 PISA 검사에서 OECD 국가 29개국 중에서 과학에서는 17위, 수학에서는 26위로 하위 수준에 머무르고 있다(OECD, 2010).

내는 복잡한 지식과 기술을 요구한다. 게다가 개인과 사회의 의사 결정은 종종 STEM 영역에 대한 종합적인 이해를 요한다. 어릴 때부터 STEM 교육을 받는 학생들은 문제 해결력, 비판적 태도, 창의적이고 분석적인 능력, 학교 교육과정을 실생활에 연결시키는 능력을 발달시킬 수 있다(National Science Board, 2007). 이러한 기술과 능력은 21세기에 빠르게 변화하는 세상에 학생들이 적응하기 위해 필요한 것들이다.

둘째, 경제와 교육에서의 국제 경쟁력을 유지하기 위함이다. STEM은 미국 경제의 기본적 힘으로 여겨진다. 충분한 STEM 인력이 없이는 미국 경제는 서 있을 수 있는 발판이 약해지는 것이다. 몇몇 보고서는 미국이 세계 경제에서 리더십을 유지하고 국내 경제에서 계속적인 진보를 유지하기 위해서는 STEM 교육이 필요하다는 것을 강조했다. 미국 경제를 튼튼히 하기 위해서는 STEM 교육은 유치원에서부터 전 과정에서 수행되어야 한다고 주장한다(Brophy et al., 2008; Congressional Reseach Service, 2006; National Science Board, 2007).

② 미국 STEM 교육 지원과 정책

미국 정부에서 효과적 STEM 교육 개혁을 위하여 필수 요소로 제시 및 권고하고 있는 내용을 요약하면 다음과 같다.

첫째, 동기화된 대중, 학생, 학부모: 미국 STEM 교육에 다시 활기를 불어넣으려면 국가적인 지도력을 발휘해야 한다. 모든 학생을 위한 STEM 교육을 강화하려면 이에 대한 대중의 인식이 있어야 하고, 특히 부모가 그 중요성을 알아야 한다. 모든 학생이 질 높은 STEM 교육을 받으려면 부모, 정부, 기업과 산업분야, 민간과 공공 재단, 대중적인 인물, 과학자와 공학자, 언론, 투자자 모두 이의 필요성에 관심을 갖고 지역의 특색에 맞는 전략을 개발한다.

둘째, 분명한 교육 목적과 평가: 미국 교육제도는 학군에 따라 교육 내용이 다양한 것이 특징이었다. 그러나 이로 인한 일관성의 결여는 지역에 따라 불평등을 만들었고 전학을 다니는 학생에게는 불리한 요인이었다. 정부는 모든 학생이 반드시 알아야 할 핵심 개념과 기술을 조율하고 학생의 개인차에 대한 대응방법도 개발한다. 연방 정부는 STEM 학습의 향상을 평가할 방법을 개발하고, 비판적인 사고, 의사소통, 문제해결 능력을 키우도록 북돋운다.

셋째, 수준 높은 교사와 지원체제: 헌신적이며 수준 높은 모범 교사를 보유하려면 다른

STEM 분야의 종사자들과 유사한 급여를 지급한다. 발전된 첨단 기술은 교실에서의 경험을 확대할 수 있는 많은 도구를 제공한다. 이런 기술이 교육에 이용될 수 있는 최상의 방법을 연구한다. 활동적이며 은퇴한 STEM 전문가들로 구성된 '과학 군단(Science Corps)'을 설립해 교사를 지원한다. 여름학교와 방과 후 학교 프로그램에 이들을 활용한다. STEM 교육 자료에 대한 인터넷 접근자원과 이용방법을 개발하여 활용한다. 효과적이라고 인정을 받은 다른 국가의 자료와 방법을 활용한다. 인지과학과 STEM 교육 분야의 연구 결과를 모아 교육자와 정책개발자들에게 정보를 제공할 수 있는 인터넷 자료를 개발한다.

넷째, 과학의 조기 교육 실행: STEM에 일찍 노출될수록 아이들은 나중에 이것에 더 잘 익숙해진다. 초등학교의 STEM 교육의 범위와 질을 개선한다. 이런 목표를 이루도록 부모와 교육 공동체를 자극한다.

다섯째, 소통, 조율, 협력: 협력은 K-12 학교 제도와 대학, 비공식적인 과학 교육 단체, 기업 사이의 상호작용을 촉진하여 21세기에 필요한 STEM 능력을 발전시킬 수 있다. 연방 정부는 STEM 교육 연구를 강화하고 확대해서 성공적인 STEM 교육 활동을 주정부와 지방의 교육기관으로 확산한다.

③ 미래를 위한 K-12 STEM 교육의 준비

2010년에 미국 대통령과학기술자문위원회(PCAST, 2010)는 미래를 위한 K-12 STEM 교육에 대한 보고서를 발표하였다[36]. 이 보고서에는 성공적인 과학, 기술, 공학 및 수학 (STEM) 교육을 위한 국가적 목표와 필요한 전략을 제시하고 있다. 여기에서는 STEM 교육과 관련한 표준과 평가, 교사, 기술, 학생 및 학교에 대해 다음과 같이 논의하고 있다.

첫째, 표준: 수학 및 과학의 공동 표준을 위한 현재 각 주들의 활동을 지원한다. 이를 통해, 공동 표준에 부합하는 엄격한 고품질의 전문적 개발과, 이 표준에 부합하는 개발, 평가, 관리 및 평가의 지속적인 개선을 추구한다.

둘째, 교사: 향후 10년간 우수한 STEM 교사들을 채용하고 교육한다. 또한, STEM 수석 교사단(master teachers corps)을 만들어, 미국의 STEM 교사들 중 상위 5%를 선정하여 보상한다. 우수한 STEM 교사들을 유치하고 유지하기 위해서는 우수성을 인정하고 보상해

---

36) PCAST: President's Council of Advisors on Science and Technology. 과학기술정책실(OSTP)에서 운영하는 과학기술분야의 대통령자문위원회. Prepare and Inspire: K-12 Education in Science, Technology, Engineering and Math (STEM) for America' Future

야 한다.

셋째, 교육 프로젝트 실천기관: 교육을 위한 첨단 연구 프로젝트 기관을 설립하여, 혁신을 촉진하는 기술을 사용한다. 이 기관은 다음 활동을 추진하고 지원해야 한다. (1) 모든 과목과 연령대의 학습, 교육, 평가를 위한 혁신적 기술 및 기술 플랫폼의 개발, (2) STEM 교육을 위한 효과적이고 통합적인 전체 과정 자료의 개발.

넷째, 학생: 방과 후의 개별 또는 그룹 활동을 통해, 학생들이 STEM 과목에 대해 흥미를 가질 수 있도록 동기부여를 위한 기회를 제공한다.

다섯째, 학교: 향후 10년에 걸쳐, STEM 위주로 교육하는 1,000개 학교를 신설한다.

여섯째, 리더십: 강력하고 전략적인 국가 리더십을 확보한다. K-12 STEM 교육의 혁신을 지원하기 위해서는, 리더십의 강화와 일관된 전략 및 조정의 개선이 필수적이다.

④ STEM 중점 학교(STEM-Concentrated Schools)의 운영

총 90개의 STEM 중점 학교 가운데 좋은 예가 될 수 있는 학교를 소개하면 다음과 같다(NRC, 2011).

- Thomas Jefferson High School of Science and Technology, a stand-alone school in Virginia: 호기심과 즐거움을 자극하기 위해 수·과학에 재능 있는 학생들에게 수학, 과학, 기술에 초점을 맞춘 도전적인 학습 환경을 제공하고, 윤리적 행동에 따라 혁신의 문화의 공유 이익을 육성하는 학교로 동기부여와 창의성 신장에 교육 초점을 둔다 (http://www.tjhsst.edu/academics/summer-learning-programs).

- North Carolina School of Science and Mathematics, a residential school for grades 11-12: 입학 기준은 학생의 과학과 수학에 관심, 표준 학업 점수, 학업 성적, 에세이, 특별한 재능을 통해 선발하게 된다(http://www.ncssm.edu/residential-progrma/academics).

- Illinois Mathematics and Science Academy, a residential high school: 수학과 과학 분야에 재능을 보이는 영재를 선발하는 학교이다. 학생들의 수학, 과학 능력은 물론이고 사회과학과 인문학에 대한 능력을 개발하여 혁신적이고 창의적으로 사고하는 인재로 육성한다. 한 학년 동안 이수해야 하는 총 16학점 중 수학과 과학은 합쳐서

8학점, 그 외에 영어, 사회, 외국어, 예술, 체육, 개인 재량 활동 등이 나머지 8학점을 차지하는 교육과정이 눈길을 끈다. 연간 80시간의 지역봉사활동과 매주 3시간 이상의 학교봉사활동이 필수라는 점에서 이 학교의 교육적 목표가 창의적으로 소통하는 인재를 양성하는 데 있음을 알 수 있다. 교원에는 시인, 작가, 음악인이 포함되어 있다 (https://www3.imsa.edu/).

- Brooklyn Technical High School, a stand-alone school: 엔지니어링, 과학 및 컴퓨터 공학 분야에 집중된 과학-기술 고등학교이다. 9-10학년 학생들은 주요 교과목을 수강하고, 완전한 장비를 갖춘 실험실, 컴퓨터 센터, 목공 실습실 및 이론 수업을 통해 실습과 함께 엔지니어링, 과학 및 컴퓨터 분야에 대한 학습을 깊게 들어간다. 또한 선택된 우수 지원자들은 본교의 예비의과대학 프로그램인 Gateway to Medicine 에 등록할 수 있다. 11-12학년 학생들은 우주항공 엔지니어링, 건축, 생물학, 생명공학, 화학, 토목 공학, 컴퓨터 공학, 전기기계 엔지니어링(응용 물리학), 환경 과학, 산업 디자인, 국제 미술 및 과학(AP International Diploma), 법률 및 형법, 수학, 미디어 및 그래픽 아트, 사회 과학을 선택 전공하게 된다(http://www.bths.edu).

⑤ 미국의 STEM 교육 프로그램 동향

STEM 교육은 미국의 학교 현장에서 다양한 경로를 통해 시행되고 있다. 우선 대학이나 연구소를 중심으로 국가의 지원을 받아 STEM 교육 교재와 프로그램을 활발히 개발하고 있다. 대표적인 예는 미국 기술 공학 교육자 학회가 NASA와 미국 과학 재단의 지원을 받아 개발한 'Learning by Design'이다. 이 프로그램은 과학, 기술, 공학, 수학교육가 등 다양한 영역의 전문가들이 참여하여, 초·중등의 학교급에 따라 학년별로 과학, 수학, 기술 교육 기준을 적용하여 개발하였다. 'Learning by Design'은 STEM 교과 영역이 단순하게 통합된 것이 아니라, 문제 해결 과정을 중심으로 한 실제적인 문제 상황 중심의 과학, 수학 적용 프로그램으로 문제 해결 과정에 공학적 설계와 기술 내용 요소가 포함되어 있다. 다른 예로는 미국의 캘리포니아를 포함한 8개 주에서 소외 계층과 여학생을 대상으로 실시하고 있는 MESA(Mathematics, Engineering, Science, Achievement) 프로그램이 있다. 이 프로그램은 인근 대학의 STEM 분야 전문가와 연계하여 과학, 수학, 공학 분야의 진로 교육에 초점을 두고 있다. 프로그램은 방과 후에 실시하고 과학과 수학의 지식과 원리를 적용하여 실제 산출물을 만들어 보는 교육 활동들을 제공하고 있으며 공학 설계를 적용한 대회도 실시한다.

미국 교육당국에서는 STEM 교육을 위해 포털사이트(http://www.ed.gov/stem)를 운영하고 있는데 이 사이트에는 방대한 양의 교육 자료가 학년별로 분류돼 교사, 학생, 일반인 등에게 공개되고 있다. 여기에는 강의계획서(lesson plans), 교육과정(curricula), 교재(class room activities), 과제 도움자료(homework help)와 전문가 개발정보(Professional development information) 등이 포함되어 있다.

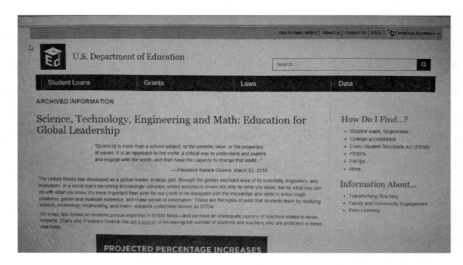

[그림 4.31] 미국에서 운영되고 있는 STEM 교육을 위한 홈페이지

4.5.3 영국의 STEM 교육

① 영국 STEM 교육의 배경

영국은 2004년 발표된 '과학과 혁신을 위한 기본 틀 2004-2014'[37]을 통해 영국이 세계 수준의 선도자 역할을 수행하기 위해서는 STEM 교육 정책이 필요함을 표명하였다. STEM 교육 정책의 배경은 대학에서 STEM 영역의 전공자 감소에 대한 우려에서 비롯되었다. 기존 STEM 교육정책은 여성, 소수민족 등의 소외계층들을 STEM 영역으로 효과적으로 유인하지 못하며, 따라서 기존의 STEM 정책에 대한 재평가의 필요성이 제기되었다. 이에

---

37) Department for Education and Skills (2004). Science & Innovation Investment Framework 2004-2014.

STEM 교육정책은 다음 5개 영역에 있어서 단계적 변화를 촉구해야 할 필요성을 제기하였다.

- 과학 영역 초·중등학교 및 대학교육 교원의 질
- 과학 영역 고등학교 졸업자격(GCSE)의 질적 향상 및 양적 증가
- 대학교육에서 과학, 공학, 기술을 전공으로 선택하는 학생 수 확대
- 연구개발 직종을 추구하는 우수학생들의 비율확보
- 대학 교육에서 과학, 공학, 기술을 전공하는 소외계층의 비율 확보

영국 교육과학부(DfES)의 STEM 정책에 대한 목적은 첫째, 우수한 인재들을 STEM 영역으로 유입하는 것이며, 둘째, 대중의 STEM 소양을 증진하는 데 두고 있다. 이를 위한 교육정책의 기본 방향은 학습자와 학습을 제공하는 학교, 대학, 직장 등에 가장 강력한 영향을 주는 방향에 중점을 두며, 핵심 자료를 효과적으로 전달할 수 있는 교육 네트워크를 통해 구현하고자 하였다. 이를 위한 원칙은 다음과 같다.

첫째, STEM 교육은 모든 학습자의 학습을 지원하여야 한다.

둘째, 보다 효율적으로 교육성과를 얻기 위해서 교사 전문성 계발 및 전문가들 간의 협력을 강화한다.

⋯ 활동 1. 미국의 STEM 교육 배경과 비교하여 볼 때 영국의 STEM 교육 배경은 어떤 점이 다른지 분석하여 보아라.

② 영국 STEM 교육 정책과 지원

과학과 혁신을 위한 기본 틀 2004-2014

영국은 "과학과 혁신에 대한 틀 2004-2014"를 수립하고 학생역량을 키워나가고 있다. 과학 교사의 질, 과학에서 좋은 성적을 거두는 학생 수, 고등교육에서 과학·공학·기술·수학 선택 학생 수 등을 중점 관리한다. STEM 분야 인재의 안정적 공급을 위해 STEM 4개 과목을 핵심 교과로 설정하고, 4개 분야 전문가정책자문포럼(STEM Advisory forum)을 운영하고 있다.

과학과 기술을 정부투자의 최우선 순위에 지정하고, 영국을 과학 기술 분야 세계 최고의

국가로 만들기 위한 노력을 아끼지 않고 있다. 영국의 과학 기술 분야 주요 미래 성취 목표는 다음과 같다: (1) 세계 수준의 연구 역량 확보, (2) 연구의 경제적 효과에 대한 관심 집중, (3) 산업 분야의 R&D 투자비율 확대 및 R&D 분야 연구학생의 비율 높이기, (4) 더 많은 과학자, 공학자, 기술자 배출, (5) 과학 교사, 교수의 질 높이기, (6) GCSE 수준의 과학 선택 학생 증가, (7) 고등교육에서 SET(Science, Engineering, Technology) 분야 선택학생 수 증가, (8) 과학 연구와 혁신에 대한 범사회적인 인식과 자신감 높이기.

영국은 위의 목표 성취를 위한 구체적인 노력으로, 모든 개별학생의 요구를 충족시킬 수 있고 교사들이 창의적이고 혁신적인 교수방법 활용과 학습 자료를 사용할 수 있게 하는 탄력적인 교육과정이 필요함을 강조하고, 이미 Applied Science GCSE 및 GCSE Science 등을 통하여 이러한 요구를 반영하고 있으며, SETNET(the Science, Engineering, Technology and Maths Network)과 SEAs(Science and Engineering Ambassadors)를 운영하고 있다.

영국 과학혁신정책 우선과제 2010-2015

영국은 당면한 과학교육 문제의 실마리를 제공하기 위하여 과학혁신정책 우선과제 (2010-2015)를 발표하였다(The Science Council, 2010). 과학과 혁신에 대한 지속적인 투자가 유지되어야 하며, 동시에 연구를 활용한 사회에 유익한 결과물을 달성에 중점을 두고 있다. 모든 부분의 STEM(과학, 기술, 공학, 수학) 교육과 기술에 대한 투자를 통해 고부가가치 경제와 영국의 경쟁력 강화에 중요한 고급인력 양성을 목적으로 노력하고 있다.

과학 및 과학의 활용은 지속가능한 경제 실현에 핵심적 역할을 수행하며, 사회평등을 증진시킨다. 게다가 과학은 우리가 살고 있는 복잡한 세상을 이해하도록 도와주고 오늘날 당면하고 있는 문제에 대한 해결책을 찾는 데 있어 중요한 역할을 담당하고 있다. 따라서 실생활과 접목한 과학 활용을 통해 지속가능한 경제 성장 및 사회평등 개선이 가능하며, 과학에 대한 이해와 지식은 인구증가로 인한 자원부족, 개도국의 조기 사망, 선진국의 노령화 문제, 지속가능한 저탄소경제 개발 필요성 등의 문제 해결에 기여할 것임을 밝히고 있다.

영국의 21세기 중등 과학 및 수학 교육의 방향

영국은 최근 과학 및 학습 전문가 자문그룹을 설립하였다. 이 전문가 그룹은 대학에서 과학, 기술, 공학 및 수학(STEM) 학과에 역량을 발휘할 학생들을 육성하고 이들이 성공할 수 있는 최상의 기회를 제공하기 위한 방법을 구체적으로 조사하였다[38].

1990년대와 2000년대 초반에 과학 및 수학 과목의 인기와 성과가 하락했던 시기 이후, 최근 몇 년간 이러한 하락 경향을 바꾸고 과학 및 수학 교육의 보급과 성과를 촉진하는 많은 진전이 있었다. 과학계와 교육계, 정부, 개인 등이 자원과 전문기술을 제공하며 지속적인 노력을 기울였다. 학교에서 과학과 수학 과목을 선택하는 학생들의 수가 다시 증가하고 있으며, 영국은 PISA(국제 학업성취도 평가)나 TIMMS(국제 수학 및 과학 학업성취도 비교연구)와 같은 과학 및 수학 교육의 국제적 연구에서 비교적 좋은 성과를 거두고 있다.

③ 영국의 STEM 교육을 위한 주요 기관[39]

Science Community Representing Education(SCORE)

SCORE는 과학 교육, 생명과학연합, 생물/물리 대학, 왕립학회, 영국화학연구소, 과학협회의 연합으로 이루어진 단체이다. SCORE는 교육 정책과 사업의 개발 및 구현을 지원하기 위한 독립적인 조직으로, 영국의 학교와 대학의 과학교육을 개선시키는 것을 목표로 하고 있다(http://www.score-education.org).

National STEM Centre

국립 STEM 센터는 국립 과학 학습 센터(NSLC; National Science Learning Centre)와 York에 설립되어 운영되고 있다. 국립 STEM 센터는 정부의 STEM 정책의 범국가적인 조직과 확산을 위하여 기존 과학 교사의 사용 이외에 수학, 기술, 공학 교사 및 교수에 의한 현지 시설의 사용을 촉진시키고 있다(http://www.nationalstemcentre.org.uk).

방과 후 과학/공학 클럽

방과 후 과학과 공학 클럽(동호회)의 수를 늘이기 위한 정부 목표를 지원한다. 과학/공학 클럽의 국가적 시행을 돕기 위하여 250개의 시범 클럽을 통해 모범 사례를 소개하는

---

38) Department for Business, Innovation and Skills(BIS) (2010), Science and Mathematics Secondary Education for the 21st Century
39) http://www.gtep.co.uk

STEMNET을 형성하였다. STEMNET을 통한 아이디어 공유를 권장하고, 클럽지도자 워크숍 등을 통해 타 학교와의 정보를 교류하도록 지원한다(http://www.stemnet.org.uk).

[그림 4.32] National STEM Center Web site. (http://www.nationalstemcentre.org.uk/)

[그림 4.33] STEMNET Web site. (http://www.stemnet.org.uk)

활동 1. 미국과 영국의 STEM 정책을 비교하여 유사한 점과 다른 점을 찾아보아라. 이들 정책을 볼 때 우리나라 STEM 정책이 어떠해야 할지 토론해 보아라.

4.5.4 우리나라의 STEAM 교육

STEAM은 Science, Technology, Engineering, Arts, & Mathematics의 약칭으로 과학, 기술, 공학, 예술, 수학 등 교과간의 통합적 교육 접근 방식을 말한다. STEAM은 기존에 미국 등을 중심으로 이루어지고 있는 STEM 교육에 Arts를 넣어 과학수업에 예술적 교육기법을 접목하고자 하는 융합적 교육 방안으로 학생들의 과학기술에 대한 이해·흥미·잠재력을 제고하고 융합적사고와 창의성을 신장하는 것이 그 목적이다.

백윤수 등(2011)은 기술공학적 관점에서 STEAM 교육을 다음과 같이 정의하였다. 창의적 설계(Creative Design)와 감성적 체험(Emotional Touch)을 통해 과학기술과 관련된 다양한 분야의 융합적 지식, 과정, 본성에 대한 흥미와 이해를 높여 창의적이고 종합적으로 문제를 해결할 수 있는 융합적 소양(STEAM Literacy)을 갖춘 인재를 양성하는 교육, 그리고 융합인재교육이 추구하는 핵심 역량을 '창의(Creativity)', '소통(Communication)', '내용 융합(Convergence)', '배려(Caring)'로 제안하였다. 이들에 대해 좀 더 상세히 설명하면 다음과 같다.

① 창의적 설계(Creative Design)

창의적 설계(Creative Design)는 학습자들이 주어진 상황에서 지식, 제품, 작품 등과 같은 산출물을 구성하기 위하여 창의성, 효율성, 경제성, 심미성 등을 발현하여 최적의 방안을 찾아 문제를 해결하는 종합적인 과정이다. 창의적 설계는 설계의 개방적 본성(the open-ended nature of design)과 협력적 본성(the collaborative nature of design)을 바탕으로 학생들의 창의적 활동과 협동 활동을 강조한다(Mehalik, Doppelt, & Schuun, 2008; Sanders, 2009). 창의적 설계 과정은 학습자가 개인의 삶에서 필요와 가치를 찾고, 학습자 스스로의 문제로 받아들여 '설계 작업'을 수락하는 것으로부터 출발하며, 학습 활동과 구체적이며 실질적인 관계 설정을 통하여 자기주도적 학습이 이루어진다(Apedoe et al., 2008).

수학적 문제해결 과정(Polya, 1957/1986; Schoenfeld, 1982), 과학의 과정 중심 모형(백윤수 외, 2011), 공학의 설계 과정 중심 모형(백윤수 외, 2011; Fortus et al., 2005), 과학과 공학을 접목시킨 모형들(Apedoe et al., 2008; National Research Council, 2011a, 2011b)을 분석해 보면 창의적 설계 과정은 다음과 같이 설명될 수 있다.

창의적 설계(Creative Design)란 학생이 어떤 상황에서 창의성, 효율성, 경제성, 심미성 등을 발현하여 최적의 방안을 찾아 지식(knowledge), 제품(products), 작품(Artworks)을 산출하기 위해 필요한 아이디어를 제시하는 것이다. 설계(design)라는 용어의 사전적 의미는 '지시하다·표현하다·성취하다'의 뜻을 가지고 있는 라틴어의 데시그나레(designare)에서 유래하였다. 설계는 주어진 어떤 목적을 달성하기 위하여 여러 조형요소 가운데서 의도적으로 선택하여 그것을 합리적으로 구성하여 유기적인 통일을 얻기위한 창조활동이며, 그 결과의 실체가 곧 설계 결과물이다. 설계는 관념적인 것이 아니고실체이기 때문에 어떠한 종류의 설계이든지 실체의 산출을 떠나서 생각할 수 없다.

활동 1. 창의적 설계와 실천을 통해서 산출되는 실체에는 지식, 제품, 작품 등을 생각해볼 수 있다. 각각에 대한 산출 과정을 조사하여 발표해 보자. 예를 들면 다음은지식 산출 과정으로 제시된 한 가지 모형이다.

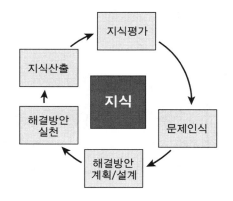

이에 대해 평가해 보고 제품과 작품 산출 과정에 대해서 조사하고 비평해 보아라.

② 감성적 체험(Emotional Touch)

감성적 체험(Emotional Touch)은 학습자가 학습에 대한 흥미, 자신감, 지적 만족감,성취감 등을 느껴 학습에 대한 동기유발, 욕구, 열정, 몰입의 의지가 생기고 개인, 타인및 공동체와의 관계, 자연과 문화 등의 의미를 발견하여 선순환적인 자기 주도적 학습을가능하게 하는 모든 활동과 경험을 의미한다. 이러한 감성적 체험은 STEAM 교육이 추구하는 4가지 핵심 역량 중 '배려'를 추구한다. '배려'란 나 자신뿐 아니라 타인, 공동체에대한 배려를 포함하는데 타인에 대한 배려심이 길러지기 위해서는 무엇보다 자기 자신에 대한 긍정적인 자아개념의 확립이 필요하다. 즉 자신에 대한 자기효능감이나 자아존중감이 높을수록 타인에 대한 배려가 수반될 가능성이 높기 때문이다. 따라서 감성적 체험은 학습자가 창의적 설계과정을 포함한 다양한 학습과정 속에서 경험하게 되는 흥미, 자신감, 지적 만족감, 성취감, 성공의 경험 등의 긍정적인 감정이 학습자 자신의 자기 효능감 및 자아 존중감 향상으로 연결되고 이것이 학습자 자신의 범위를 넘어선 타인 또는 공동체에 대한 배려에 도달하게 되는 과정을 추구한다고 볼 수 있다. 감성적 체험의 요소는 다음과 같이 생각해 볼 수 있다.

몰입

심리학자 칙센트미하이(Cskikszentimihalyi, 2007/2010)는 '몰입(flow)'이라는 용어를 사용하여 몰입 상태(flow state) 또는 몰입 경험(flow experience)이라는 감정 상태를 설명한다. 몰입은 주위의 모든 잡념, 방해물들을 차단하고 원하는 어느 한 곳에 자신의 모든 정신을 집중하는 것으로, 사람들은 내재적으로 동기화된 경험에서 자신이 관심을 쏟는 대상에게 완전히 몰입되고 빨려 들어가게 된다는 것이다. 이러한 감정 상태는 어떤 활동 분야에서도 경험할 수 있다. 몰입 상태에 있는 사람들은 그 순간에는 자신이 무엇을 경험하는지 의식하지 못하지만 나중에 반성적으로 자신이 완전히 무언가를 실현하고 성취했다는 것을 느끼게 되는데, 몰입의 경험을 통하여 인생의 행복과 가치관이 변할 수 있고 영원한 쾌감을 가질 수 있게 된다(황농문, 2007). 몰입은 누구에게나 필수적이다. 일을 하거나 공부를 할 때도 한 가지 일에 집중해서 좋은 성과를 낼 수 있기 때문이다.

창조 행위를 하는 사람들은 이러한 몰입의 감정 상태를 추구한다. 한 개인이 어느 분야에 몰두하여 몰입하게 되면, 한 때는 어려운 도전이라고 여겼던 일들이 성취할 만한 일, 심지어는 유쾌한 일이 된다. 몰입은 창조적인 사람들이 좌절을 겪더라도 자신의 분야에서 지속적으로 도전하고, 또한 더욱 더 어려운 도전을 하는 이유이다.

몰입의 즐거움을 살펴보면, 자기의 목적성이 있는 학생들은 집중을 더 잘하고 즐거움도 많이 느끼며 자긍심도 높고 수행하는 일이 미래의 목표 달성과 관계있다고 생각한다. 자기 목적성이 있는 학생들은 지칠 줄 모르는 정력으로 그들의 주의에 일어나는 일에 많은 관심을 가지고 눈앞의 이익만을 생각하지 않고 스스로의 동기유발로 인하여 과제에 많은 시간과 노력을 투자한다. 이런 학생들은 '나'라는 울타리를 넘어 삶 또는 학습 자체를 향유할 수 있는 정신적 여유를 가지게 된다. 몰입해서 노력하면 그에 상응하는 내적 또는 외적 보상이 따르기 때문이다. 몰입은 학습과 노력을 통하여 도달할 수 있다.

칙센트미하이(Cskikszentmihalyi)는 몰입했을 때의 느낌을 '물 흐르는 것처럼 편안한 느낌', '하늘을 날아가는 자유로운 느낌'이라고 하였다. 일단 몰입을 하면 몇 시간이 한순간처럼 짧게 느껴지는 '시간 개념의 왜곡' 현상이 일어나고, 몰입 대상과 하나가 된 듯한 일체감을 가지며 자아에 대한 의식이 사라진다. 자신이 몰입하고 있는 대상에 대해서는 단시간에 혹은 빠르게 흡수할 수 있지만, 반대로 관심이 없거나 집중도가 떨어지는 대상에 대해서는 기억조차 못할 수도 있다. 그리고 이것은 몰입의 장점인 동시에 단점이 될 수 있다.

성취의 기쁨과 실패의 가치 경험

학습 활동에 참여할 때, 학생들은 각자의 성취 목적에 의하여 동기화된다. 성취의 목적은 학습 목적(learning goal)과 수행 목적(performance goal)으로 구분된다(Dweck & Elliot, 1983). 학습 목적으로 동기화될 때에는 대부분 문제가 없지만 수행 목적으로 인하여 동기화된 학생들은 자칫하면 자신의 능력에 대한 좋은 평가를 유지하려고 하며, 다음과 같은 행동을 보일 수 있다. 첫째, 인지적 측면에서 살펴보면 수행목적으로 동기화된 학생들은 다른 사람을 능가하는 것이 목적이기 때문에, 새로운 지식이나 기술의 획득은 그를 위한 수단이 되지, 그 자체로는 목적이 되지 않는다. 따라서 학생들은 인지전략으로 반복, 암기 등의 표면적 인지전략을 사용하며 핵심 아이디어의 정교화 및 조직화 등의 심층적 인지전략을 사용하지 않는다(이은주, 2001). 둘째, 정서적 측면에서 살펴보면 자신의 능력을 과시하는 것이 목적이며, 그것을 통해 타인으로부터 인정을 받고 싶어 한다. 이때 학생들은 실패의 원인을 자신들의 능력으로 돌렸으며, 극복할 수 없는 것으로 생각하고 금방 포기함으로써 실패에 대한 부담감이 더 높으며, 좌절이나 무기력에 쉽게 빠지게 되는 것이다. 셋째, 행동적 측면에서 살펴보면 최소한의 투자를 통해 성공할수록 의미가 있다. 다른 사람보다 더 적은 노력으로 얻은 성공에 대해 긍정적인 정서를 형성하고, 적은 노력에 의한 성공이 유능성의 증거가 되는 것이다. 이러한 경향은 가능한 과제를 회피하려고 하거나, 어려운 과제보다는 쉬운 과제를 선택(Ames & Ames, 1984; Meece et al., 1988)하려고 하는 태도로 나타난다.

그러므로 학습에서 수행 목적을 강조한다면 자칫하면 최선을 다해 노력하는 것, 효율적인 학습 전략에 대한 고민을 하는 것, 실패를 가치 있는 경험으로 받아들이는 것 등의 사고에는 부정적인 영향을 줄 수 있다. 반면, 학습 목적으로 인하여 동기화된 학생들은 자신의 실력 향상을 기대하며 새로운 과제에 도전하고 싶어 한다. 학습 목적의 학생들은 인지적 측면, 정서적 측면, 행동적 측면에서 다음과 같은 일반적인 행동이 나타난다. 첫째, 인지적 측면에서 살펴보면 새로운 지식이나 기술의 획득이 목적으로 학습 활동에 대한 내재적 관심이 있다. 학습 목적의 학생들에게 있어서 성취의 결과는 자신이 최선을 다했는지의 여부에 대한 정보를 제공한다. 따라서 실패는 단순히 현재의 학습 전략이 부적절하거나 자신의 노력이 부족했음을 나타내는 것일 뿐이다. 둘째, 정서적 측면에서 살펴보면 타인과의 비교보다는 자신이 정한 기준에 따라 성공과 실패를 결정하는 성향을 보인다. 실패의 경험은 단지 자신의 노력이 부족했음을 나타내는 것이기에, 후속 학습에서 보다 많은 노력을 기울이게 되고, 궁극적으로 만족할만한 성취 경험의 기회를 갖게 된다. 셋째, 정보의 인지적 통합이나 이해의 점검 등과 같은 개념적 이해를 돕고 인지적 노력을 기울이게 하는 정보 처리 전략을 사용하는 경향이 있다. 과제 수행 시에 겪는 어려움은 일종의 도전으로 간주하고, 더욱 더 노력하고 효과적인 학습 전략을 사용하고 계속 과제에 매달린다면 성공할 수 있다고 믿는다. 그리고 실패는 실력 향상을 위한 자연스러운 과정으로 보기 때문에 실패 후에 부정적인 정서의 표현도 훨씬 적게 나타난다.

따라서 감성적 체험을 통해 학생들이 흥미, 동기, 성취의 기쁨 등을 바탕으로 새로운 문제에 도전하고자 하는 열정을 추구하는 선순환의 경험을 하도록 하기 위해서는 수업 환경 문화를 수행 목적이 아닌 학습 목적이 강조하는 문화가 형성될 수 있도록 수업을 기획하고 구성해야 한다. 성취의 체험은 자아 개념을 바꾸고 자신감으로 학습에 재도전하게 만들고, 실패의 가치 경험을 통하여, 학생들이 느끼는 자신의 능력의 한계에 대한 생각을 바꾸도록 도와주어야 하고, 노력의 필요성을 인지시켜 주어야 한다.

③ 내용 통합

내용 통합은 두 개 이상의 교과 내용이 유기적으로 통합되는 것을 의미하는 것으로 통합되는 분야와 방법에 따라 구분할 수 있다.

STEAM 교육은 [그림 4.34]와 같은 유형으로 구분할 수 있다. 예를 들면, 유형 A는 과학(S)과 기술(T)을 포함하는 모든 분야 또는 내용, 유형 B는 과학(S)과 기술(T)을 동시에 모두 포함하는 분야 또는 내용, 유형 C는 과학(S), 기술(T), 공학(E), 예술(A), 수학(M)의 모든 내용이 서로 연관되어 제시된 STEAM 분야 또는 내용으로 구분된다.

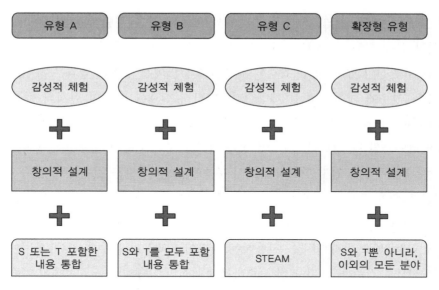

유형 A	유형 B	유형 C	확장형 유형
감성적 체험	감성적 체험	감성적 체험	감성적 체험
＋	＋	＋	＋
창의적 설계	창의적 설계	창의적 설계	창의적 설계
＋	＋	＋	＋
S 또는 T 포함한 내용 통합	S와 T를 모두 포함 내용 통합	STEAM	S와 T뿐 아니라, 이외의 모든 분야

[그림 4.34] STEAM 통합 유형(백윤수 외, 2011)

또한 보다 확대된 유형으로, 과학(S)과 기술(T)뿐 아니라, 이외의 모든 분야의 내용이 유기적으로 통합하는 확장형 유형이 있다. STEAM의 확장형 유형은 과학 또는 기술의 분야가 반드시 포함되지 않더라도, 두 개 이상의 내용이 통합되어 감성적 체험과 창의적 설계와 융합되는 것을 의미한다.

STEAM의 구성은 내용 통합과 더불어 창의적 설계 및 감성적 체험의 과정을 함께 반영해야 한다. 내용 통합은 다학문적, 간학문적, 탈학문적으로 구분할 수 있는데, 다학문적 접근은 각 학문 영역의 내용들이 나열되고, 탈학문적 접근은 각 학문 영역의 구별이 어렵기 때문에, 초·중등교육의 목표를 달성하는 데 어려움이 발생할 수 있다. 따라서 현실적인 측면을 고려할 때, 각 학문의 영역이 일부분 겹쳐지는 간학문적 접근 방식으로 초·중등교육 내용에 초점을 맞추고, 내용을 창의적 설계와 감성적 체험으로 어떻게 구현할 것인가에 대해 성찰해 볼 필요가 있다.

- 다학문적 통합(Multidisciplinary Integration)
  다학문적 통합은 5개 교과 중 하나의 교과가 기반이 되어 다른 교과를 연계시키는 모형으로 한 교과를 중심으로 적용하기에 대체로 용이한 방법이다. 특히 이 통합은 개별 교과에서 학문적 융합을 시도할 때 효과적이다. 예를 들면, S-TEAM, T-SEAM, E-STAM, A-STEM, M-STEA와 같이, 과학 기반, 수학 기반, 공학 기반 등의 통합도

가능하다.

- 간학문적 통합(Interdisciplinary Integration)

    간학문적 통합은 2개 이상의 교과를 서로 통합하는 방법이다. 각 분야에서 공통된 부분과 그렇지 않은 부분으로 구분이 될 수 있다. 이러한 간학문적 접근은 다수의 교과와 관련될 수 있어서 매우 다양한 조합의 경우의 수를 만들 수 있기에 유연하면서도 쉽게 적용할 수가 있다. 또한 이를 바탕으로 점진적으로 분야를 2개에서 그 이상으로 늘려 갈 수도 있다.

- 탈학문적 통합(Extradisciplinary Integration)

    탈학문적 통합은 교과 혹은 학문보다도 테마나 주제 중심으로 학문과 교과가 완전한 통합을 이루는 구조로서 온전한 융합 형태이다. 따라서 다수의 분야가 복합적 또는 유기적으로 연결되어 있어 각 학문 영역의 구별이 어렵고 이러한 형태의 교육을 진행할 수 있는 교사가 현재 시스템에서는 양성되기가 어려워 교육 현장에의 적용이 어려운 단점이 있다.

정리
1. STEAM의 핵심 요소로는 창의적 설계, 감성적 체험, 영역 간 내용의 통합 등이 있다.
2. 감성적 체험에 있어서는 성취의 기쁨도 중요하지만 실패의 가치를 경험하는 것도 중요하다.
3. 영역 간 내용의 통합에는 다학문적 통합, 간학문적 통합, 탈학문적 통합이 있다.

활동
1. 한국과학창의재단에서는 STEAM 교육 프로그램 개발 프로젝트 공모를 통해 많은 프로그램을 확보하여 제공하고 있다. 이 프로그램들을 조사하여 어떤 유형들이 있는지 분석해 보고 자신들의 프로그램을 개발해 보아라.

4.5.5 STEAM 교육의 도입 방안

STEAM 교육을 학교 현장에서 구현하기 위해서는 몇 가지 실제적인 문제들을 고려할 필요가 있다. 이 절에서는 이러한 점들을 구체적인 예와 함께 살펴보고자 한다.

① 공학중심/과학중심, 또는 예술 중심 STEAM

STEAM에서는 기본적으로 과학과 기술, 그리고 예술의 융합을 추구한다. 그럼에도 불구하고, 하나의 STEAM 프로그램에서 과학과 기술/공학, 예술 중에서 무엇을 특별히 강조할 필요가 있는지를 정할 필요가 있다.

예를 들면, 백남준의 '비디오 아트'는 기술과 예술을 융합한 것은 사실이지만, 궁극적으로 창의적 예술 작품을 목표로 하는 '예술 중심의 융합'이라고 볼 수 있다. 그에 반해 '자동차 디자인'의 경우에는 기술과 예술을 융합한 좋은 사례이지만, '기술 중심의 융합'으로 볼 수 있다. 이와 같이 '00 중심의 STEAM'을 생각하는 이유는 하나의 프로그램에서 과학, 수학, 기술, 예술의 모든 영역을 한 명의 학생이 동시에 구현하는 것이 실제 교육적으로 매우 어려운 일이기 때문이다. 즉 하나의 프로그램에서 모든 영역을 동등한 수준으로 융합하기보다는, 공학중심의 STEAM, 예술 중심의 STEAM, 기술 중심의 STEAM …과 같은 다양한 프로그램을 개발하고 교육하는 것이 보다 효율적이라고 할 수 있다.

공학중심의 STEAM

미국 등에서의 STEM 교육은 이공계 교육의 활성화와 이공계 진로를 격려하고 나아가 국가 기술경쟁력을 강화하기 위한 배경으로 시작되었다. 이러한 과정에서 학생들에게 흥미와 관심을 이끌지 못하고 일상적 경험과 무관해 보이는 추상적인 과학내용만 강조하기보다는, 실제적인 결과물과 실용적인 적용을 할 수 있도록 공학적 요소를 강조한 STEM 프로그램이 많아졌다. 따라서 과학교육에서 '~를 이해한다.'는 인지적인 목표를 넘어서서, 공학적 요소가 강조된 STEAM을 통해 '~을 개발/디자인/개선… 할 수 있다.'와 같은 구체적이면서 실제적인 능력의 발현을 목표로 삼고 있다.

이러한 배경에 따라 많은 STEAM 프로그램들은 공학 기술적인 요소를 강조하고 있으며, 공학 기술적 요소를 활용하고, 적용하면서, 무엇인가를 직접 제작하고 변형하고 개발하는 활동이 주가 되는 경우가 많다. 그러나 이러한 프로그램이 융합 프로그램의 전형(prototype)이라고 볼 필요는 없다. 즉 여러 가지 유형의 STEAM 활동 중 하나인, 공학 중심의 STEAM이라고 봐야 한다. 이러한 공학중심의 STEAM에서는 과학이나 수학, 예술은 공학적 문제를 해결하거나 제작/변형/개발을 위한 도구나 재료 또는 상황으로 도입된다.

과학중심의 STEAM

이공계에는 공학과 같은 응용과학뿐 아니라 기초과학 분야도 함께 존재한다. 따라서 과학중심의 STEAM도 반드시 필요하다. 예를 들면, '스마트카드' 기술은 과학에서 추상적으로 패러데이 법칙을 이해하는 데 매우 유용한 소재로 사용될 수 있다. 또 '자전거 기어 변속'이나 '(모터로 작동하는) 탱크 모형과 (모터로 작동하는) 경주용 자동차 모형의 운동비교'와 같은 기술 사례는 '일과 에너지'에서 '일의 원리'를 실제로 이해하는 데에도 매우 유용한 도구가 될 수 있다.

예술도 마찬가지이다. 음악에서 '화음'은 '소리의 진동수'를 이해하는 데 좋은 사례이고, 점묘화는 '빛의 합성'을 이해하는 데 좋은 사례이다. 최근에 Jho (2014)는 Dali 의 '기억의 지속'이라는 그림에 상대론적 시간 개념이 반영되어 있다는 분석을 하기도 하였다.

이와 같이 일상생활 속의 다양한 과학기술 사례, 음악이나 미술과 같은 예술적 소재들은 모두 과학의 추상적 개념과 원리를 이해하고 적용하는데 실제적인 도움을 줄 수 있다. 이러한 과학중심의 STEAM에서는 과학의 원리를 보다 구체적으로 이해하고, 과학적 원리를 실제상황에 적용하고 응용하는 것을 강조하기 위한 것으로, 공학기술이나 수학, 예술이 배경이나 도구, 또는 상황으로 도입된다.

[그림 4.35] Dali의 그림: '기억의 지속'

② 한 사람에 의한 융합 또는 다양한 전문가들에 의한 협업(collaboration)

STEAM을 강조할 때 종종 백남준이나 스티브 잡스와 같은 한 사람을 지칭하면서 그 한 사람이 어떻게 융합을 통해 새로운 발견과 진보를 이루게 되었는지를 강조하곤 한다. 그러나 융합은 반드시 한 사람이 모든 분야를 융합하면서 이루어지는 것만은 아니다. Park et al. (2009)이 우리나라에서 높은 수준의 연구를 수행하는 물리학자들과의 면담을 통해 어떤 동기와 연구과정을 통해 어떤 유형의 과학적 결과물을 산출하게 되었는지를 조사한 연구가 있다. 그들은, 물리학자들의 연구 과정에서 '(역할과 책임 정하기) Defining roles and responsibilities' 등이 포함되는 공동연구가 중요한 탐구과정의 하나임을 강조하였다. 다음은 공동연구와 관련된 실제 면담 예이다.

"(실험 물리학자로서) 새로운 생각이 나면, 나는 이 생각에 이론적으로 가장 잘 기여할 수 있는 사람(이론 물리학자)을 찾습니다. 그리고 조건 없이 그를 방문해서, ..."

이러한 협업(collaboration)의 과정은 연구의 초기 단계뿐 아니라, 마지막 단계에서도 나타난다. 즉 주어진 연구결과에 대해서 "전문가들과 논의하고 논쟁하기"도 주요 탐구과정으로 관찰되었다. 왓슨과 크릭의 DNA 연구에서도 협업이 중요한 역할을 하였음을 볼 수 있다. 왓슨과 크릭이 DNA 연구를 할 때, 왓슨은 1951년 봄에 윌킨슨이 찍은 DNA 사진을 보고 매우 중요한 사진임을 직감하게 되었다. 이에 곧 왓슨과 크릭은 같은 해 10월, 윌리엄 코크런이라는 X선 전문가와 함께 X선 회절무늬 해석을 위한 수학적/이론적 연구를 하게 되고, 이것이 DNA 구조를 밝히는 데 중요한 역할을 하게 된다(DNA 모형의 발견은 1953년 2월 28일임).

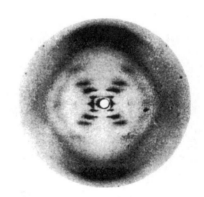

[그림 4.36] R. Franklin이 찍은 DNA의 X-선 회절무늬 사진

한 사람의 융합인을 기르기 위한 방향

이 경우에는 한 사람이 과학과 기술, 수학 및 (인문사회) 예술을 융합할 수 있는 융합적인 태도와 능력을 기르기 위한 것이므로, 한 사람이 과학, 기술, 수학 및 (인문사회) 예술, 각각의 모든 내용을 학습하고 융합할 수 있도록 하는 것을 기본 목표로 한다. 따라서 하나의 STEAM 프로그램 속에 과학과 기술, 수학 및 (인문사회) 예술 내용이 함께 이미 융합된 상태로 제시되고, 학생은 융합된 내용을 학습하고 체험/탐구하게 된다.

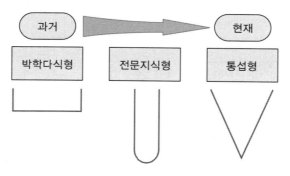

[그림 4.37] 인재형의 변화과정 (여영서, 2014)

여영서(2014)는 [그림 4.37]과 같이 인재형이 과거 '박학 다식형(넓은 쟁반형)'에서 '전문 지식형(U자형)'으로 발전하다가 이제는 '통섭형(V자형)'으로 변화했다고 하였다. 즉 V자 형 통섭형 인재상에서는 V자형의 윗부분과 같이 얕지만 넓은 지식과 경험이 필요하고, 동시에 V자형의 아랫부분과 같이 좁은 분야에 대해서는 깊은 지식과 경험을 가지고 있어야 한다는 것이다. 그는 더 나아가 [그림 4.38]과 같이 새로운 융합 인재형으로 W자형 인재형 을 제안하였다. 즉, 한 사람이 하나의 V자형과 또 다른 V자형 지식과 경험을 가지고 있으면서 2개의 V자형을 다시 'bar'로 연결 지은 사람이라는 것이다.

[그림 4.38] W자형 인재 (여영서, 2014)

최근에 강조되고 있는 융합은 이러한 관점에 기초한 경우가 많다. 이러한 STEAM 프로그 램에서는 프로그램의 목표를 [표 4.23]과 같이 구분하여 표현할 필요도 있다. 물론, 이러한 표가 반드시 필요한 것은 아니지만, 프로그램에서 추구하는 목표가 각 분야별로 골고루 포함되었는지 점검하는 데 도움을 주고, 이러한 분야별 목표를 교사와 학생이 명확하게 이해하는 데 도움을 주기 때문이다.

[표 4.23] OO 중심 STEAM의 목표와 내용

분야별 목표	내용
과학관련 목표	• 이산화탄소의 특징들을 이해한다. • 드라이아이스를 관찰하여 주요 특징을 관찰하고 기록한다.
수학관련 목표	• 변인들 간의 수학적인 관계를 나타내본다.
기술/공학 관련 목표	• 이산화탄소 제거장치를 설계(제작)한다.
예술관련 목표	• 이산화탄소 관련내용을 지구 온난화 현상과 관련지어 UCC로 만든다.

물론, 앞서 언급한 바와 같이 다양한 분야의 목표들 중에서 프로그램이 무엇을 중심으로 하는지 명시할 필요가 있다. 예를 들어, 위 사례에서 '이산화탄소 제거장치의 설계와 제작'이 주요 목표라면 위 활동은 '공학중심 STEAM'이 될 것이다. 또는 이산화탄소 제거장치는 아이디어 중심으로 간단히 설계만 하는 것으로 하고, 'UCC 제작'이 주요 목표라면 위 활동은 '예술 중심 STEAM'이 될 수 있다. 이러한 점에서 'OO 중심의 STEAM'이라고 활동지 앞에 표시하는 것도 좋은 방법이다.

다양한 세부 전문가들의 협업에 의한 융합교육 방향

이 경우에는 각 분야별로 다양한 세부 전문가들이 서로의 장점을 살려 협력하여 하나의 융합된 과제를 수행할 수 있도록 하기 위한 것이다. 이를 위해서는 먼저 학습자의 목표와 성향 및 능력에 따라, 세부 분야별로 전문적인 지식과 기능을 갖추도록 하는 것이 필요하다. 그 후에 하나의 융합된 과제를 해결하기 위해 각각의 전문 지식과 기능을 융합적으로 활용할 수 있도록 한다. 이때, 협력 방법과 집단적 활동방법, 집단 지능의 발현 등을 위한 기법과 방법을 배우는 것도 필요하다.

앞에서 여영서(2014)의 W자형 인재형에서는 W를 한 사람이 모두 가지고 있는 것으로 제안하였지만, 협업을 위한 융합을 위해서는 [그림 4.39]와 같이 변형될 수 있다.

• 왼쪽의 V는 사람 A를 나타내며, 분야 A에서의 전문적 지식과 기능을 가지고 있음을 나타낸다.
• 오른쪽의 V는 다른 사람 B를 나타내며, 분야 B에서의 전문적 지식과 기능을 가지고 있음을 나타낸다.

• 가운데 'bar'는 또 다른 사람 C를 나타내며, 사람 A와 사람 B의 협업을 위한 조정 (coordinate)역할을 한다. 이때 상황에 따라 'bar'의 역할을 하는 별도의 사람이 없을 수도 있고, 이때에는 'bar'의 기능을 사람 A와 B가 각각 가지고 있다고 볼 수 있다.

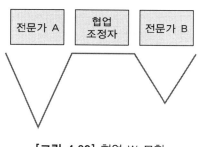

[그림 4.39] 협업 W 모형

현재 많은 융합 프로그램들 중에서는 이러한 목적의 융합 프로그램이 매우 적은 편이다. 따라서 특별히 '협업을 통한 융합 프로그램'의 개발에 관심을 가질 필요가 있다. 이에 본 절에서는 아직 실행하지 않은 모형이지만, [그림 4.40]과 같이 협업 프로그램의 구조안 을 생각해 볼 수 있다.

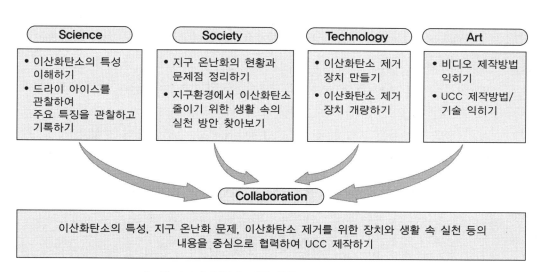

[그림 4.40] 협업에 의한 융합 프로그램의 구조안

즉 자신의 관심과 능력에 따라 4개의 분야로 나누고, 각 분야에서 세부 내용을 학습하고 경험한 후에, 공통주제로 결과물을 산출(또는 공통의 문제를 해결)하기 위해 협력을 하는 모형이다. 이때 필요한 활동목표와 내용은 한 사람의 융합인을 위한 프로그램과 다른 측면이 필요하다. 즉 [그림 4.39]에서 'bar'에 해당되는 기능과 능력이 필요하다. 예를 들면 [그림 4.41]과 같다.

- 다른 사람과의 의사소통을 통해 합의된 내용을 도출할 수 있다.
- 서로 관련 없어 보이는 분야들 간의 연관성을 찾을 수 있다.
- 각자의 관심과 능력에 따른 역할을 분담할 수 있다.
- 다른 사람의 장점을 격려하고 단점을 보완하는 태도를 갖는다 등 ...

[그림 4.41] 협업 활동에서 필요한 기능의 예

활동
1. [그림 4.40]의 협업 프로그램 구조와 같이 3~5개의 조로 편성하여, 각 조에서 Science, Technology/Engineering, Art, Mathematics, 또는 Society의 한 영역을 맡아, 전문적인 지식과 기능을 습득한 후, 함께 모여 융합 활동을 할 수 있는 프로그램 구성을 제안해 보아라.

정리
1. STEAM 프로그램의 실제 적용을 위해서는, 또는 교과목에서 강조하는 목표에 따라 OO 중심의 STEAM 프로그램으로 운영할 필요도 있다.
2. 한 사람이 STEAM의 모든 영역을 통합할 수 있는 능력도 필요하지만, STEAM의 각 영역의 전문가들이 모여 협업하는 능력도 필요하다.
3. 협업을 위해서는 협력에 필요한 기능이나 능력을 강조할 필요가 있다.

③ 장기간에 걸친 융합 활동과 일반 과학교육 수업 중에 수행할 융합 활동

규모가 큰 STEAM 프로그램들은 정규 교육과정에서 개설된 교과목 지도 내에서 지도하기 어려운 경우가 많다. 따라서 별도의 특별활동시간(예를 들면, 과학반이나 방과 후 교육 등)이나 특별교육기관(예를 들면, 영재교육원 등)을 확보하여 지도할 필요가 있다.

그러나 이와 같은 큰 규모로 별도의 융합형 활동도 필요하지만, 일반적인 과학교육활동이나 과학창의성 활동 내에서도 융합적인 요소를 포함시킬 수 있어야 한다. 즉 별도의 융합형 프로그램을 장기간에 걸친 프로그램(Large scale) STEAM 활동이라고 본다면, 기존의 과학교육 활동 내에 포함시킨 융합형 활동을 Small scale STEAM 활동으로 볼 수 있다.

장기간에 걸친 별도의 시간을 통해 수행할 Large Scale STEAM 활동

규모가 큰 STEAM 프로그램들은 작게는 몇 시간 정도에서 몇 주에 걸친 프로그램에 이르기까지 시간의 폭이 넓다. 이 프로그램의 경우, 장기간에 걸쳐 많은 시간이 필요한 이유는 기본적으로 제작이나 개발 등의 공학적 활동이 들어가기 때문이며, 또 융합을 위해 필요한 사전 지식과 기능을 익히는 과정도 필요하기 때문이다. 그리고 인지적인 측면에서 이해하고 아는 것에 그치지 않고, 다양한 형태의 구체적인 결과물(예를 들면, 설계도, 제작물, 안내서, 결과보고서, 결과물에 대한 홍보자료 등...)을 산출하도록 강조하기 때문이다.

이러한 Large Scale STEAM 프로그램이 각각의 의도(사전지식과 기능의 학습, 구체적인 제작, 결과물의 산출)를 살리기 위해서는 [그림 4.42]와 같이 적어도 3개의 단계가 필요하다.

1단계: 융합 과제를 해결하기 위해 필요한 과학/수학적 사전 지식과 탐구기능을 익히기 위한 단계

2단계: 안내에 따라 공학적인 제작이나 예술적인 표현을 연습하는 단계

3단계: 융합 과제를 해결하여 다양한 형태의 구체적인 결과물을 산출하기 위한 단계

[그림 4.42] Large Scale STEAM 활동을 위한 단계

Large Scale STEAM 활동을 단계별로 제시한 예를 들면 [그림 4.43] ~ [그림 4.45]와 같다.

[1 Step]

운동에너지, 위치에너지, 에너지 전환, 일과 에너지, 에너지 보존, 마찰에 의한 에너지 비보존 등에 대한 기초개념을 이해하고, 관련 현상을 관찰하며, 관련된 기본 탐구활동을 수행한다.

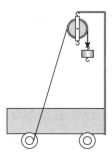

[2 Step]

위치에너지가 운동에너지로 전환되는 자동차를 (조립이 아닌) 직접 제작한다. (그림에서 도르래의 추에 연결된 선이 바퀴의 축에 감겨져 있어, 추가 내려오면 바퀴가 회전하면서 차가 진행 하도록 되어 있다. 즉, 추의 위치에너지가 자동차의 운동에너지 로 전환되는 장치이다.)

[3 Step]

2단계에서 제작한 자동차를 이용하여 자신만의 효율이 높은 자동차로 개선하기 위해 어떠한 기능을 추가하거나 어떻게 자동차의 기능이나 과정을 변형할 수 있는지 아이디 어/설계도를 제안하거나 및 직접 제작한다.

[그림 4.43] 공학중심 3단계 Large Scale STEAM 프로그램의 내용 예
(새로운 에너지 전환 자동차)

[그림 4.43]의 예는 앞서 언급한 다양한 STEAM 활동 중에서 전형적인 공학 중심의 STEAM 활동(제작된 자동차를 이용하여 변형하고 새로운 자동차로 개발한다는 측면에서) 이라고 할 수 있다. 따라서 과학중심이나 예술중심의 STEAM과 같은 다른 유형의 STEAM 활동을 함께 고려할 필요가 있다. 다음 [그림 4.44]는 최종 결과물이 UCC 제작이라는 측면에서 예술 중심의 STEAM 활동의 예이다.

[1 단계]

빛의 반사, 굴절, 전반사, 색의 합성 등에 대한 기초개념을 이해하고, 관련 현상을 관찰하며, 관련된 기본 탐구활동을 수행한다.

[2 단계]

플라스틱 광섬유를 이용한 조명 장치 제작한다(플라스틱 광섬유를 이용하여 종이컵 등에 설치하고, 컵 안에 는 꼬마전구나 LED로 빛을 비추도록 제작한다).

[3 단계]

다양한 빛의 반사와 굴절 및 빛의 합성 등의 내용과 주요 현상, 광섬유 조명장치의
제작방법과 제작물 등에 대해 수행한 1~2단계 내용을 UCC 자료로 만들어 발표한다.

[그림 4.44] 예술중심 3단계 Large Scale STEAM 프로그램의 내용 예 (빛의 세계 UCC)

[그림 4.45]는 태양전지를 직접 제작하지만, 제작한 태양전지의 다양한 물리적 특성을
조사하여 논문형식의 결과물을 산출한다는 측면에서 과학중심 STEAM 활동의 예이다.
특히 [그림 4.45]와 같은 활동은 전형적인 과학 탐구활동으로 보고 STEAM 활동으로
간주하지 않는 경향도 있으나, 기초과학내용과 실제 태양전지의 개발이라는 공학적 내용이
융합된 STEAM 프로그램이라고 할 수 있다.

[1단계]

광전지, 광자, 빛 에너지, 전기 에너지 등에 대한 기초개념을 이해하고, 관련 현상을
관찰하며, 관련된 기본 탐구활동을 수행한다.

[2단계]

구리판을 불에 구워 실제로 작동하는 구리판 태양
전지를 제작한다(구리판과 불에 구운 구리판을 소
금물 속에 넣으면 빛에 반응하여 전기가 발생하는
태양전지가 된다).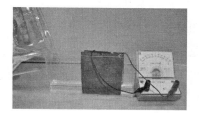

[3단계]

2단계에서 제작한 태양전지를 이용하여 다양한 물리적 특성을 조사한다. 예를 들면,
소금물 농도에 따른 전압의 변화, 빛의 세기에 따른 전압의 변화, 구리판 간격에 따른
전압의 변화, 그러한 변화 등에 따른 태양전지의 효율, 효율을 높이기 위한 조건 탐색
등의 활동을 수행하고, 결과물을 논문 형식의 탐구 보고서로 제출한다.

[그림 4.45] 과학중심 3단계 Large Scale STEAM 프로그램의 내용 예 (구리판 태양전지)

1. 현행 과학교과서에서 소개되고 있는 STEAM 활동을 하나 선택하여, 위의 3단계 구조로 수정해 보아라.

일반 과학교육 수업 (또는 일반 과학 활동) 중 수행할 Small Scale STEAM 활동

STEAM 교육은 별도의 시간을 두고 장기간에 걸쳐야만 지도할 수 있는 것은 아니다. 일반과학수업을 실시하는 중에도 STEAM 교육을 도입하고 지도할 수 있어야 한다. 그러나 이 경우에는 일반과학교육과정에 따라 수업이 진행되어야 하므로, 융합적 지식과 기능을 실제로 갖추도록 하는 것이 목표가 아니라, 융합적 사례를 소개받거나 작은 규모(20~40분)의 융합 활동을 함으로써 융합에 대한 기본적인 이해와 융합적 태도를 갖도록 하는 것이 목표가 된다. 즉, 작은 활동이지만 이러한 활동이 반복적으로 초등학교 과정부터 고등학교 과정까지 진행되면서 융합적 이해와 태도를 갖도록 하기 위한 것이다.

예를 들어, 2주에 한 번의 일반 과학수업 중에 40분 정도의 융합 활동을 포함시켜 실시한다면, 1년(약 30주)에 15번 정도 융합 활동을 할 수 있고, 초등학교 3학년부터 고등학교 1학년까지 8년간 계속 실시한다면, 총 120번의 Small Scale 융합 활동을 할 수 있다. 실제로 STS 교육을 강조할 때에도 학자들은 내용과 학년에 따라 5%~20%를 기존의 교육과정 속에 도입할 것을 권고하기도 하였다(NSTA, 1982; Bybee, 1987).

이를 위해서는 기존 과학교육과정의 내용과 소재를 활용하는 것이 필요하고, 학습한 주요 과학내용을 다양한 방식으로 표현할 수 있도록 하는 정도의 활동을 하는 것으로 한다. 예를 들면, 다음 3가지 방식을 생각해 볼 수 있다.

Small Scale STEAM 활동 유형 1: 기계적, 공학적 소재를 분해/관찰/활용/변형하기

예: (전기회로 배우는 과정에서) 멀티콘센트 분해하여 구조 살피고, 관찰하여 특징 기술하기

예: (첨단 소재 중, LED 배우는 과정에서) LED를 볼록렌즈로 관찰하여 내부 구조 그리기

예: (일의 원리 배우는 과정에서) 자전거 기어변속 과정을 관찰하고, 원리 정리하기

예: (로렌츠 힘을 배우는 과정에서) 스피커 분해하여 구조 살피고, 자신만의 울림통 만들기

Small Scale STEAM 활동 유형 2: 예술적 소재를 이용한 과학 탐구

예: (빛의 합성 배우는 과정에서) 점묘화를 이용하여 빛의 합성 탐구하기

예: (소리의 맵시 배우는 과정에서) 악기에 따른 파형 차이 관찰하고 정리하기

예: (소리와 진동수를 배우는 과정에서) 화음과 불협화음 간의 진동수 비율 계산하여 규칙성 찾기

Small Scale STEAM 활동 유형 3: 과학적 내용/탐구 결과를 예술적으로 표현하기

예: (실험 조별로) 과학팀 로고 만들기

예: (관찰 중심의 탐구활동을 하는 과정에서) 과학현상 사진 찍기 (핸드폰 이용, 과학 실험 중, 실험현상에 대해서 광각, 접사, 다양한 변형 사진 등 ...)

예: (탐구활동을 수행하는 과정에서) 주요/재미있는 과학현상 동영상 자료 만들기 (핸드폰 이용)

예: (탐구활동을 수행하는 과정에서) 탐구결과 발표 포스터 디자인하기

예: (교과서에서 주요 개념을 배우는 과정에서) 과학 현상/개념/용어를 나타내는 속담 만들기

활동 Small Scale STEAM 활동의 예들 중에서 각 유형 중 하나씩 선택하여, 간단한 형태로 과학수업 중에 적용할 수 있는 STEAM 프로그램을 설계해 보아라.

STEAM 프로그램 개발을 위해 고려할 3가지 축

STEAM 프로그램을 개발하고 지도하기 위해 고려할 필요가 있다고 생각되는 요소들을 함께 제시하면 [그림 4.46]과 같다.

STEAM 프로그램 사례

[그림 4.47] ~ [그림 4.49]는 광주시 교육청이 의뢰하여 전남대학교 과학교육과와 학교 현장의 과학교사가 협력하여 개발한 융합형 프로그램의 3가지 내용이다. 앞서 언급한 내용에 따라 아래 프로그램의 특성을 정리하면 다음과 같다.

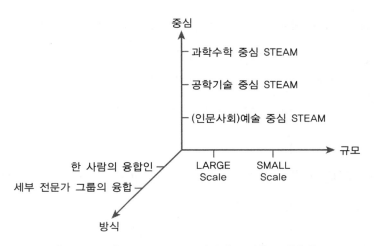

[그림 4.46] STEAM 프로그램에서 고려할 3가지 축

(1) 3단계(기초 개념과 기능의 학습-공학적 제작-구체적인 결과물 산출)의 구조로 되어 있다.

(2) 각 단계별로 어떤 주요활동이 포함되는지를 나타내고, 각각의 활동이 STEAM의 어느 영역에 속하는지를 S, TE, A 등으로 표시하였다.

(3) 과학중심, 공학/기술 중심, 예술 중심의 STEAM 활동을 각각 개발하였다(3번째 단계의 산출물의 특성에 따라 나누었다).

(4) 별도의 과학반이나 영재교육원에서 최소한 8시간에 걸쳐 활용할 Large Scale 프로그램이다.

(5) 학생들이 조별로 활동을 하도록 하지만, 조별 기능을 구별하지 않고 모두 함께 동일한 과제를 수행하므로, 한 사람의 융합인을 기르기 위한 활동으로 개발되었다.

유형	A 중심 STEAM		
제목	이산화탄소를 줄이자.		
대상	7~9학년	시간	8시간
관련 교육과정	초 6학년 2. 여러 가지 기체, 중 1학년 분자 운동과 상태 변화, 중 2학년 우리 주위의 화합물, 중 3학년 여러 가지 화학 반응		
I 단계 (학습) (2시간)	• 이산화탄소의 특징에 대해 알아본다(S). • 드라이아이스를 관찰하여 특징을 기록한다(S). • 지구 온난화에 대해 알아본다(S). • 이산화탄소와 지구 온난화에 대해 배운 내용을 그림과 글로 표현해 본다(A).		
II 단계 (적용) (2시간)	• 이산화탄소가 제거되는 현상을 관찰하고, 원리를 이해한다(S). • 이산화탄소 제거 현상의 주요 특징을 탐구한다(S). • 이산화탄소 제거장치를 설계한다(TE).		
III 단계 (자율탐구) (4시간)	• I, II 단계에서 수업한 내용을 알리는 UCC로 만들어 본다(A).	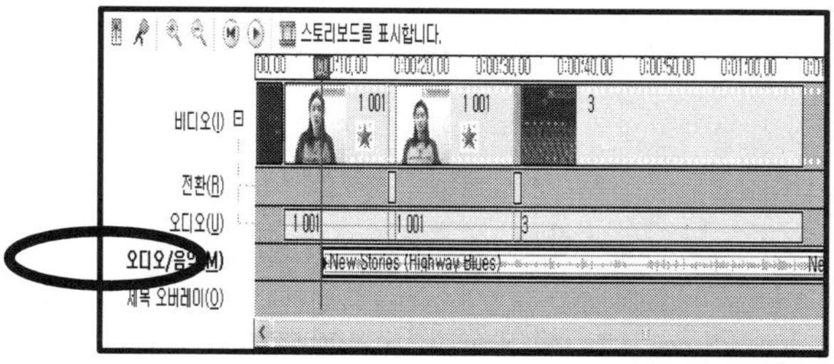	

[그림 4.47] Art 중심의 STEAM 프로그램 (이산화탄소 줄이기)

유형	T & E 중심 STEAM		
제목	세상을 바꾸는 적정기술		
대상	9학년	시간	8시간
관련 교육과정	초6 3. 쾌적한 환경, 4. 생태계와 환경 중3 II. 물질의 특성 – 혼합물의 분리		
I 단계 (학습) (2시간)	• 식수의 수질 기준을 알아본다(S). • 다양한 물의 수질을 검사해 본다(S).  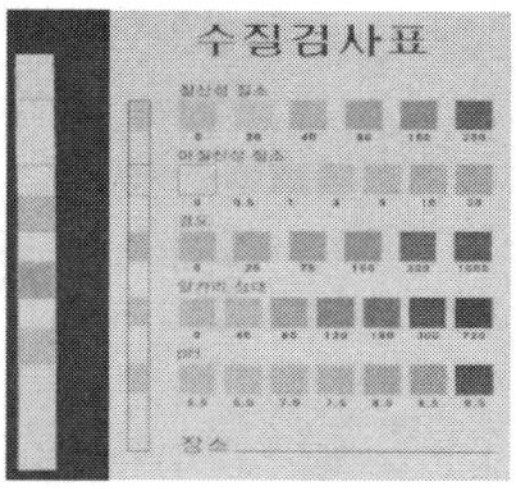 		

II 단계
(적용)
(2시간)
	• 전 세계의 물 부족 상황과 적정기술에 대해 조사하
	  고 발표한다(A).
	• 라이프스트로를 이용한 정수를 체험하고 구조를
	  살펴본다(TE).
	• 나만의 정수기를 설계한다(TE). 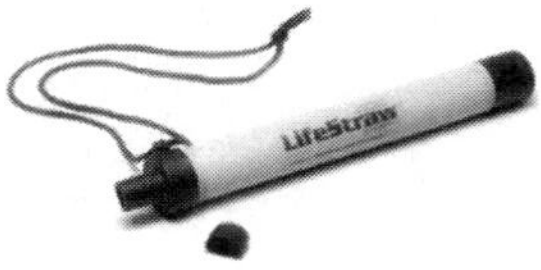		

III 단계 (자율탐구) (4시간)	• 자신의 설계도에 따라 정수기를 만들고 수질을 검사한다(TE). • 정수결과를 토대로 개선점이나 추가로 탐구해 보고 싶은 탐구문제를 제안 한다(S).		

[그림 4.48] Technology/Engineering 중심의 STEAM (적정기술)

유형	S 중심 STEAM		
제목	기압을 측정해보자		
대상	7~9학년	시간	8시간
관련 교육과정	초6. 2학기 2단원 날씨의 변화 중 일기예보 중3. 4. 물의 순환과 날씨변화 중 기압과 바람 고1. 지학1. 유체지구의 변화 중 기압과 기단 고1. 물리1. 힘과 에너지의 이용 중 밀도와 압력 고1. 화학1. 닮은꼴 화학반응 중 중화반응		
I 단계 (학습) (2시간)	• 스마트폰 기압센서(기압 앱)를 이용해서 고도 에 따른 기압을 측정해 본다(S). • 높은 곳의 기압이 항상 낮지 않은 이유를 찾아 본다(웹 이용) (S). 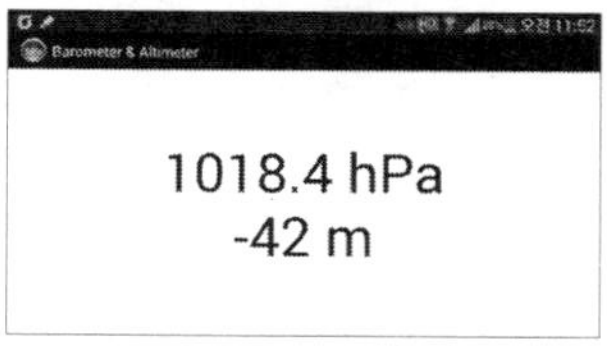		
II 단계 (적용) (2시간)	• 진공의 원리를 이용하여 마그데부르크 반구를 만들어 본다(TE). • 연소의 원리를 이용하여 마그데부르크 반구를 만들어 본다(TE). 		

III 단계
(자율탐구)
(4시간)
	• '기압을 갖고 놀자!'라는 주제로 주어진 문제를 과학적으로 해결하는 과학
	캠프식 과학경연(Science Fair)을 수행한다(S).
	  – 병 속에 풍선 불기 프로젝트
	  – 병 속에 달걀 무사히 넣고 다시 구출하기
	    프로젝트
	    (부록: 빨대 속에 물 가둬두기) 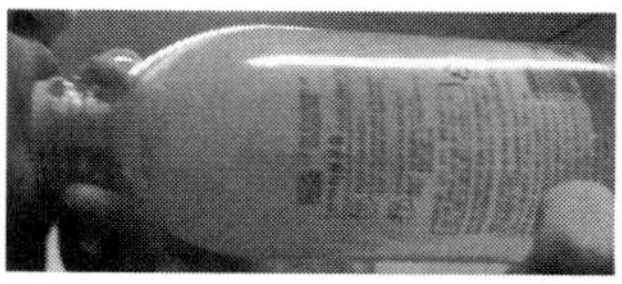		

[그림 4.49] Science 중심의 STEAM (기압)

활동 1. 물리 내용으로 위의 [그림 4.47] ~ [그림 4.49]의 활동처럼 프로그램을 제안해 보아
라.

정리

1. 장기간에 걸친 Large Scale STEAM 프로그램은 (1) 과학/수학적 지식과 기능 습득, (2) 공학적 설계/제작이나 예술적 표현을 위한 연습, (3) 결과물 산출의 3단계로 구성할 수 있다.

2. 일상적인 과학수업에서 STEAM 활동을 하기 위해서는 Small Scale STEAM 활동이 적절하다.

3. Small Scale STEAM에는 (1) 기계적/공학적 소재를 분해/관찰/변형하기, (2) 예술적 소재를 이용하기, (3) 과학적 내용/탐구활동 결과를 예술적으로 표현하기 등의 유형이 있다.

4. STEAM의 적용을 위해서는 (1) STEAM의 각 요소 중 어느 것을 강조할 것인지, (2) 별도의 시간을 확보하여 Large Scale로 운영할 것인지, 과학수업 중에 Small Scale로 활용할 것인지, (3) 한 사람의 융합인을 위한 것인지, 여러 사람과의 협업을 위한 것인지를 고려할 필요가 있다.

참고문헌

권재술 (1989). 과학 개념의 한 인지적 모형. 한국 물리학회, 물리교육, 7(1), 1-9.

권혁수 (2011). STEM!! 교육이 융합의 철학을 품다, 과학기술정책, 제21권 제2호, 8-13.

김덕영, 박종원 (2015). 학생의 열린 과학 탐구 보고서 작성을 돕기 위한 점검표 개발. 한국과학교육학회지, 35(6), 1075-1083.

김영민, 박승재 (1990). 대학 입학생의 전류에 대한 개념과 관련 현상의 수용 형태 조사. 물리교육, 8(1), 40-50.

김영민, 박윤희, 박승재 (1990). 중학생의 전류에 대한 학습 전 개념과 관계 현상 관찰 후의 설명, 한국과학교육학회지, 10(1), 47-55.

김영민, 조오근, 정성오, 김영화, 유상민, 성경진, 차동헌 (2002), 놀이공원의 물리. 부산대학교 물리학습연구실.

박승재, 조희형 (1995). 과학론과 과학교육. 서울: 교육과학사.

박승재, 하병권, 김현재, 차재선, 백순달 (1971). 초등과학교육론. 서울: 보신 문화사.

박승재 (1991). 과학적 탐구 사고력 평가. 서울: 서울대학교 물리교육과.

박종원 (1992). 초인지적 물리학습 모형. 물리교육, 10(1), 1-11.

박종원 (1996). 보면서 생각하는 물리시범. 광주: 전남대학교 출판부.

박종원 (1998). 과학활동에서 연역적 사고의 역할. 한국과학교육학회지, 18(1), 1-17.

박종원 (2002). 호소력 있는 물리학습 지도의 요건. 물리학과 첨단기술, June. 한국물리학회.

박종원 (2004). 과학적 창의성 모델의 제안 – 인지적 측면을 중심으로 – 한국과학교육학회지, 24(2), 375-386.

박종원 (2005). 학생의 과학적 탐구문제의 제안과정과 특성 분석. 새물리 50(4), 203-211.

박종원, 김익균, 김명환, 이무 (1998). 학생 선개념을 지지하는 증거와 반증하는 증거에 대한 학생의 반응. 한국과학교육학회지, 18(3), 283-296.

박종원, 박문주 (1997). 힘과 운동과의 관계에서 인지적 갈등을 일으키기 위한 시범에 대한 학생의 반응 분석, 한국과학교육학회지, 17(2), 149-162.

박종원, 서정아, 정병훈, 박승재 (1994). 힘과 운동에 개념 변화를 위한 연역 논리과제에 대한 중학생의 반응 분석, 한국과학교육학회지, 14(2), 133-142.

박종원, 이강길 (2005). 새로운 물리탐구의 세계. 서울: 청문각.

박종원, 장병기, 윤혜경, 박승재 (1993). 중학생들의 빛과 그림자에 대한 증거 평가. 한국과학교육학회지, 13(2), 135-145.

박종원, 최경희, 김영민 (2001). 물리교육학 총론 I. 서울: 북스힐.

백윤수, 박현주, 김영민, 노석구, 박종윤, 이주연, 정진수, 최유현, 한혜숙 (2011). 우리나라 STEAM 교육의 방향. 학습자중심교과교육연구, 11(4), 149-171.

서정아, 박승재, 박종원 (1996). 힘과 운동에 대한 연역 추론 과제 수행에 대한 중등학생들의 반응 분석, 한국과학교육학회지, 16(1), 87-96.

송진웅, 김익균, 김영민, 권성기, 오원근, 박종원 (2005). 학생의 물리 오개념 지도. 서울: 북스힐.

송진웅, 정용재, 강태욱, 이정원, 이현정, 홍옥수 (2006). 온 몸이 물리천지. 서울: 이치.

여영서 (2014). 과학적 방법과 지식융합시대를 이끌 W형 인재의 사고방식. paper presented at the 2014 KASE International Conference, Daegu University, Korea, 13-15, February.

이은주 (2001). 몰입에 대한 학습동기와 인지전략의 관계. 교육심리연구, 15(3), 199-216.

이희승. (1988). 국어대사전. 서울: 민중서림.

장경애 (2004). 과학자들의 진로선택과정에서 나타난 부각요인. 한국과학교육학회지, 24(6), 1131-1142.

정병훈 (1993). 19세기 말 유럽의 과학교육. 1993년 5월 22일 전국역사학대회 발표.

정완호, 권용주, 김영신 (1993). STS 교육 운동의 국내 연구 경향 분석과 적용방안에 관한 조사 연구. 한국과학교육학회지, 13(1), 66-79.

황농문 (2007). 몰입: 인생을 바꾸는 자기 혁명. 랜덤하우스코리아.

Bybee, R.W. (1987). Science education and the Science-Technology-Society(STS) theme, Science Education, 71(5), 667-683.

International Technology Education Association (ITEA) (2009). The overlooked STEM imperatives: Technology and engineering. Reston, VA: Author.

Alonso, M., & Finn, E. J. (1992). Physics. Harlow, England: Addison-Wesley.

American Association for the Advancement of Science (AAAS) (1989). Project 2061:

Science for All Americans. Washington DC: AAAS.

American Association for the Advancement of Science [AAAS]. (1993). Project 2016. Retrieved 1, March, 2018 from http://www.project2061.org/publications /bsl/online/index.php

Ames, C., & Ames, R. (1984). Systems of student and teacher motivation : Toward a qualitative definition. Journal of Educational Psychology, 76(4), 535-556.

Amstrong, H. E. (1903). The Teaching of Scientific Method. London: Macmillan.

Apedoe, X. S., Reynolds, B., Ellefson, M. R., & Schunn, C. D.(2008). Bringing engineering design into high school science classrooms: The heating/cooling unit. Journal of science education and technology, 17(5), 454-465.

Arons, A. B. (1990). A Guide to Introductory Physics Teaching. John Wily & Sons, Inc.

Association for Science Education (ASE) (1981). Education through science. Hartfield, UK: ASE.

Ausubel, D. P. (1968). Educational psychology: Cognitive View. New York: Holt, Reinhart, and Winston.

Barnhart, C. L. (Ed.) (1953). The American College Dictionary. New York: Harper R Brothers.

Barrett, C., Sumner, D., Auty, G., & Brown, M. (1997). Supported Learning in Physics Project: Physics on a Plate. London: Heinemann Educational Publishers.

Barrow, L. H. (1987). Magnet concepts and elementary student's misconception. In Novak, J (ed), Proceedings of 2nd International Seminar - Misconceptions and Educational Strategies in Science and Mathematics, vol 3, 17-22, Cornell University.

Bell-Gredler, M. E. (1986). Learning and Instruction: Theory into Practice. NY: Macmillan Publishing Company.

Bestor, A. (1956). US News & World Report.

Black, P., & Solomon, J. (1983). Life world and science world: Pupils ideas about energy. In G. Marx (Ed.), Entrophy in the school. Proceedings of the 6th Danube Seminar on physics Education, 43-55. Budapest, Roland Eoetvoes

Physical Society.

Bloofield, L. A. (2001). How Things Work: The Physics of Everyday Life (알기 쉬운 생활 속의 물리. 물리학 교재 편찬위원회 역). NY: John Wiley & Sons.

Boereboom, J. (1995). Physics in Context. Resources for Levels 7-8 of Physics in the NZ curriculum and Science in NZ Curriculum.

Bourne, L. E. (1966). Human Conceptual Behavior. Boston: Allyn & Bacon.

Brook, A., & Driver, R. (1984). Aspects of Secondary Students' Understanding of Energy: Summary Report, Children's Learning in Science Project, Centre for Studies in Science and Mathematics Education, The University of London.

Brophy, S., Klein, S., Portsmore, M., and Rogers, C. (2008). Advancing engineering education in p-12 classrooms. Journal of Engineering Education, 97(3), 369-387.

Bruner, J. S. (1963). The Process of Education. Cambridge, MA: Harvard University Press.

Bulman, L. (1985). Teaching language and study skills in secondary science. London: Heinemann Educational Books.

Bybee, R. W. (1987). Science education and the Science-Technology-Society(STS) theme, Science Education, 71(5), 667-683.

Bybee, R. W. (2010). Advancing STEM Education: A 2020 Vision. Technology and Engineering Teacher, 70(1), 30-35.

Cajas, F. (1999). Public understanding of science: using technology to enhance school science in everyday life. International Journal of Science Education, 21(7), 765-773.

Caroll, J. B. (1964). Words, meanings and concepts. Harvard Educational Review, 34, 178-202.

Chalmers, A. F. (1986). What is This Thing Called Science? Buckingham, England: Open University Press.

Chalmers, A. F. (1986). What is This Thing Called Science? Philadelphia: Open University Press.

Cheek, D. W. (1992). Thinking Constructively About Science, Technology, and

Society Education. NY: State University of New York Press.

Chen, C. (1974). How do scientists meet their information needs? Special Libraries, 65(7), 272-80.

Cohen, L. & Manion, L. (1985). Research methods in education. 2nd ed. London: Croom Helm.

Collette, A. T. & Chiappetta, E. L. (1989). Science Instruction in the Middle and Secondary Schools (2nd ed.). Columbus. OH: Merill Publishing Company.

Conant, J. B. (1945). General Education in a Free Society: Report of the Harvard Committee. Cambridge, MA: Harvard University Press.

Congressional Research Service. (2006). Science, technology, engineering, and mathematics (STEM) education issue and legistative options. (CRS Publication No. RL33434). Washington, D.C: U.S. Government Office of Science and Technology Policy.

Cosgrove, M., & Osborne, R. (1985). A teaching sequence on electric current. In R. Osborne & P. Freyberg (eds.), Learning in Science: The Implications of Children, (pp.112-123). Hong Kong: Heinemann.

Cskikszentimihalyi, M. (2007). 이희재 역(2010). 몰입의 즐거움. 해냄(네오북).

Department for Business Innovation and Skills (BIS) (2010). Science and mathematics secondary education for the 21st century. HMSO, Department for Business Innovation and Skills.

Department for Education and Skills (2004). Science & Innovation Investment Framework 2004-2014. 4, HM Treasury/DTI/DfES, July 2004.

Dirac, P. (1963). The evolution of the physicist's picture of nature. Scientific American, 208(5), 45-54.

Dirac, P. (1979). The test of Einstein. In S. Brown, J. Fauvel, & R. Finnegan (Eds.), Conceptions of Inquiry. (pp.88-93). New York: The Open University Press.

Driver, R. (1973). The representation of conceptual framework in young adolescent science students. Unpublished Ph.D. dissertation, University of Illinois, Urbana, Illinois.

Driver, R. (1981). Pupil's alternative frameworks in science. European Journal of Science Education, 3(1), 93-101.

Duit, R. (1981b). Understanding energy as a conserved quantity – Remarks on the article by R. U. Sexl, European Journal of Science Education, 3(3), 291-301.

Dweck, C. S., & Elliott, E. S. (1983). Achievement motivation. In P. H. Mussen (Gen. Ed.) & E. M. Hetherington (Vol. Ed.), Handbook of chiM psychology: 1Iol. IV. Social and personality development (pp.643-691). New York: Wiley.

Elbers, G. W., & Duncan, P. (eds.)(1959). The scientific revolution: Challenge and promise. Washington, DC: Public Affairs Press.

Erickson, G. (1979). Children's conception of heat and temperature. Science Education 63(2), 221-30.

Faust, D. (1984). The Limits of Scientific Reasoning. Minneapolis: University of Minnesota Press.

Finley, G. C. (1962). The physical science study committee. The Science Review Spring, 63-81.

Fortus, D., Krajcik, J., Dershimer, R. C., Marx, R. W., & Mamlok-Maaman, R. (2005). Design-based science and real-world problem-solving. International Journal of Science Education, 27(7), 855-879.

Gallagher, J. J. (1971). A broader base for science teaching. Science Education, 55(3), 329-338.

Gaskins, I. W., Guthrie, J. T., Satlow, E., Ostertag, J., Six, L., Byrne, J., & Connor, B. (1994). Integrating instruction of science, reading, and writing: Golas, teacher development, and assessment. Journal of Research in Science teaching, 31(9), 1039-1056.

Geoff, R-C., & Marelene, R-C. (2015). The heuristic method, precursor of guided inquiry: Henry Armstrong and British girls' school, 1890-1920. Journal of Chemical Education, 92, 463-466.

Gilbert, J. K., & Fensham, P. J. (1982). Children's science and its consequences for teaching. Science Education, 17, 62-67.

Gilbert, J. K., & Reiner, M. R. (2000). Thought experiments in science education: potential and current realization, International Journal of Science Education, vol. 22, pp.265-283,

Glynn, S. M., Muth, K. D. (1994). Reading and writing to learn science: Achieving scientific literacy. Journal of Research in Science Teaching, 31, 1057-1073.

Goldberg, F. M., & McDermott, L. C. (1986). Student difficulties in understanding image formation by a plane mirror. The Physics Teacher, 24(8), 472-480.

Gorman, M.E. (1989). Error and scientific reasoning: An experimental inquiry. In S. Fuller, M.D. Mey, T. Shinn, & S. Woolgar (Eds.), The Cognitive Turn: Sociological and Psychological Perspectives on Science. (pp.41-70). Netherlands: Kluwer Academic Publishers.

Gribbin, J. (2003). Science: A History 1543-2001. Maryborough, Australia: The Penguin Press.

Gunstone,, R.F., Champagne, A.B., & Klopfer, L.E. (1988). Instruction for understanding: A case study. Australian Science Teachers' Journal, 27, 27-32.

Guzzetti, B. J., Snyder, T. E., Glass, G. V., & Gamas, W. S. (1993). Promoting conceptual change in science: A comparative meta-analysis of instructional interventions from reading education and science education. Reading Research Quarterly, 28, 117-155.

Hanson, N. R. (1961). Patterns of Discovery: An Inquiry into the Conceptual Foundations of Science. Cambridge, England: Cambridge University Press.

Hanson, C. W. (1964). Research on users' needs: where is it getting us? ASLIB Proceedings, 64-79.

Hanson, C. W. (1964). Research on users' needs: where is it getting us? ASLIB Proceedings, 64-79.

Hanson, N. R. (1961) Patterns of Discovery: An Inquiry into the Conceptual Foundations of Science. New York: Cambridge University Press.

Hashweb, M. Z. (1986). Toward an explanation of conceptual change, European Journal of Science Education, 8(3), 229-249.

Hecht, E. (1994). Physics. Brooks Cole.

Hempel, C. G. (1965). Aspects of Scientific Explanation. New York: The Free Press.

Hempel, C. G. (1966). Philosophy of Natural Science. Prentice-Hall.

Hickman, F. M., Patrick, J. J., & Bybee, R. W. (1987). Science/Technology/Society:

A framework for curriculum reform in secondary school science and social studies. (p.8). Boulder, CO: Social Science Education Consortium, Inc.

Hodson, D. (1982). Is there a scientific method? Education in Chemistry, 19(4), 112-126.

Hofstein, A. (1988). Discussions over STS at the fourth IOSTE symposium. International Journal of Science Education, 10(4), 357-366.

Honer, S. M & Hunt, T. C. (1987). Invitation to Philosophy, 5th Belmont, CA: Wadsworth Publishing Company.

Howard, R. (1987). Concepts and Schemata: an Introduction. Cassell Education.

Hynd, C. R., McWhorter, J. Y., Phares, V. L., & Suttles, C. W. (1994). The role of instructional variables in conceptual change in high school physics topics. Journal of Research in Science Teaching, 31, 933-946.

Jeong, H. S., & Park, J. (2011). Practical suggestions for the effective use of everyday context in teaching physics -based on the analysis of students' learning processes-. Journal of the Korean Association for Science Education, 31(7), 1025-1039.

Jho, H. (2014). What can we get from art? Bridging physics and art with a focus on historical development in two realms. paper presented at the 2014 KASE International Conference, Daegu University, Korea, 13-15, February.

Jong, E. D., Armitage, F., Brown, M., Butler, P., Hayes, J. (1994). Heinemann Physics in Context: Physics Two. Melbourne: Heinemann.

Kamii, C. (1980). Teaching for thinking and creativity: A Piagetian view. In A. E. Lawson (Eds.), Sciences Education Information Report, (pp.29-68), ERIC Clearinghouse for Science, Mathematics, and Environmental Education, The Ohio State University.

Keller, J. M. (2009). Motivational Design for Learning and Performance: The ARCS Model Approach. Springer.

Kern, L. H., Mirels, H. L. and Hinshaw, V. G. (1983) Scientists' understanding of propositional logic: an experimental investigation. Social Studies of Science, 13, 131-146.

Kerr, J. F. (1963). Practical Work in School Science, Leicester: Leicester University

Press.

Kim, Ikgyun. & Park, Jongwon. (1995, July). The students responses on the conflict observation, data and result in electricity experiment. Paper presented at the annual meeting of the Australasian Science Education Research Association (ASERA), Bendingo, Australia.

Klausmeier, H. J., Ghatala, E. S., & Frayer, D. A. (1974). Conceptual Learning and Development: A Cognitive View. New York: Academic Press.

Klopfer, L. (1971). Evaluation of learning in science. In B.S. Bloom (ed.), Handbook of Formative and Summative Evaluation of Student Learning. NY: McGraw-Hill Inc.

Klopfer, L. E., & Champagne, A. B. (1990). Ghosts of crisis past. Science Education, 74(2), 133-154.

Koch, A. (2001). Training in metacognition and comprehension of physics texts. Science Education, 85, 758-768.

Kolpfer, L. (1990). Learning scientific inquiry in the student laboratory. In E. Hegarty-Hazel (Ed.), The Student Laboratory and the Science Curriculum (p.101). London: Rutledge.

Kuhn, T.S. (1970). The Structure of Scientific Revolutions (2nd ed.), Chicago: The University of Chicago Press.

Kwon, H., & Lee, H.(2008). Motivation issues in the Science, Technology, Engineering, and Mathematics(STEM) education: A meta-analytic approach. 「중등교육연구」, 제56권 제3호, pp.125~148.

Lakatos, I. (1995). Falsification and the methodology of scientific research programmes. In J. Warrall & G. Currie. (Eds.), The Methodology of Scientific Research Programmes: Philosophical Paper Volume 1, Cambridge University Press.

Lakatos, I. (1995). Falsification and the methodology of scientific research programmes. In J. Worrall and G. Currie (Eds.), The Methodology of Scientific Research Programmes: Philosophical Papers Vol. 1 (pp.8-101), New York: Cambridge University Press.

Langley, P., Simon, H. A., Bradshaw, G. L., & Zytkow, J. M. (1987). Scientific

Discovery . London: The MIT Press, London.

Lawson, A. E. (1995). Science Teaching and Development of Thinking. Belmont, CA: Wadsworth Publishing Company.

Mann, C. R. (1912). The Teaching of Physics for Purposes of General Education. New York: Macmillan.

Markle, S. M., & Tiemann, P. W. (1969). Really Understanding Concepts: Or In Frumious Pursuit of the Jabberwock. Champaign, Ill: Stipes Publishing Company.

Marrion, J. B. (1980). Physics and the Physical Universe, 3rd edition, John Wiley & Sons Inc.

Martin, M. (1972). Concepts of Science Education: A Philosophical Analysis. Chicago: Scott-Foresman.

Martin, M. (1972). Concepts of Science Education: A Philosophical Analysis. London: Scott, Foresman and Company.

McClosky, M. (1983). Intuitive physics. Scientific American, 248, 233-238.

McMullin, E. (1985). Galilean idealization. Studies in History and Philosophy of Science, 16(3), 247-273.

Meece, J., Blumenfeld, P., & Hoyle, R. (1988). Students' goal orientations and cognitive engagement in classroom activities. Journal of Educational Psychology, 80(4), 514-523.

Mehalik, M. M., Doppelt, Y., & Schuun, C. D. (2008). Middle-school science through design based learning versus scripted inquiry: Better overall science concept learning and equity gap reduction. Journal of Engineering Education, 97(1), 71-85.

Millar, G. A. (1956). The magical number seven, plus or minus two: Some limits on our capacity for processing information. Psychological Review, 101(2), 343-352.

Mitroff, I. (1974). The Subjective Side of Science: A Philosophical Inquiry into the Psychology of the Apollo Moon Scientists. New York: Elsevier.

Naesessian,N. (1992). Constructing and instructing: The role of "abstraction techniques" in creating and learning physics. in R. A. Duschl and R. J.

Hamilton (eds.), Philosophy of Science, Cognitive Psychology, and Educational Theory and Practice (pp.48-68). Albany: State University of New York Press.

Nagel, E. (1961). The Structure of Science. Harcourt, Brace & World.

National Research Council (2011a). A framework for K-12 science education: practices, crosscutting concepts, and core ideas. Washington: National Academy Press.

National Research Council (2011b). Successful K-12 STEM Education: Identifying Effective Approaches in Science, Technology, Engineering, and Mathematics. Committee on Highly Successful Science Programs for K-12 Science Education. Board on Science Education and Board on Testing and Assessment, Division of Behavioral and Social Sciences and Education. Washington, DC; The National Academies Press.

National Research Council (NRC). (1996). National Science Education Standards. Washington, DC: National Academy of Sciences.

National Science Board [NSB] (2007). A national action plan for addressing the critical needs of the U.S. science, technology, engineering, and mathematics education system. (Publication No. NSB-07-114). Washington, DC: US Government Printing Office.

National Science Teachers Association [NSTA]. (1982). Science-technology-society: Science education for the 1980s. Washington, DC: NSTA.

National Science Teachers Association. (1982). Science-technology-society: Science education for the 1980s. Washington, DC: Author.

Neilson, W. A, Konott, T. A., & Carhart, P. W. (1956). Webster's New International Dictionary of the English Language. Springhield, Mass: G & C. Merrian Company.

Nellist, J., & Nicholl, B. (1987). ASE Science Teachers' Handbook. London: Hutchinson.

Nicholls, G., & Ogborn, J. (1993). Dimensions of children's conceptions of energy, International Journal of Science Education, 15(1), 73-81.

Norris, S. P., & Phillips, L. M. (2003). How literacy in its fundamental sense is central to scientific literacy. Science Education, 87, 224 - 240.

Northrop, F. S. (1947). The Logic of the Science and the Humanities. NY: McMillan Company.

Novak, J .D. (1984). Metalearning and metaknowledgies to help students learn how to learn. In L. T. West, & A. L. Pines. (Eds.), Cognitive Structure and Conceptual Change. Academic Press, Inc.

Novak, J. D. (1998). Learning, creating, and using knowledge: Concept MapsTM as facilitative tools in schools and corporations. New Jersey: Lawrence Erlbaum Associates.

Novak, J. E., & Gowin, D. B. (1984). Learning How to Learn. Cambridge: Cambridge University Press.

NRC (2011). Successful K-12 STEM Education: Identifying Effective Approaches in Science, Technology, Engineering, and Mathematics.

Nussbaum, J., & Novak, J. D. (1976). An assessment of children's concepts of the earth   utilizing structured interview. Science Education, 60, 535-547.

Ono, Y. H. (1982). History of physics: readings from physics today, edited by S. R. Weart and M. Phillips. NY: American Institute of Physics.

Padiglione, C., & Torraca, E. (1990). Logical processes in experimental contexts and chemistry teaching. International Journal of Science Education, 12(2), 187-194.

Park, Jongwon., & Kim, Ikgyun. (2004). Classification of students' observational statements in science. In R.Nata (Ed.), Progress in Education, Vol.13. (pp.139-154)   NY: Nova Science Publishers, Inc.

Park, Jongwon., & Lee, Imook. (2004). Analyzing cognitive or non-cognitive factors involved in the process of physics problem-solving in everyday context. International Journal of Science Education, 26(13), 1577-1595.

Park, Jongwon. (2006). Modelling analysis of students' processes of generating scientific explanatory hypothesis. International Journal of Science Education. 28(5), 469-489.

Park, Jongwon. (2013). Developing and applying teaching materials to help students' generation of scientific inquiry problems. New Physics: Sae Mulli, 63(4), 360-367.

Park, Jongwon., & Han, Sooja. (2002). Deductive reasoning to promote the change of concept about force and motion. International Journal of Science Education. 24(6), 593-610.

Park, Jongwon., & Jang, Kyoung-Ae. (2005). Analysis of the actual scientific inquiries of physicists - focused on research motivation. Journal of the Korean Physical Society, 47(3), 401-408.

Park, Jongwon., & Kim, Ikgyun. (1998). Analysis of students' responses to contradictory results obtained by simple observation or controlling variables. Research in Science Education, 28(3). 365-376.

Park, Jongwon., & Pak, Sungjae. (1992). The role of metacognition in the change of concepts about relativity. Presented paper at the annual meeting of American Association of Physics Teachers (AAPT). Maine, USA.

Park, Jongwon., & Jang, Kyoung-Ae. (2005). Analysis of the actual scientific inquiries of physicists- focused on research motivation. Journal of the Korean Physical Society, 47(3), 401-408.

Park, Jongwon., Jang, Kyoung-Ae., & Kim, Ikgyun. (2009). An analysis of the actual processes of physicists' research and the implications for teaching scientific inquiry in school. Research in Science Education, 39, 111-129.

Park, Jongwon., Kim, Ikgyun., Kim, Myungwhan., & Lee, Moo. (2001). Analysis of the students' processes of confirmation and falsification of the hypotheses in electrostatics. International Journal of Science Education. 23(12), 1219-1236.

Parker, K., Parry, M. (1997). Supported Learning in Physics Project: Physics for Sport. London: Heinemann Educational Publishers.

Peirce, C. S. (1998). The nature of meaning: the sixth lecture on 7 May 1903. In the Peirce Edition Project (Ed.), The Essential Pierce: Selected Philosophical Writings. Vol. 2 (1893-1913) (pp.208-225). Bloomington, IN: Indiana University Press.

Pella, M. O. (1966). Concepts learning. The Science Teacher, 33(9), 31-34.

Peterson, K. D. (1978). Scientific inquiry for high school students. quoted from Trowbridge & Bybee (1986)

Pfundt, H., & Duit, D. F. (1991). Students' Alternative Frameworks and Science Education (Bibliography) (4rd Ed.). West Germany: Institute for Science Education, University of Kiel.

Piel, E. J. (1981). Interaction of Science, Technology, and Society in secondary school, In N. C.

Polya, G. (1957). 우정호 역(1986). 어떻게 문제를 풀 것인가. 서울: 천재교육.

Popper, K. R. (1968). The Logic of Scientific Discovery. London: Hutchinson.

Posner, G. J., Strike, K. A., Hewson, P. W., & Gertzog, W. A. (1982). Accommodation of a scientific conception: Toward a theory of conceptual change. Science Education, 66(2), 211-227.

Praagh, G. van (ed.) (1973). H. E. Amstrong and Science Education: Selections from "The Teaching of Scientific Method" and Other Papers on Education. London: John Murray.

President's Council of Advisors on Science and Technology (PCAST) (2010). K-12 Education in Science, Technology, Engineering and Math (STEM) for America' Future (PREPUBLICATION VERSION). President's Council of Advisors on Science and Technology.

Richmond, P. E., & Quraishi, A. R. (1964). Amstrong's heuristic method in 1964. School Science Review, 45, 511-520.

Roberts, D. A. (1972). Developing the concept of curriculum emphases in science education. Science Education, 66, 243-260.

Rohr, J., Lopez, V., & Rohr, T. (2014). Reflections on a bouncing ball. The Physics Teacher, 52, 534.

Rothenberg, A. (1996). The Janusian process in scientific creativity. Creativity Research Journal, 9(2,3), 207-231.

Roy, R., & Waks, L. J. (1985). The ABC's of Science, Technology and Society, FORUM, 8(4), College of Education, The Pennsylvania State University (Dec. 15, 1985).

Runco, M. A., & Nemiro, J. (1994). Problem finding, creativity, and giftedness, Roeper Review, 16, 235-241.

Rutherford, F. J. (1964). The role of inquiry in science teaching. Journal of Research in Science Teaching, 2, 80-84.

Sanders, M. (2009). STEM, STEM education, STEM mania. The Technology Teacher, 68(4), 20-26.

SAPA II (1990). Science – A Process Approach II. Hudson, NH: Delta Education.

Schoenfeld, A. H. (1982). Mathematical Problem Solving. New York : Academic Press.

Schwab, J. J. (1962). The concept of the structure of a discipline. The Educational Record, 43, 197.

Shadish, W. R., & Neimeyer, R. A. (1989). Contributions of psychology to an integrative science studies: The shape of things to come. In S. Fuller, M. D. Mey, T. Shinn, & S. Woolgar (Eds.), The Cognitive Turn: Sociological and Psychological Perspectives on Science. (pp.13-40). Netherlands: Kluwer Academic Publishers.

Shamos, M. H. (1959). Great Experiments in Physics. NY: Dover Publications.

Shipstone, D. M. (1985). Electricity in simple circuit. In Driver, et al. (ed.), Children's Ideas in Science (pp.33-51). the Open University.

Shulman, L. S. (1986). Those who understand: Knowledge growth in teaching. Educational Researcher, 15(2), 4-14.

Snow, C. P. (1959). The Two Cultures and a Second Look, New York: Cambridge university press.

Solomon, J. (1992). Getting to know about energy – in school and society, The Falmer Press.

Solomon, J. Black, P. Oldham, V., & Stuart, H. (1985). The pupils' view of electricity, European Journal of Science Education, 7(3), 281-294.

Stavy, R. (1990). Children's conceptions of changes in the state of matter: From liquid (or solid) to gas. Journal of Research in Science Teaching, 27, 247-266.

Stead, B. (1980). Energy. Learning in Science Project Working Paper No. 17. University of Waikato, New Zealand.

Strike, K. A. (1983). Misconceptions and conceptual change: Philosophical reflections on the research program. In H. Helm, & J. D. Novak (Eds.) Proceedings of the Misconceptions in Science and Mathematics, Cornell

University, Ithaca.

Strike, K. A., & Posner, G. J. (1992). A revisionist theory of conceptual change, In R. A. Duschl & R. J. Hamilton (Eds.), Philosophy of Science, Cognitive Psychology, and Educational Theory and Practice (pp.147-176), State University of New York Press.

Sund, R. B., & Trowbridge, L. W. (1967). Teaching Science by Inquiry. Columbus, OH: Charles Merill.

Tennyson, R. D., & Park O. C. (1980). The teaching of concepts: A review of instructional design research literature. Review of Educational Research, 50(1), 55-70.

The National Science Board on Precollege Education. (1983). Educating Americans for the 21st century: A plan of action for improving mathematics, science, and technology education for all American elementary and secondary students so their achievement is the best in the world by 1995. Washington, DC: National Science Foundation.

The Science Council(2010). Priorities for Science and Innovation Policy 2010-2015.

Tweney, R. D., Doherty, M. E., & Mynatt, C. R. (1981). On Scientific Thinking. New York: Columbia University Press.

Viennot, L. (1979). Spontaneous reasoning in elementary dynamics. European. Journal of Science Education, 1(2), 205-221.

von Rhoeneck, C., & Volker, B.(1984). Semantic structures describing the electric circuit before and after instruction. In Duit, et al. (eds), Aspects of Understanding Electricity (pp.95-106), IPN.

Walker, J. (1989). Getting them unstuck: some strategies for the teaching of reading in science. School Science and Mathematics, 89, 130-135.

Wallace, C. S. (2004). Framing new research in science literacy and language use: authenticity, multiple discourses, and the "third space". Science Education, 88, 901-914.

Wang, T., & Andre, T. (1991). Conceptual change text versus traditional text and application questions versus no questions in learning electricity. Contemporary Educational Psychology, 16, 103-116.

Watts, D. (1983). Some alternative views of energy. Physics Education, 18, 213–217.

Welch, W. W. (1979). Twenty years of science education development: A look back. Review of Research in Education, 7, 282–306.

Welch, W. W. (1981). Inquiry in school science. In N. Harms, & R. Yager, Project synthesis, What research says, Vol. 3 NSTA.

Welch, W. W., Klopfer, L. E., Aikenhead, G. S., & Robinson, J. T. (1981). The role of inquiry in science education: Analysis and recommendations. Science Education, 65, 33–50.

Wellington, J., & Osborne, J. (2001). Language and Literacy in Science Education. Philadelphia: Open University Press.

West, L., & Pines, A. (Eds.) (1985). Cognitive Structure and Conceptual Change. London: Academic Press.

Wheeler, A. E., & Kass, H. (1978). Misconceptions in elementary science—A Kellyians perspective. In H. Helm, & J. D. Novak (Eds.) Proceedings of the Misconceptions in Science and Mathematics, Cornell University, Ithaca.

Wilson, E. B., Jr. (1990). An introduction to Scientific Research. New York: Dover Publications, Inc.

Wilson, J.T. (1974). Processes of scientific inquiry: A model for teaching and learning science. Science Education, 58, 127–133.

Yager, R. E., & Tamir, P. (1993), STS approach: Reason, intentions, accomplishments, and outcomes. Science Education, 77(6), 637–658.

Yang, Hwoe-gwan., & Park, Jongwon. (2017). Identifying and applying factors considered important in students' experimental design in scientific open inquiry. Journal of Baltic Science Education, 16(6), 932–945.

Zichichi, A. (1999). Creativity in Science. London: World Scientific.

Ziman, J. (1980). Teaching and learning about science and society. Cambridge: Cambridge University Press.

찾아보기

새 물리교육학 총론 Ⅰ

초판 1쇄 발행 | 2018년 09월 05일
초판 3쇄 발행 | 2023년 08월 20일

지은이 | 박 종 원 · 김 영 민
펴낸이 | 조 승 식
펴낸곳 | (주)도서출판 북스힐

등 록 | 1998년 7월 28일 제22-457호
주 소 | 서울시 강북구 한천로 153길 17
전 화 | (02) 994-0071
팩 스 | (02) 994-0073

홈페이지 | www.bookshill.com
이메일 | bookshill@bookshill.com

정가 16,000원

ISBN 979-11-5971-167-1

Published by bookshill, Inc. Printed in Korea.
Copyright ⓒ bookshill, Inc. All rights reserved.
* 저작권법에 의해 보호를 받는 저작물이므로 무단 복제 및 무단 전재를 금합니다.
* 잘못된 책은 구입하신 서점에서 교환해 드립니다.